2판

식생활문화

저자 소개

정혜경
이화여자대학교 이학 학사, 석사, 박사
미시간주립대학교(Michigan State University) 방문교수
현재 호서대학교 생명보건대학 식품영양학과 교수

오세영
이화여자대학교 학사
코네티컷대학교(University of Connecticut) 박사
경희대학교 식품영양학과 명예교수

김미혜
호서대학교 이학 학사, 석사, 박사
현재 호서대학교 생명보건대학 식품영양학과 교수

안효진
경희대학교 식품영양학과 학사, 석사, 박사
현재 경희대학교 식품영양학과 건강노화원스톱솔루션센터 연구원

2판 식생활문화

초판 발행 2013년 3월 4일
2판 발행 2022년 8월 8일

지은이 정혜경 · 오세영 · 김미혜 · 안효진
펴낸이 류원식
펴낸곳 교문사

편집팀장 김경수 | **책임진행** 심승화 | **디자인** 신나리 | **본문편집** 유선영

주소 10881, 경기도 파주시 문발로 116
대표전화 031-955-6111 | **팩스** 031-955-0955
홈페이지 www.gyomoon.com | **이메일** genie@gyomoon.com
등록번호 1968.10.28. 제406-2006-000035호

ISBN 978-89-363-2371-4 (93590)
정가 23,000원

FOOD AND CULTURE

2판

식생활문화

정혜경 · 오세영 · 김미혜 · 안효진 지음

교문사

식생활문화는 식생활의 문화적인 측면을 다룬다. 음식은 유기체의 생명을 유지하기 위해 영양소를 섭취하는 행위 이상으로 중요하다. 식생활은 곧 문화의 생산과정이며 실천의 장(場)이기 때문이다. 그래서 먹는 일, 즉 '식생활은 문화다'라는 것이 이 책의 논지다. 식생활에 대한 과거의 연구는 주로 식재료의 생산과 관계되는 농학 분야, 식품의 가공을 다루는 식품학 및 조리과학 분야, 음식이 인체에 어떻게 섭취되고 대사되는지를 조사하는 영양학 분야인데 이 분야에서 주로 집중적으로 다루어 왔다.

문화가 인간에 의해 형성되고 변화되므로 식품도 단순히 생태 환경의 적응과 이용뿐만 아니라 인간이 주체적으로 관여하는 문화적 실천 맥락에서 연구해야 한다. 즉 식생활에 대한 문화적 측면을 종합적이고 상호 연관된 체계 속에서 이해하고 설명할 수 있어야 한다. 또한 최근 우리나라에서는 외식진흥정책이나 한식세계화 정책이 대두되며 음식에 대한 사람들의 관심이 높은 시점이므로 음식의 문화적 측면에 대한 총체적인 연구와 새로운 학문적 방법론이 필요하다.

오래전부터 전국 대학의 많은 식품영양학과나 조리학과 등에서는 '식생활과 문화' 과목이 개설되었으며 학생들이 이 분야를 공부하고 있다. 그러나 내용을 보면 제각각이며 체계적이지 못하다고 생각을 해왔다. 그래서 좀 더 다양한 시각을 갖추고 총체적인 접근을 통하여 식생활문화의 학문 체계를 새롭게 세워보고 싶었다. 이러한 뜻을 가진 저자들이 함께 모여 이 책 〈식생활문화〉를 세상에 내어 놓았다.

이 책은 저자들이 노력한 결과물로서 총 6장으로 이루어져 있다. 1장에서는 식생활문화의 역사를 다루어 보았다. 사람들의 먹는 행위를 설명하기 위하여 식품체계를 환경과 적응 측면에서 살펴보고, 선사시대로부터 현대에 이르는 식량공급형태의 변천 과정을 역사적으로 간략히 고찰하여 보았다. 2장에서는 식생활을 사회문화적인 측면에서 살펴보았다. 이를 위해 식품에 대한 인식을 사회문화적인 측면에서 접근해 보고, 다음으로 종교와 의학적인 측면에서 음식을 어떻게 다루는지를 살펴보아 음식에 대한 사회문화적인 이해의 폭을 넓히도록 하였다. 3장의 식재료 역사에서는 인간의 3대 곡물인 밀과 쌀, 옥수수 그리고 감자, 토마토, 바나나, 양배추 같은 인류에게 중요한 식품에 얽힌 유래와 설탕, 차, 커피, 향신료와 같은 기호 식품에 대한 흥미로운 내용을 다루어 보았다.

4장은 가장 관심이 많은 세계의 음식문화를 살펴보았다. 전 세계 수많은 국가들을 아시아권역, 유럽권역, 아메리카권역, 오세아니아와 아프리카권역으로 나누고 각국의 음식문화를 다양한 음식사진과 함께 소개하였다. 5장에서는 한식의 문화를 다루어 보았다. 한식의 철학과 건강성, 간추린 역사와 미학을 정체성 측면에서 설명하였고 궁중음식, 시식절식, 통과의례음식 및 향토음식들을 문화유산의 관점으로 살펴보았으며 고조리서들을 소개하여 한식의 역사를 다루었다. 6장에서는 인류사에 있어 손꼽을 만한 중요사건을 중심으로 그 사건들이 인류의 음식문화에 미친 영향을 간단히 알아보았다. 아울러 식량을 둘러싸고 더욱 복잡해진 정치, 경제, 사회, 윤리, 안보, 안전 등의 개념을 간단히 다루어 식생활 분야에 있어 최신 트렌드 전달에 노력했다.

앞으로 이 책이 한국 사회에서 '식생활문화'가 중요한 학문으로 자리매김하는 데에 하나의 초석이 되기를 희망한다.

2022년 8월

저자

CHAPTER 1

식생활문화의 역사

- 식품체계의 특성
- 식량공급 형태의 변천

식품은 영양소의 섭취 수단으로만 존재하지 않는다. 기본적으로 생물학적인 특성이 식품 섭취를 결정하기는 하지만 문화적 특성 역시 식품 섭취 결정에 크게 영향을 준다. 또한 연령이나 성별 그리고 유전적 차이에 의해서도 식품선택은 달라진다. 모든 조건이 같다고 해서 식품선택에 관해 일치된 결과가 나오는 것도 아니다. 극한의 환경이나 역사적인 경험에 의해 식품에 관한 해당 지역 사람들의 생각에 차이가 발생하기도 한다.

사람들이 무엇을 어떻게 먹는지는 다양한 요인에 의해 결정된다. 기본적으로 기후 · 물 · 토양 등 물리적 환경에 의해 사람들이 먹는 식품이 결정될 수 있고, 식품의 생산 · 분배 · 소비 등 사회 · 경제적 환경에 의해 보다 넓은 영역에 걸쳐 결정될 수 있으며, 기술이나 관념, 인식 등에 의해 식품의 외연이 결정되기도 한다. 물론 여기에는 신체의 생물학적 특성이 중요한 역할을 한다. 이 많은 요인들을 포괄하여 "왜 먹고, 어떻게 먹고, 먹으면 어떻게 되지?"를 정확하게 다루기는 쉽지 않다. 관련 용어(환경, 문화, 사회, 기술, 관념 등)에 대한 개념도 그렇다. 이러한 용어는 경우에 따라 통합되어 '문화'로 일컬어지기도 한다. 어떤 경우이든지 최종적으로 "무엇을 어떻게 먹지?"는 생물학적 적응과 문화적인 적응의 과정을 통해 결정된다.

1. 식품체계의 특성

식품체계는 식품의 생산에서 소비까지의 과정을 말한다. 식품생산, 가공, 판매, 분배 과정뿐 아니라 먹을거리를 둘러싼 지식, 관습, 인식 등도 포함한다.

인간의 식품체계는 타 생명체의 식품체계에 비해 매우 다양하고 복잡하다. 인간은 어떤 종보다도 다양한 종류의 식품을 먹고 있다. 동물성 식품, 식물성 식품을 모두 먹는 잡식을 하고 있으며 식품을 양념과 함께 먹고 식품첨가물과 같이 원 식품에는 없는 것을 인위적으로 넣어 먹기도 한다. 대부분의 식품은 어느 정도 조리를 한다. 불을 사용하는 조리가 시작된 후 조리방법은 복잡해졌고 이에 따라 조리시간이 더욱 늘어났다. 먹기 전의 식품운반, 저장, 준비 등에도 시간과 에너지가 많이 소요된다. 또한 인간 식품체계의 특이한 점은 음식을 서로 나누고 교환하고 분배하는 행위가 광범위하게 이루어지고 있는 것이다. 충분히 먹을 수 있는 식품에도 경멸이나 혐오를 느끼는 것도 인간 식품체계의 특징이다.

사람들은 먹을 수 있고 영양가가 있는 모든 음식을 다 먹지는 않는데 이를 생물학적 측면으로만 이해하거나 설명할 수 없다. 당연히 식생활을 둘러싼 문화적 근거를 이해해야 해석이 가능해진다.

1) 식생활에 영향을 주는 요인

복잡하고 다양한 사람의 식생활을 어떻게 접근하여 이해하고 문제가 있으면 어떻게 풀어야 할까? 이에 대한 이해를 위해 이 책은 사람의 식생활과 영양, 건강상태는 생물학적 요인과 문화적(광의) 요인에 따라 결정된다는 원칙을 기본으로 삼았다. 생물학적 요인은 여러 자연과학 분야에서 자세히 다루고 있어 이 책에서는 문화적 요인에 좀 더 비중을 두고 사람의 식생활을 살펴보았다.

앞서 제시한 바와 같이 식생활은 매우 다양한 요인에 의해 영향을 받는다. 모든 요인을 제시하는 것은 불가능하지만 이해를 돕기 위해 개념도를 제시하면 다음과 같다(그림 1-1). 여기서 생물학적 요인은 식이섭취, 영양상태를 의미하고, 그 외의 요인(문화적 요인 또는 환경)은 포괄하여 자연환경, 사회경제적 환경, 사회문화적 환경을 제시하였다.

(1) 물리적 요인

물리적 조건이란 심리적 조건과 대비되는 개념으로 인간 주변을 둘러싼 외적인 조건을 말하며 실제로 인간이 가장 먼저 직면하게 되는 요인이다. 인간이 무엇을 먹고 어떤 식원료를 이용할 수 있는 지는 자신이 살고 있는 기후·물·토양 등의 물리적 환경 등에 의해 1차적으로 제한을 받게 되므로 물리적 요인은 매우 중요하다. 크게 동양의 쌀 문화, 서양의 밀 문화, 남아메리카 지역의 옥수수 문화, 아프리카 지역의 옥수수, 카사바 문화 등으로 분류될 수 있는 것도 모두 이러한 물리적 요인이 식품에 미치는 영향이 장시간 축적되어 온 결과이다.

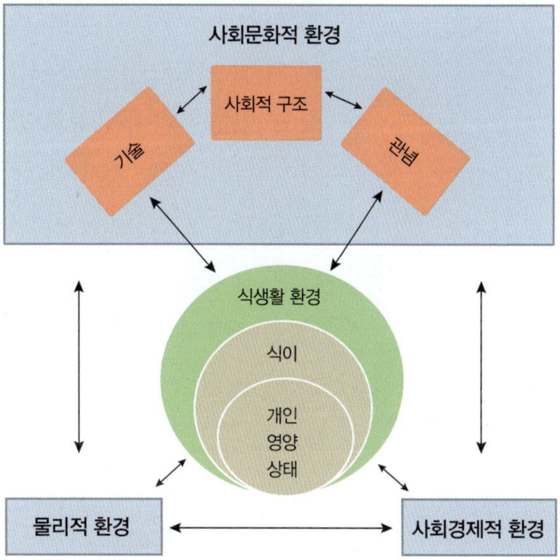

그림 1-1 **식생활에 영향을 주는 요인**

마찬가지로 농사를 지을 수 없는 극한 환경에서는 곡물 생산은 불가능하고 이러한 이유로 그 지역에 사는 사람들의 당질 섭취량은 낮아지게 된다. 이렇게 식품에 미치는 물리적 요인은 특정 지역민들의 영양생리학적 측면, 질병학적 측면에도 영향을 미치게 된다.

또한 물리적 여건은 새로운 식재료를 접할 때 장애가 되기도 한다. 콜럼버스 신대륙 발견 이후에 와서야 아메리카의 옥수수, 고추, 토마토, 감자 등이 전 세계에 전파된 것도 '바다'라는 인간이 정복하기 힘든 자연적 조건이 있었기 때문이었다.

이렇듯 물리적 요인은 인간의 식품 유용성 결정에 매우 중요한 환경이지만 이 외에도 인간의 식품 유용성 결정에는 여러 많은 요인이 있다.

(2) 사회문화적 요인

음식(식품)의 1차적 기능은 생리적 기능이다. 생명 연장을 위한 가장 필수적 기능이며 이 기능에는 물리적 요인이 크게 작용한다. 식품의 2차적 기능으로는 심리적·사회적 기능인데, 정신건강, 심리적 안정, 사회성 및 유대관계 성립 등에서 그 기능이 잘 나타난다. 바로 이 기능이 음식에 미치는 사회문화적 요인을 적절히 설명할 수 있는 부분이다. 문화란 일정 집단에서 공유하고 있는 이해 또는 관점을 의미하며 변하지 않는 것이 아니라 다양한 여건이나 상황에 대응하면서 계속해서 변하게 된다. 문화적 요인이 식품에 미치는 요인은 다양하겠지만 여기서 사회문화적 요인은 식생활과 연관된 기술, 사회조직, 관념 등을 의미하는 것으로 한정한다.

기술은 식품생산이나 가공, 식사 준비(요리) 등과 연관된 지식, 행위, 도구 등을 말한다. 사회 조직은 규범을 공유하는 집단을 의미하는 것으로 예를 들면 성인, 아동, 남자, 여자, 가족, 지역, 사회계층, 민족 등이 이에 해당된다. 일례로 사회적 흐름은 가정 내 조리 영역에서의 남녀 역할 변화에도 영향을 미치게 되는데 그 이유는 산업혁명 이후 여성의 사회 활동 증가에서 찾아볼 수 있다. 물론 그 당시 여성의 사회진출 영역이 단순노동 업무에 많이 분포되었지만 산업혁명 이후 음식은 반드시 가정 내에서 주부가 만들어야만 한다는 의식이 많이 변화되기 시작한다.

관념은 식품이나 식생활에 대한 가치, 선호도, 의미, 믿음을 의미한다. 이를 엿볼 수 있는 가장 적절한 예는 종교이다. 불교의 전반적 육식 금지, 이슬람교·유대교의 돼지고기 식용 금지, 힌두교의 쇠고기 식용 금지가 대표적 예이다. 이러한 종교들의 특정 음식 식용 금지는 자연 환경 및 사회 환경과 결부되어 수천 년을 이어져온 나름대로의 합리적 관습이지만 이 외에도 그 집단을 다른 집단과 차별화하여 유대감을 형성하는 등 음식 이상의 의미가 있다.

동서양의 전통 의학지식, 찬 음식과 따뜻한 음식을 구분하는 상징적 의미도 문화적 요인이 식품에 미치는 요인에 속한다.

(3) 사회 · 경제 · 정치적 요인

식생활에 미치는 경제적·정치적 요인은 식품의 생산, 교환, 분배, 소비 등에서 찾아 볼 수 있다. 때로는 식량이 경제적·정치적 요인에 의해 조절되기도 하며 때로는 경제적·정치적 측면이 식량에 의해 좌우되기도 한다.

경제적·정치적 면에서는 '식품'이라는 단어 외에도 '식량'이라는 단어도 많이 사용된다. 곡물수매가, 곡물가, 애그플레이션agflation, 식량안보, 식량공급, 식량자급, 식량폭동, 엥겔지수 등이 모두 식품과 경제, 정치가 연관된 단어이다. 식량공급의 예로 보면 전 세계, 국가 차원의 정책(이중 곡가제, 자유무역협정FTA, Free Trade Agreement) 등, 지역사회 차원의 사업(영양플러스 사업, 무료급식, 영양교사 등)이 모두 경제적·정치적·사회적 요인이 식품에 미치는 영향을 표현한 것이다.

21세기는 글로벌 시대이다. 지구상의 여러 국가는 자의적이든지 타의적이든지 직·간접적으로 타국과 관련되어 있으며 1차 농수산물은 물론 가공식품도 그 교류 양이 증가 추세이므로 세계는 거대한 글로벌 식생활에 놓여 있다고 볼 수 있다.

이러한 때일수록 국제적 감각으로 식품영양과 경제적·정치적 면을 포괄하여 이해하는 안목이 필요하다.

2) 식생활과 적응

한 생물종으로서 거둔 인간의 놀라운 성공을 이해하기 위해서는 인간이 어떻게 환경에 적응하여 왔는지를 살펴보는 것이 중요하다. 어떤 것을 먹고, 환경의 위험한 요소들로부터 자신을 어떻게 보호하며, 사회적·심리적 욕구를 만족시키는 행위는 모두 적응의 일종이다. 적응 현상은 개개의 유기체나 집단에서 일어난다. 특정 집단에서 생존력이 증가하면 생식 잠재력도 증가하고 이렇게 되면 집단의 생존도 증가된다.

환경적 스트레스가 오면 인간은 물론 대부분의 생명체는 이를 극복하기 위한 반응을 한다. 인간의 식생활과 관련된 환경이 변화되면 이에 대해 행동적(또는 문화적), 생리적, 유전적으로 반응하여 극복 또는 변화하는 것으로 알려져 있다. 환경적 변화는 행동적(문화적), 생리적, 유전적 유형의 반응을 촉진시키나 이 세 가지 요인의 반응 속도는 각기 다르게 나타난다. 만일 지구의 기온이 급격하게 떨어지면, 우리는 가장 먼저 옷을 더 껴입거나, 방에 불을 더 때거나, 밖으로 나가지 않는 행동적 반응을 보일 것이다. 이러한 행동적 반응은 환경의 압박에 가장 빨리 적응할 수 있는 방법이다. 그러나 낮은 기온이 계속되어 행동적 반응으로만 신체를 따뜻하게 할 수 없다면, 추위로 인해 몸이 떨리며 신진대사율은 높아지고 모세혈관이 열 손실을 막기 위해 수축되는 현상이 일어난다. 이러한 생리적 적응은 추위로부터 인체를 보호해 주기는 하지만 만일 지구의 기온 이상 현상이 오랜 기간 계속된다면 유전적 변화가 시도된다. 추위에 적응하기에 적합한 특성을 가진 사람들, 즉 체지방이 많거나 체내 대사율이 빠른 사람들은 그렇지 못한 사람에 비해 출산력도 왕성하며 건강하게 살 수 있을 것이다. 만일 이러한 특성이 유전되면 후세에서는 이러한 적응의 특성을 가지고 있는 사람의 비율이 늘어날 것이며 인간은 추위에 유전적으로 잘 적응하게 되므로 옷을 더 껴입거나 체내 대사율의 변화 없이도 추운 외부에서 활동할 수 있게 될 것이다.

위의 내용을 보면 인간은 환경에 대해 일련의 단계를 거쳐 수동적으로 반응하는 것으로 보이지만 이는 각 적응기전의 예를 제시한 것에 불과하다. 식생활 적응 과정은 문화적·생리적·유전적 요인들이 상호작용을 하면서 진행되고 환경이 인간에게 영향을 주는 것과 마찬가지로 인간 또한 환경에 영향을 준다.

(1) 문화적(행동적) 적응

인간의 문화적 적응 진화 혹은 자연 선택과 결정에 따른 생물학적 적응을 거스르는 행위를 할 수 있는 생물은 거의 인간만이 유일하다. 문화적 적응은 인간만의 것이다. 사회적 활동을 하는 동물인 장님쥐 무리나 개미무리 등도 집체적인 행동으로 적응을 시도하지만 행동적 적응에 가깝고 인간 적응이 문화적 적응에 더 적합하다. 포괄적인 의미에서 문화적 적응은 지역적 특성까지 포함하는 역사적 경험에 의한 적응을 의미한다. 따라서 식생활에서의 문화적 적응은 문명이 식품을 선택하고 적응을 하는 과정을 말하는 것이다.

집체적 행동 변화 환경적 압박이 올 때 가장 먼저 일어나는 것이 행동적으로 반응하는 것이다. 행동적 반응은 개인적 또는 집체적으로 일어나는데, 집체적으로 일어나는 행동적 반응은 결국 문화로 귀착된다. 문화적 반응은 행동적 적응에서 중요한 의미를 갖는데, 이것은 환경적 압박이 올 때 사람들은 문화에 의해 자신이 겪고 있는 환경을 수정하고 적응해 가며 새로운 환경을 만들 수 있기 때문이다. 건강에 관한 믿음과 의술 행위는 사람과 질병 사이를 완충하는 역할을 한다. 의학이 발전하여 잠재적 출산력이나 전반적인 사회복지가 증진하였다는 것은 이러한 문화적 적응의 예이다.

문화적 적응의 계승 문화를 창출해 내는 사람의 능력은 환경에 적응해 나갈 수 있는 가장 중요한 도구이다. 사람이 척박한 자연환경을 정복할 수 있었던 것도 문화적으로 적응할 수 있는 능력이 있었으며 그것을 계승해 나갔기 때문이다. 환경의 도전에 직면했을 때, 예를 들어 인간은 냉해를 이겨내기 위해 집을 짓거나 옷을 만드는 행동을 하며 동물과 같이 털로 보호하려 하지 않는다. 적으로부터 침입을 받을 때는 무기를 만들어 자신들을 보호하려 하고 손톱과 발톱으로 공격하거나 치아로 물어뜯어 자신을 보호하지는 않는다. 이와 같은 행위는 인간의 매우 특별한 지능과 재능이 발휘되었기 때문이지만 인류가 그동안 개발한 행위들을 후대에 계승이 되게 한 이유가 크다. 대단히 작은 범위이지만 문화가 있다고 볼 수 있는 동물도 없지는 않다. 하지만 이들이 가진 문화는 지극히 제한적이고 거의 변화가 없지만 인류가 가진 문화는 매우 역동적이다. 인간은 변화해 가는 환경의 요구에 문화적으로 즉각 적응해 갈 수 있으나 동물은 자연의 선택과 결정에 의해 운명이 결정된다. 갈라파고스 제도Galapagos Islands에 사는 창샛과의 작은 새인 되새류finches는 먹이의 종류에 따라 부리의 모양이 다른데 이러한 진화는 많은 세대를 거쳐 일어난 것이다. 반면에 인간은 먹는 음식의 종류가 다르다고 해서 입 모양이 변하지 않으며, 문화적으로 두뇌를 써서 다양한 종류의 식품을 획득하여 먹을 수 있는 기술을 개발시켜 왔다. 어느 순간 인간은 굳이 신체를 변화시키는 진화의 과정을 수용하지 않고 반대로 자신들이 가진 특성에 먹을거리를 맞추는 선택을 하기 시작했다. 이를 문명이라고 한다.

식품과 문명 식품은 이와 같은 문명의 한 부분이다. 문명이 시작되면서 인간이 먹을 수 있는 식재료의 범위는 크게 늘어났고, 식재료를 가공 혹은 변형시켜서 그것을 먹는 수많은 별난 조리법을 만들어내며 나아가서는 새로운 형태의 식품을 무수하게 많이 창조했다. 영양학적인 관점에서 영양소만을 따진다면 사실 인류가 지난 1만년 간 행한 생물학적 적응은 그다지 변화되지 않았다. 특별하게 다른 영양소를 취하도록 변하지 않았다는 것이다. 하지만 식습관으로 본다면 엄청나게 놀라운 변화가 있었다. 즉 식품에 대한 생존의 문제를 넘어선 또 다른 선택권이 인류에게 있었다. 그것이 바로 문화적 적응이다.

많은 생물종이 급격한 환경적 변화에 의해 멸종되었지만 사람은 문화적으로 적응할 수 있는 유리한 장점 때문에 성공적으로 한 생물종으로서 살아왔다. 문화를 창조하는 능력은 고도의 두뇌가 필요한데 사람의 진화과정은 이 능력을 선택하는 것으로 진행되었다. 문화는 사람의 주된 적응 메커니즘이지만 경우에 따라 새로운 문화적 적응이 요구되는 상황이 만들어지기도 한다. 의학 발전은 사망률을 낮추는데 기여하였으나 동시에 인구의 급속한 증가와 이에 따른 식량 부족 문제를 야기되게 하였다. 같은 맥락에서 이대로 지구상의 인구가 계속 증가한다면 식량이 늘어나야 하나 식량체계, 특히 분배체계가 현재와 같이 그대로 지속된다면 세계 기아 문제는 더욱 심각해 질 것이다.

(2) 생리적 적응

인간의 건강과 생존은 외부의 변화에 적응하고 내부의 환경을 안정되게 유지시킬 수 있는 능력에 의존한다. 다른 동물들과 같이 인간의 혈액, 임파액 등 체액은 체내의 세포나 조직 또는 기관들이 기능을 제대로 발휘하기 위해서는 비교적 좁은 범위 내에서 일정하게 유지되어야 한다. 이러한 신체의 내적 균형이 깨어질 때 병이 들거나 심하면 생명을 잃게 된다. 생리적 적응은 외부 환경의 여러 광범위한 자극에 대해 내적 환경을 안정하게 유지시키기 위해 일어나는 생화학적·해부학적·조직 형태학상의 특징을 의미한다.

생리적 적응력은 여러 완충작용기전을 통해 생리적으로 반응할 수 있는 능력이라 할 수 있다. 우리가 신체에서 필요한 것보다 어느 정도 이상의 여러 가지 비타민과 무기질을 섭취할 수 있는 것은 체내에서 과잉으로 섭취된 영양소들이 분해되어 뇨나 땀 등의 분비물의 형태로 배설되므로 영양소 과잉 섭취가 유해한 수준에 이르는 것을 막아 주기 때문이다. 반면에 우리가 몸에 필요한 영양소를 충분히 섭취하지 못할 경우 우선 체내에서는 여러 적응 기전을 통해 영양소 흡수가 효율적으로 일어난다.

칼슘의 예를 들어 설명하면 다음과 같다. 칼슘은 뼈, 치아, 세포막, 결체섬유조직의 구성성분이고, 근육이완, 신경자극물질 전달, 혈액응고 등에 관여하는 중요한 영양소이다. 체내에서는 여러 기전을 통하여 혈중 칼슘의 수준이 적절하게 유지된다(혈중칼슘농도 약 10mg/100mL). 혈액에 있는 여분의 칼슘과 결합하는 단백질은 칼슘의 섭취가 낮을 경우 결합된 칼슘을 방출하여 필요한 곳에 쓰일 수 있게 한다. 또한 장 세포에서 비타민 D의 도움으로 칼슘과 결합하여 생성된 단백질은 칼슘의 흡수율 조절에 관여하는데, 여자의 경우 칼슘의 요구량이 증가하는 임신기에는 임신을 하지 않았을 때보다 2배 정도로 증가된다. 성장기 어린이는 식이 칼슘의 흡수율이 50~60%인데, 이는 뼈와 치아 형성이 다 된 어른의 식이 칼슘의 흡수율 30%에 비해 거의 2배이다. 인체는 칼슘이 비교적 높은 양으로 필요하므로 섭취 수준이 높을 때 저장하고, 수준이 낮을 때 저장 칼슘을 이용한다. 칼슘의 불균형을 조절하는 또 하나의 기관인 신장은 식이 수준과 인체에서 필요한 양의 균형을 맞춰 칼슘의 배설량을 조절한다.

그러나 인체의 칼슘 수준을 일정하게 유지하는 능력은 한정되어 있다. 만성적으로 칼슘 섭취가 부족할 때 체내 저장된 칼슘이 고갈되어 골다공증과 같은 칼슘 부족으로 인한 질병이 초래된다. 식사에 의해 과잉 섭취된 칼슘은 인체에 치명적인 해가 되지 않으나, 칼슘 보충제를 과잉으로 섭취할 경우 인체의 조절 체계가 무너져 독성 반응이 일어날 수가 있다. 이와 같이 인체는 일정 범위 내에서 대사를 조절하여 식이 섭취 변화에 생리적으로 반응한다.

인간의 성장과 체위도 생리적 적응력을 설명하는데 주목할 만한 예이다. 근래 들어 여러 인구 집단에서 사람의 체위는 평균적으로 증가해 왔다. 부모 세대에 비해 자식 세대가 체위가 더 큰 것은 흔히 볼 수 있다. 이것은 영양 상태의 호전과 의학의 발달에 힘입은 바가 크다. 반면에 섭취량이 불충분할 때는 성장 부진이 일어나 결과적으로 체위가 작아지게 되는데 이 또한 일종의 생리적 적응으로 볼 수 있다. 열량이나 단백질 공급이 부족한 상황에 적응하기 위해 어린이의 성장 속도가 떨어지고 잠재적 성장력을 다 발휘하기 전에 성장이 멈춰 버리는 것이다. 체위가 작은 사람들은 단백질, 열량 및 다른 영양소의 요구량이 적어 식량이 부족한 상황에서도 살아남을 수 있게 된다. 체격이 작아서 제한된 식량에 적응하여 살아가게 되면 영양소 요구량도 감소한다. 식량이 부족한 인구 집단에서 체위와 에너지 요구량이 감소되면 더 많은 사람들이 제한된 식량으로 삶을 유지할 수 있게 되고, 따라서 인구 집단의 멸종 가능성은 줄어든다는 것이다.

위에 제시한 생리적 적응은 장기간에 걸쳐 이루어진다. 생리적 적응은 세포 내에서 이루어진 변화와 관련이 있는데, 즉 단세포와 그 안에서 공생을 도모하려는 세포내 소기관 미토콘드리아 간의 상호관계가 정립된 것이 최초의 생리적 적응이다. 모든 다세포생물들 그리고 복잡한 생명체들은 이와 같은 최초의 생리적 적응의 결과에 의해 진화를 시작할 수 있었을 것이다. 단세포로 시작한 최초 생명체는 다른 단세포와 세포내 공생을 도모함에 따라 각기 다른 역할을 수행하도록 진화되었다고 짐작된다.

식품에 의해서 체내로 유입되는 영양소는 매우 다양하다. 이와 같은 영양소들은 최초 형태대로 체내의 필요한 곳에 그대로 공급이 되는 것이 아니라 여러 가지 과정을 거쳐 필요한 부위로 분배된다. 일차적 에너지원 역할을 하는 탄수화물은 포도당 형태로 세포 내로 유입이 되는데 미토콘드리아는 이를 바탕으로 에너지를 생산한다. 하지만 이 포도당은 때에 따라서 다양한 형태로 변환되어 축적되기도 한다. 지방과 단백질도 마찬가지이다. 세포 내 대사활동은 매우 다양한 영양소들이 세포 내로 유입되고 또 세포 내에서 다른 형태가 되어 세포 밖으로 빠져나가면서 진행된다. 이러한 과정에서 알 수 있듯이 식품에 의한 인체의 생리적 적응은 인체가 가지고 있는 수많은 세포들과 직간접적으로 관련이 되어 있음을 보여준다.

(3) 유전적 적응

환경적 어려움이 오랜 기간 지속될 때 행동적(문화적), 생리적 적응은 유전적 적응에 의해 강화된다. 유전적 적응에서는 자연도태 개념이 중요하다. 자연도태는 해로운 특성은 제거되고 이로운 특성이 유전되는 과정을 의미한다. 심각한 영양적 스트레스가 오랜 기간 지속되면 문화적, 생리적 반응만으로는 집단의 구성원을 모두 보호할 수 없게 된다. 동일한 인구 집단에서도 같은 양의 식품을 더 효율적으로 이용할 수 있고 병에 대한 저항력도 크며 그 외 환경적 도전에도 더 잘 견뎌낼 수 있는 사람들은 그렇지 못한 사람들에 비해 살아남아 자손을 번성시킬 수 있는 가능성이 더 높아지게 된다. 세대가 지나면서 이러한 특성을 가진 사람들이 더 많아지게 되고 처한 환경에 적합한 적응의 특성이 부적합한 적응의 특성을 대체하게 되어 환경에 어울려 살 수 있게 되는 것이다. 이러한 과정이 유전적 적응이다.

자연도태 과정은 오랜 기간에 걸쳐 진행된다. 다른 종에 비해 수명이 길고 생식 시기가 늦은 인간의 유전적 적응은 보통 수천 년의 시간이 필요하기도 한다. 이러한 긴 시간이 필요한 이유는 사람이 환경 변화에 대해 우선적으로 생리적·문화적인 적응을 하기 때문이다. 환경적 스트레스가 있어도 건강과 생식력 손상 없이 존속할 수 있다면 자연도태라는 유전자 특성은 더디게 변화될 것이다. 식품을 통해 섭취하는 칼슘 섭취가 부족한 경우, 먼저 일어나는 반응은 칼슘의 함량을 높인 조리법을 통한 문화적 적응과 체내 칼슘 흡수율을 높이는 생리적 적응이다. 이러한 반응이 계속 지속된다면 칼슘섭취량을 보다 더 이롭게 하기 위한 유전적 변화는 굳이 필요하지 않다. 이러한 관점에서 보면 식생활의 유전적 적응은 환경적 스트레스가 인간의 기능, 생식력, 임신, 수유, 사망 등에 영향을 미칠 때 비로소 진화론적으로 변한다는 의미이다.

식품 선택은 건강과 생식력을 유지하는데 매우 중요한 요소이다. 섭취 행위의 행동적 측면은 유전적 요소가 바탕이 되어 있고 진화과정에서 이루어진 선택이 반영된 것이다. 냄새를 맡을 수 있고 맛을 느낄 수 있는 것은 독이 있는 식품은 취하지 않고 보다 더 몸에 적합한 식품을 취할 수 있는 것과 무관하지 않다. 많은 종류의 동물들은 단맛을 선호하는데 단맛이 나는 식품은 일반적으로 에너지가 높고 독성이 없으므로 오랜 기간의 진화 과정에서 무리 없는 선택이었기 때문이다.

그러나 특정한 환경에만 잘 적응한다는 것은 다른 환경에는 잘 적응하지 못한다는 것을 의미하기도 한다. 에너지 효율이 높고 지방을 효율적으로 축적할 수 있는 능력은 선조들과 같이 식량의 극심한 부족을 일시적이나 정기적으로 겪어야 했던 사람들에게 항상 먹지 않아도 어느 정도 견뎌 낼 수 있게 하므로 살아가는 데는 명백한 장점으로 작용하였다. 하지만 현대사회의 영양 문제에서 볼 수 있듯이 식량은 풍부하나 제대로 체내에 축적된 에너지를 소비할 만한 여건이 구비되지 않은 환경에서는 이러한 특성은 비만이나 그와 관련된 질병에 걸릴 위험을 높여 줄 뿐이다. 어떤 특정 상황에 대한 해결책이 다른 상황에서도 항상 잘 적용되지 않음을 염두에 두어야 한다.

(4) 행동적(문화적), 생리적, 유전적 반응의 상호작용

새로운 생리적·유전적 반응의 요구 대부분의 경우 환경적 스트레스를 극복하는데 행동적(문화적), 생리적, 유전적 적응 기전은 독립적으로 작용하기보다는 서로 상호작용을 한다. 이러한 과정은 복잡하게 얽혀 있기 때문에 각 적응의 특성을 명백히 규명하는 것은 쉬운 일이 아니다. 문화라는 것은 사람으로 하여금 새로운 환경적 도전에 대응하게 해 주지만 때로는 또 다른 적응 행위가 요구되는 새로운 문제를 야기하기도 한다. 인간은 이집트 시대나 혹은 그 이전부터 소금에 절이면 고기와 생선의 부패를 막을 수 있는 것을 알았다. 이러한 문화적 적응 행위는 식품 공급이 불확실한 상황에서 필요한 식품을 보존할 수 있게 하여 도움을 주었지만, 또 다른 환경의 도전, 즉 소듐(나트륨)의 함량이 높은 식이라는 문제를 가져왔다.

고소듐(고나트륨) 식이를 섭취할 경우 물을 많이 마시고 소변의 배설량을 늘려 생리적으로 적응할 수 있지만, 만성적으로 고소듐(고나트륨) 식이를 섭취하는 것은 인체의 생리조절기전에 지나치게 부담을 주어 고혈압의 원인이 된다. 혈압이 높은 사람이 고소듐(고나트륨) 식이를 지속적으로 할 경우 혈압과 관련된 여러 질병에 걸릴 위험도 높아진다. 따라서 식품부패라는 환경적 문제에 대한 문화적 적응은 또 다른 해결 방안이 요구되는 고소듐(고나트륨) 식이라는 새로운 상황을 초래하게 된 것이다.

문화적 적응과 유전적·생리적 적응의 연동 유전적 적응과 행동적(문화적) 적응과의 상호작용에 대한 예시는 다음과 같다. 글루코스-6-인산탈수소효소(G6PD glucose-phosphate-dehydrogenase)가 결핍되면 적혈구에 문제가 생겨 대사 장애가 일어난다. 선천적으로 G6PD가 결핍된 사람은 말라리아에 대한 저항력이 강하다. 이것은 말라리아를 일으키는 기생충이 G6PD 결핍인 사람의 적혈구에서는 잘 자라지 못하기 때문이다. 따라서 지중해 유역의 말라리아가 만연한 지역에서 G6PD의 발생빈도가 높은 것은 우연이 아니다.

문화적 적응의 일종인 식생활 행동은 이런 유전적 적응과 상호작용을 한다. 지중해 지역에서 경작되고 있는 잠두fava beans를 G6PD 결핍인 사람, 특히 어린이나 임산부가 섭취하게 되면 적혈구가 파괴되어 잠두중독favism이라는 악성 빈혈이 일어나게 된다. 이러한 증상은 잠두 섭취 후 몇 시간 후에서 수일 내로 나타난다. 잠두중독은 수혈 치료법이 널리 이용되는 현재에도 1/12 확률로 사망하게 되는 악성 빈혈증이므로 과거에는 사망률이 이보다 훨씬 높았을 것으로 짐작된다.

G6PD 결핍에 대한 적응은 악성빈혈이라는 새로운 도전에 직면했고 이러한 새로운 도전에 따라 또 다른 적응이 필요하게 되었다. 이와 관련하여 문화적 반응의 적응 형태인 잠두에 대한 믿음과 조리 방법을 살펴보는 것이 중요하다. 잠두는 말리고 삶은 후 껍질을 벗겨 조리를 하는데 이러한 조리 방법은 잠두에 함유된 독성을 낮춰 준다. 잠두가 어린이와 임산부에게 금기 식품이며 잠두중독을 치료하기 위한 여러 민간요법이 존재하는 것도 문화적 적응의 일종인 식생활행동이

영양 장애는 장애 정도와 종류에 따라 다르게 나타난다. 심각한 영양 장애로는 괴혈병, 각기병, 펠라그라, 소모증marasmus, 콰시오커kwashiorkor와 같은 질병이 있다. 이러한 질병은 중증·만성의 영양 부족severe undernutrition으로 인한 질병이기 때문에 주변 환경에 제대로 적응하지 못한 결과(부적응)라는 데에는 대부분이 동의할 것이다. 그러나 한계 영양 부족mild-to-moderate, marginal & chronic undernutrition이 주어진 환경에 대한 긍정적 적응인지 혹은 부정적 적응인지에 대한 논의는 간단하지 않다.

성장부진과 생리적 적응현상의 관점 차이 만성적인 한계 영양 부족chronic marginal malnutrition은 경제적으로 가난한 나라에 살고 있는 어린이의 30~50%가 경험하는 영양 문제이다. 한계 영양 부족은 생명을 위태롭게 하지 않는 상태이며 임상적으로도 영양실조 증세가 나타나지 않는 영양 부족 상태를 의미한다. 한계 영양 부족의 대표적인 증상은 성장 부진이다. 한계 영양 부족이 만연한 인구 집단에서는 어린이의 성장 부진 비율이 높다.

이에 대한 학자들의 의견은 둘로 갈린다. 한계 영양 부족으로 인해 성장이 부진해져 체구가 작아지는 것에 대해, '이러한 현상은 주어진 환경에 대한 반응이기 때문에 그 사람들은 작지만 건강하다Small but Healthy'라는 주장과, '이는 주어진 환경에 대해 단지 순응하는 것이므로 바람직하지 못하다'는 견해이다. 전자는 가난한 나라의 사람들이 실제로 많은 육체노동을 하고 있으며 그들이 해내는 일의 양이 잘사는 나라의 체격이 큰 사람들에 비해 뒤떨어지지 않으므로 그들은 작지만 건강하다는 주장이다. 반면 후자는 '인간의 기능은 얼마만큼의 일을 해낼 수 있는가'만으로는 평가될 수 없다고 본다. 해내는 일의 양은 일에 대한 숙련도에 따라 달라지기 때문에 육체적 노동에 익숙한 사람들과 그렇지 않은 사람들을 비교하는 것은 합당하지 않다는 것이다. 성장이 부진한 어린이는 정상적인 어린이에 비해 인지 능력이 떨어지고 사회성 및 감성발달이 늦다는 여러 연구 결과를 들어 한계 영양 부족은 부정적인 적응 결과라고 본다. 가난한 나라에서 흔히 관찰되는 성장부진으로 인한 왜소한 체격(적응)은 식량부족 상황(환경적 스트레스)에서 살아가기 위해 기능 저하라는 대가를 치른 결과로 이러한 현상을 그대로 방치하면 안 된다는 것이다. 여기서 강조하는 것은 사람들의 키가 작거나 크다는 자체being small가 중요하다는 뜻은 아니다(키는 유전적 요인에 의해서도 영향을 받음). 사람들이 각자 가지고 있는 잠재적 성장력을 다 발휘하지 못하는지becoming small에 대한 원인을 규명하는 것이 중요하고, 그 이유가 영양부족일 경우에는 그러한 상황을 극복해야 한다는 점이다.

2. 식량공급 형태의 변천

인간의 가장 기본적인 '먹는 행위'는 정치, 경제, 사회, 문화, 자연환경 등에 많은 영향을 받고 한편으로는 영향을 주기도 한다.

우리가 멀게는 수백만 년, 가깝게는 수십 년 전의 사람들이 무엇을 먹었는지 알아야 하는 이유는 음식이 인체에 미치는 신체적·정신적 영향에 대한 연구는 물론, 식량조달을 위한 행동과 결과가 인간 사회에 많은 영향을 주기 때문이다.

실제로 보지 못하고 기록도 없는 아득한 고대의 인간이 무엇을 먹고 살았는지 알아내는 것은 쉬운 일이 아니다. 우리가 섭취하는 대부분의 식품은 유기물질이므로 시간 경과와 함께 부패 과정을 겪기 때문이다. 쉽게 생각해 본다면 - 기록이 남지 않는다는 전제 하에- 앞으로 1,000년 후인 서기 3,000년의 후손들이 서기 2,000년대를 살았던 우리가 무엇을 먹었는지 알아내기 위해서는 여러 가지 연구 방법을 통해 고민을 하는 것과 같은 이치이다.

식품영양학에서 고고학 분야는 아직 연구가 충분히 이루어진 상태는 아니다. 그러나 여러 학자들의 유적, 패총, 화석, 미라, 꽃가루 분석 등의 연구를 통해 수십 만 년 전의 인류가 무엇을 먹고 살았으며 생존을 위해 어떤 활동을 했는지를 유추할 수 있다.

통상 역사를 구분할 때는 편의상 '문자'에 의한 기록 유무를 기준으로 '선사시대Prehistoric times'와 '역사시대Historic times'로 구분한다. 구석기시대Old Stone Age, 신석기

시대New Stone Age는 모두 선사시대에 속하며, 청동기시대Bronze Age는 지역, 문명마다 차이가 있으므로 일부 지역은 선사시대, 일부 지역은 역사시대에 속한다. 역사시대는 문자기록이 있으므로 이를 기본으로 연구가 이루어지지만 선사시대는 문자기록이 없는 관계로 유물, 유적지, 미라, 무덤 등을 기본 자료로 연구가 이루어진다.

특히 식품영양학의 고고학 분야에서는 '패총shell mound'이 중요한 연구 자료이다. 선사시대 사람들이 섭취하고 남은 조개껍질을 해안, 강변 등에 버려둔 것이 쌓여 무덤처럼 된 것을 패총이라고 하는데 일종의 음식쓰레기라고 할 수 있다. 조개껍질의 석회질 성분으로 인해 함께 섞여 있던 토기, 석기 및 짐승의 뼈, 뿔 등의 상태가 비교적 좋게 보존되어 고고학상 귀중한 연구 자료가 되고 있다. 이 덕분에 고대인의 영양 섭취 상태를 부분적으로나마 유추할 수 있어 영양고고학의 연구에서 귀중한 자료가 되고 있다.

이 장에서는 주로 기록이 남겨져 있지 않은 선사시대 초기 인류의 식량공급 방식에 초점을 맞추어 알아보고자 한다. '수렵채집'과 '농경유목(농경목축)'으로 양분되는 선사시대 인류의 식량공급방식은 이후 많은 변화를 겪게 되지만 인간은 기본적으로 식물과 동물을 섭취하고 있는 것은 21세기 현재에도 변함이 없다.

구석기시대에는 식품영양학 분야뿐만 아니라 인류 진화적 측면에서도 더할 나위 없이 중요한 두 가지 사건이 일어나는데 바로 앞발이 양팔이 되는 순간과 불의 발견이다.

1) 수렵과 채집

(1) 구석기시대의 일대사건- 네발과 두발의 차이

고고학계에서는 아직까지 논쟁 중이지만 현재까지 발견된 화석을 통해 인류의 선조로 추정되는 원인은 오스트랄로피테쿠스Australopithecus속이다. 이 원인은 과연 바로 직전의 유인원과는 어떠한 점이 달라서 유인원이 아닌 원인猿人으로 간주된 것인지 알아볼 필요가 있다.

결정적으로 다른 점은 앞발을 양팔로 사용했다는 점이다. 이동하기 위해서 몸

표 1-1 **인류 진화과정과 주요 특징 · 뇌의 크기**

오스트랄로피테쿠스	호모하빌리스	호모에렉투스	호모사피엔스	호모사피엔스사피엔스
450~300만년 전	250만년~170만년	160만년~25만년 전	25만년~5만년 전	4만년~3만년 전
최초 직립보행	도구 사용 시작	불 사용	두개골의 용량과 형태가 호모에렉투스와 차이가 많음	현대인과 같은 신체적 특징 후기 구석기 시대 시작

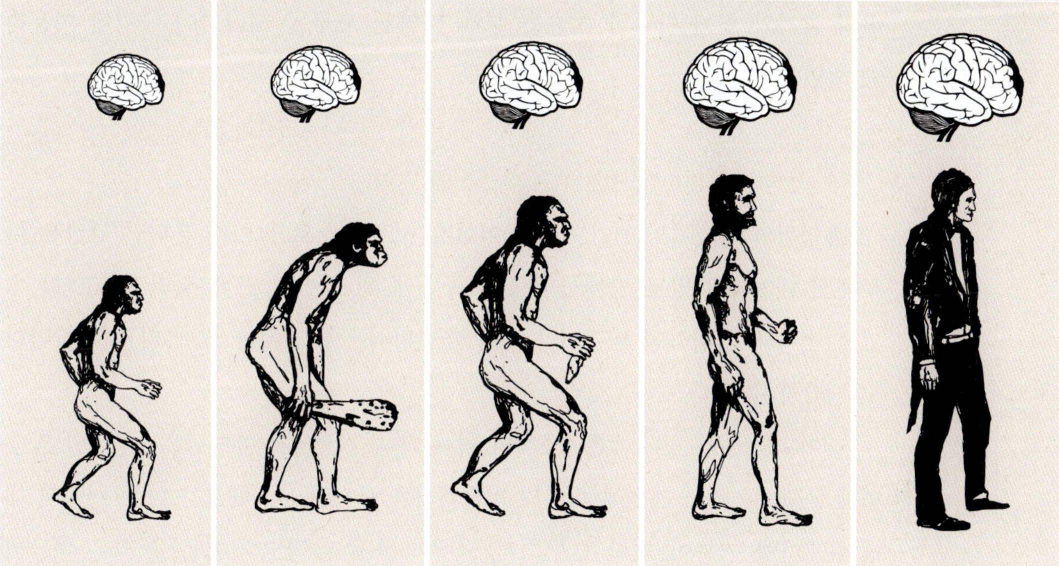

통이 대지와 평행을 이루고 있어 네발이 필요했던 이전과 달리 비록 불완전한 자세였어도 몸통이 대지와 직각에 가까운 각도를 이루고 뒷발로만 땅을 딛고 일어설 수 있게 된 것이다. 이는 곧 걸을 때에는 앞발이 따로 할 일이 없게 된 것을 뜻한다. 걷는 동작에는 필요 없게 된 앞발(양팔)로 보다 많은 과일, 식물의 채집이 가능해졌고 작은 곤충 및 동물 수렵이 용이해졌다. 그리고 사냥을 하고 나서 남은 사냥물을 두팔을 이용하여 들고 주거지인 동굴로 돌아갈 수도 있게 되었다.

네발 걷기와 두발 걷기는 진화론자에 따라 장단점이 각기 다르게 주장되기도 하지만 대부분의 진화론자들은 에너지의 효율적 사용, 일광에 직접 노출되는 체표면적 감소로 체온 조절이 용이해져 장거리 이동에 유리하게 된 점 등을 들어 두발 걷기를 우월하게 보고 있다. 또한 다른 포유동물과 비교하여 한층 시야가 높아진 점 또한 장점으로 보고 있다.

그러나 무엇보다 괄목할 만한 혜택은 걷기로부터 해방된 두 손으로 '도구'를 만들고 사용하게 되면서 인간이 '자연의 범주'에서 '문명의 범주'로 들어서게 되었다는 점이다. 양손으로 돌 따위를 던져 자기보다 큰 짐승을 잡을 수도 있게 되었으며, 특히 현생 인류의 조상으로 기록되는 호모사피엔스Homo sapiens는 뇌 용량의 증가와 함께 발달한 지능을 통해 다양한 도구를 제작하여 수렵에 이용하게 되었다.

(2) 유인원과 비슷한 먹을 거리를 섭취한 원인

유인원의 형태에서 원인으로 들어섰지만 그 당시로 돌아가 본다면 당장은 나무에서 내려와 두발로 땅에서 주로 거주하게 된 것만이 크게 달라졌다고 할 수 있을 것이다. 섭취하던 식량이나 식량 조달방식은 초기에는 크게 다르지 않았다고 생각할 수 있다.

레이 태너힐Ray Tannahill은 〈음식의 역사〉라는 저서에서 유인원은 알, 어린 짐승, 열매, 식물 등 주로 자연에 의지해 먹을거리를 구하였으며 때로는 나무 위에서 내려와 도마뱀, 거북이, 다람쥐, 두더지, 굼벵이 등 주로 작고 잡기 쉬운 작은 동물이나 곤충 및 풍부한 야채류를 섭취하였다고 밝혔다. 그렇다면 초기 원인 또한 유인원과 크게 다를 바 없는 작은 동물, 식물, 곤충을 섭취하였다고 볼 수 있다.

표 1-2 **곤충과 야생동물 100g에 함유된 영양가**

영양소	곤충	야생동물
지방	4.30gm	3.91gm
단백질	21.90gm	24.3gm
열량	118.00kcal	141.00kcal
칼슘	82.90gm	10.00gm
소듐(나트륨)	96.90gm	68.75gm
포타슘(칼륨)	212.00gm	387.50gm

자료: 김숙희 외(2008)

표 1-2는 곤충과 야생동물의 영양가를 비교한 것인데 곤충에 함유되어 있는 단백질, 지방 등의 함량이 야생동물과 비슷하여 선사시대인이 곤충을 식량원으로 섭취해도 큰 문제가 없었다고 추측할 수 있다.

선사시대 초기 원인들의 식사내용을 현대의 영양학적 관점에서 분석해보면 저지방, 저소듐(저나트륨, low sodium·Na), 고단백질, 고포타슘(고칼륨, high potassium·K) 식사를 하였는데 현대인의 고지방, 고소듐(고나트륨) 식이와 비교해 볼 때 뚜렷한 차이가 있다.

(3) 불의 발견

생식과 화식 인간이 유인원과 계보가 갈라지면서 두드러진 차이에는 '불의 발견'과 '도구의 발명'이다. 도구는 앞서 언급한 바와 같이 '앞발'이 '걷기'로부터 해방되어 가능해진 것이며 불은 다른 여러 측면에서도 더할 나위 없이 중요한 발견이지만 식품영양학적인 입장에서도 매우 중요하다.

물론 화식과 생식의 장단점에 대해서는 학자들 간에 여러 의견이 있는 편이다. 야생 상태의 동물들은 현재도 날것을 먹고 살고 있으며 인류도 고대에는 생식을 하였을 것이다. 그러나 현대는 대다수의 사람들이 화식을 당연한 것으로 받아들이고 있으며 개인적인 신념이나 건강상의 특정 목표가 아닌 이상에는 생식을 하는 사람들은 보편적이지 않다. 생식은 가능한 식단의 100%를 익히지 않은 상태로 섭취하는 것을 말하는데 몇 건의 연구결과를 보면 대부분 생식한 후에는 체중의 감소를 보였으며 만성적인 에너지 결핍을 보였다고 결론을 내리고 있다. 그러나 인간은 불을 사용할 수 없는 극단적인 환경이 아니라면 대부분 불을 가한 후 음식을 섭취한다.

여기서는 생식과 화식의 차이를 논하기 보다는 극히 예외적인 경우가 아니라면 대부분 화식을 받아들이고 있는 관점에서 인류의 식량 섭취를 논하고자 한다.

불이 인류에게 남긴 의미 인류 진화 과정 중의 한 종인 호모에렉투스Homo erectus의 화석은 인류 진원지인 아프리카 대륙을 벗어나 동남아시아, 극동아시아에서도 발견되고 있어 이미 그 시기에 인류가 아프리카 중심부를 벗어나 지구 곳곳으로 거주지가 넓어진 것이 입증되고 있다. 지금까지 연구된 더욱 유명한 사실은 호모에렉투스에 속하는 베이징원인이 최초로 불을 발견하여 사용했다는 점이다.

처음에 어떠한 형태로 누구에 의해서 발견되었든지 불은 인간을 시공간적으로 해방시켜 주었다. 시간적인 면에서는 밤의 제약에서 벗어나게 했으며 공간적인 측면에서는 더 이상 빙하기로부터 후퇴하지 않아도 되었다. 다시 말해 활동시간과 거주지가 한층 넓어졌다는 의미이다. 게다가 사납고 거대한 동물을 제압할 수 있는 강력한 무기를 확보하게 된 것을 의미한다.

영양학적인 측면에서 인간에게 불이 선사한 선물은 소화하기 어려웠던 여러 가지 식품을 섭취하게 해 주고 체내의 소화과정을 용이하게 하여 영양가를 높혀준 것이다. 미국의 저명한 인류학자 칼턴 쿤은 "요리법의 도입은 원초적 동물 상태의 사람을 보다 완전한 인간으로 만드는데 결정적 요인이 되었다."고 말한 바 있다. 전에는 소화시킬 수 없었던 여러 가지 식품을 먹을 수 있게 되었는데 가열로 인해 섬유소가 분해되고 단백질과 탄수화물이 용해되어 나와 여러 식품들의 영양가를 높여 주었다. 불에 익히면 음식의 열량 밀도가 높아지게 된다.

2) 수렵채집 생활의 특징

(1) 농경유목(농경목축)보다 수렵채집을 더 오래한 인류

인류 식량은 크게 식물성 식품과 동물성 식품으로 분류될 수 있으며, 조달 방식 측면에서 본다면 식물성 자원은 '채집'이 '경작'형태로 변화하고, 동물성 자원은 '수렵'에서 '유목 혹은 목축' 형태로 변화하였다.

수렵과 채집은 기본적으로 약탈 방식인데 야생상태의 식물, 동물을 강제적으로 획득하는 형태를 말하며 경작과 유목 혹은 목축은 인위적인 방법을 통해 살아 있는 상태의 식물과 동물을 수거하고 번식시켜서 인간 식량을 주목적으로 키우는 방식을 말한다.

현대에는 생존을 위한 목적 외에 의학, 연구, 오락 등의 기타 목적으로도 채집, 수렵을 하기도 하지만 선사시대 인간은 오로지 생존을 위해서 수렵을 하였다. 즉,

수렵과 채집 행위는 식량을 구하기 위한 최초의 활동인 것이다.

그러나 구석기시대의 초기 인류는 수렵을 하지 않고 죽은 동물의 시체만을 먹었을 것으로 알려져 있기도 하다. 즉 이미 다른 동물에 의해 죽게 된 것이나 혹은 기타 이유로 인하여 이미 죽은 상태의 동물만을 찾아 섭취했다는 것으로, 살아 있는 야생 상태의 동물을 식용 목적으로 일부러 잡은 것이 아니었다는 주장도 있다.

생각하기에 따라 고대 문명이 일어난 수천 년 전이나 혹은 선사시대의 수만 년 전이 아득한 옛날일 수도 있지만 좀 더 넓은 관점에서 인간 역사를 조망한다면 인간이 인간답게 두발로 걷고 도구를 사용한 것도, 수렵채집생활로 식량을 충당하게 된 것도, 더구나 농경생활을 시작된 것도 지극히 가까운 과거로 간주될 수도 있다.

인간은 이러한 진화과정에서 농업생활보다는 수렵생활을 훨씬 더 오래 하였다. 우리 몸에는 그 때의 생활습관이 유전적으로 남아 있을 수밖에 없다. 쉽게 말해 수렵채집생활은 수백만 년 이상을 지속해 왔고 농업유목생활은 기껏해야 1만 년 정도를 지속해 온 것이다. 인간의 DNA에는 수렵채집생활의 기억과 흔적이 뚜렷이 남아 있는 것이다.

수만 년 전의 구석기시대인과 현대인의 섭취식품을 비교해 본다면-가공식품은 원재료만 고려- 섭취 식품 종류, 첨가물, 동식물성 식품 섭취비율, 조리법 등에서 차이가 있을 뿐 동물성 자원과 식물성 자원으로 분류되는 것은 마찬가지이다. 인간과 식량의 관계에서 수만 년 동안 크게 변화된 것은 조리법과 양념의 다양화, 조달 방식 및 유통 체계 등이 변화되었을 뿐 기본적으로 동물성 자원과 식물성 자원을 섭취하는 점에서 본다면 그 형태는 동일하다.

(2) 구석기인의 영양상태

구석기 인류의 식탁 　인류는 수백만 년 동안 수렵채집 생활로 식품을 확보하였다. 많은 연구에 의하면 구석기시대 인간은 우리가 생각하는 것보다 의외로 다양한 종류의 식품을 섭취했다고 알려져 있다. 현재 주요 영양소 권장비율과 비교

표 1-3 **야생동물 지방의 특징(43종)**

(단위: 100g 당)

성분	함량(100g)	분석된 야생동물의 종류
콜레스테롤(mg)	4.3	43
불포화지방산	67	8
%(총 지방)	32	17
%(총 지방)	2.5	7

자료: 김숙희 외(2008)

표 1-4 **선사시대와 현대의 포화지방산과 불포화지방산의 섭취 비율**

성분	P : M : S*	P : S	U : S*	지방(%)/총칼로리
석기시대 식사	7 : 8 : 5	7 : 5	3 : 1	20~25
지중해연안 식사	1 : 7 : 3	1 : 3	8 : 3	30
최근 미국인 식사	7 : 19 : 16	7 : 16	26 : 16	40

* P : polyunsaturated fatty acid(다중불포화지방산), M : monounsaturated fatty acid(단일불포화지방산)
S : saturated fatty acid(포화지방산), U : unsaturated fatty acid(불포화지방산)

자료: 김숙희 외(2008)

한다면 구석기시대 식단은 저탄수화물 고단백 식단이다. 농업혁명 이전이었으므로 곡물을 거의 섭취하지 않았으며(혹은 못했으며) 단백질 섭취가 높았다. 주의해야 하는 사실은 같은 소라도 야생 소나 들소는 사육된 소와는 영양가 분포가 다르다는 것이다. 불포화지방산의 함량이 높고 전체 지방 함량 및 질도 다르다.

지구상의 대부분 종은 생존을 위해 특정식물 혹은 동물만을 섭취하는 편인데 인간은 동식물을 가리지 않는 잡식성이며 이러한 식사 형태는 지금까지 이어져 오고 있다. 구석기시대인은 수렵을 통한 육류 공급, 다양하게 채집되는 식물성 식품 섭취로 건장한 체구를 유지할 수 있었는데 물론 수렵이 항상 성공하는 것은 아니었으므로 안정적이고 지속적인 공급 형태는 아니었다. 더욱이 빙하기 등 혹독한 자연환경과 거대한 야생동물 등의 공격 등으로 수렵채집생활이 항상 생각만큼 여유롭다고는 할 수 없지만 곧이어 등장하게 되는 농업혁명 이후의 식생활과는 달리 단백질 섭취량이 월등하게 높았던 것은 사실이다.

표 1-5 **석기시대와 현대인의 주요 영양소 섭취비율(3,000kcal: 육류 35%, 식물성 65%)**

(단위: 100g 당)

열량소	단위(g)	후기 석기시대인의 총 열량에 대한 비율(%)	현재 권장비율 (%)	현재 한국[1]
단백질	250	33	7~20	15.6
동물성	190			
식물성	60			
지방	70	21	15~30	24.4
동물성	30			
식물성	40			
탄수화물	340	46	55~65	60.0

자료: 김숙희 외(2008), [1]국민영양조사보고서(2020)

인류와 단 음식 고대 인류는 현대인들이 자주 많이 섭취하는 당원인 설탕을 맛볼 수 없었다. 설탕은 원료인 사탕수수에서 설탕을 결정화하는 방법을 알아내는 데에도 오랜 시간이 걸렸으며 상상 이상의 노동력이 요구되는 과정이다. 차이가 있기는 하지만 기원전 350년경에 인도에서 처음 시작되었다고 알려진 제조법에 의해 설탕이 세계적으로 평범한 감미료가 되기까지에는 수천 년이 걸렸다. 고대인들이 단맛을 느낄 수 있었던 것은 벌꿀을 맛볼 때와 곡류를 오래 씹었을 때 입속에서 화학적 변화가 일어난 후 뿐이었다.

21세기 인류와 석기시대 인류의 식탁에서 가장 현저한 차이점은 즐비한 가공식품과 식품첨가물 그리고 너무도 손쉽게 얻을 수 있는 당원을 꼽을 수 있을 것이다. 단맛에 대한 인간의 욕구는 매우 강렬하다. 태어난 지 얼마 되지 않은 신생아를 대상으로 한 실험에서도 단맛과 쓴맛 중에서 단맛에 호의적인 반응을 보이기도 하는데 진화론적 입장에서는 단맛은 즉 에너지를 의미하며 생존할 수 있는 능력을 나타내기 때문이라는 설명도 있다.

구석기인이 유일하게 섭취할 수 있는 순수한 당원은 물질은 오로지 벌꿀뿐이었으나 이를 채취하기 위해서는 나무 위로 올라가서 벌을 쫓고 채취하는 위험을 감수해야 했다. 인류가 단맛을 자유롭게 섭취할 수 있게 된 것은 20세기 이후이며 그 전에는 사탕수수, 사탕무를 통해 충당되었지만 값비싼 귀한 식품이었다.

(3) 이동생활과 남녀 역할 차이

인류는 자신이 사냥꾼이자 동시에 사냥감이 될 수도 있는 생존 환경에서 불안정하게 먹을 것을 찾아 움직여야 했고 어느 한 지역에서 먹을거리가 떨어졌을 경우 먹이를 찾아 이동하여야 했다. 즉, 수렵채집의 식량조달 형태는 이동생활이 훨씬 더 용이했던 것이다. 수렵채집 생활은 그다지 안정되고 안락한 생활은 아니었을 것이며 이따금씩 큰 먹이감 사냥을 하기 위해서는 개인 단독 생활보다는 소공동체 형태로 생활하며 음식물과 다른 일용품을 찾아 주변 지역을 돌아다녀야 했을 것이다. 덩치 큰 짐승은 충분한 고기를 공급해 주기는 하지만 사냥이 쉬운 일이 아니었으며 더구나 사냥감을 주거지까지 '이동'하거나 '보관'하는 것이 문제였다(레이 태너힐, 2006). 운반하기 쉽게 사냥감을 잘라서 이동하더라도 주거지까지 가는 동안 사냥감을 노리는 다른 인간이나 동물을 피해야 했고 빙하기가 있더라도 몇 주가 지나면 부패가 되기 시작했을 것이다. 이러한 부패된 동물성 단백질 섭취로 인한 질병과 사망이 이어졌다.

주로 사냥 행위는 상대적으로 힘이 센 성인 남자가 맡게 되고, 남자들이 사냥과 낚시를 하는 사이 여자들은 육아와 함께 채집 활동을 하였을 것이다. 먹을 수 있는 뿌리채소와 잎채소, 열매, 견과류, 딸기류를 채집하였고 채집에 가까운 사냥을 하기도 하였는데 달팽이, 민물게, 홍합와 같은 아주 작은 동물들을 사냥하여 큰 사냥감이 없는 경우를 대비하였을 것이다. 이렇게 사냥과 채집 행위는 남녀 역할이 구분되어 있는 편인데, 선사시대 초기부터 남녀 역할이 나뉘어져 있었을 것으로 보고 있다.

하지만 최근 연구에 의하면 이러한 설은 단지 추측에 불과한 것이며 실제적인 과학적 증거가 없는 가설이라는 주장도 있다. 남자만이 사냥을 했을 거라는 증거가 없다는 말인데 아이를 임신하고 수유를 할 수 있는 것은 오로지 여성만이 가능하다는 면을 보면 굳이 육체적 능력 차이에 초점을 두지 않더라도 채집보다 위험이 따르는 사냥은 남성이 주도했을 거라는 설이 전혀 근거가 없다고 볼 수 없을 것이다.

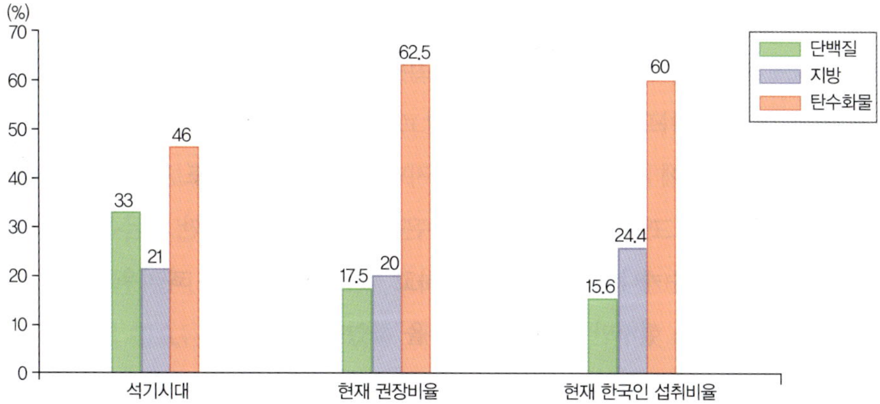

그림 1-2 **주요 지역별 농업 시작 시기**
표 1-4를 기초로 그래프화한 것임. 현재 권장비율의 단백질, 탄수화물값은 평균값임.

(4) 식량생산자와 소비자의 일치

현대사회의 산업체계 특징 중 하나인 분업화, 다양화는 식량조달방식에서도 농업혁명 이후에 식량생산자와 식량소비자를 직업적으로 분리시켰다. 그러나 농업혁명이 본격적으로 일어나기 이전의 시대는 어느 누구나(너무 어리거나 너무 늙지만 않았다면) 본인이나 가족을 위하여 동식물을 직접 잡거나 채집하러 다녀야 했으므로 누구나 같은 일을 하고 어느 가정이나 비슷한 정도의 부를 가지고 있었다.

그러나 이후 서서히 식량생산 및 조달방식이 농업 형태로 변화되면서 잉여산물이 산출하게 되자 계급, 원시 경제 등의 사회형태가 나타나게 된다.

3) 선사시대인의 식생활

(1) 21세기의 수렵채집민들

21세기 현재에도 많지는 않지만 지구상 곳곳, 아프리카, 남아메리카, 폴리네시아 등에는 농사를 짓거나 가축을 기르지 않고 자연 상태에서 수렵채집활동을 하며 살고 있는 종족이 있다. 아프리카의 피그미족은 아프리카 최초의 토착민으로 여겨지는데 그 중에 아카족과 바카족이 가장 널리 알려졌다. 여자들은 과일이나 애벌레를 채취하고 남자들은 작은 동물들을 사냥하면서 야생 벌꿀을 채취한다.

표 1-6 **석기시대인, 한국인의 영양 섭취 실태 비교**

영양소	석기시대인	한국인[1)]
열량소비율(%)		
단백질	33	16
탄수화물	46	60
지방	21	25
*P:S비율	1.41	1.10
콜레스테롤(mg)	520	20세 이상 남자: 310.6 20세 이상 여자: 235.0
섬유소(g)	100~150	21.7
소듐(나트륨, mg)	690	3,189.3
칼슘(mg)	1,500~2,000	485.9
비타민 C(mg)	440	63.0

* P: polyunsaturated fatty acid(다중불포화지방산), S: saturated fatty acid(포화지방산)
자료: 김숙희 외(2008), [1)]국민영양조사보고서(2020)

렵채집 생활을 했던 구석기시대인들의 섬유소, 칼슘, 비타민 C 섭취량이 현대인보다 높은 것으로 밝혀졌다.

4) 농경과 유목

학자마다 연도별로 약간씩 차이는 있지만, 현대 인류가 유인원에서 갈라져 나온 것은 대략 450만 년 전의 일이다. 유인원에서 통상적 의미의 '인간'으로 보는 '호모사피엔스' 종의 출현은 평균적으로 대략 15만 년 전의 일이며 원시적인 형태이지만 인류가 의식적으로 식량을 재배하기 시작한 것은 1만 1천 년 전의 일이다. 좀 더 간단한 이해를 위하여 이를 하루 24시간으로 환산하여 생각해 보면, 유인원에서 갈라져 나온 450만 년 전을 하루 24시간으로 볼 경우, 통상적 의미의 '인간'이 나타난 15만 년 전은 밤 11시 12분에 해당된다. 다시 여기서 인류가 농사를 지어 먹을거리를 수확하기 시작한 1만 1천 년 전은 불과 자정 전 3.6분이라는 극히 짧은 순간에 지나지 않는다. 이 짧은 시간 동안에 인류는 농업혁명, 고대 문명,

산업혁명, 과학혁명, IT혁명 등의 굵직한 사건을 이루어내며 발전하고 있다.

식량을 비교적 안정적으로 공급받을 수 있는 체계인 농업 지식을 익히게 된 것은 인간의 역사에서 볼 때는 극히 짧은 순간에 불과하다. 또한 미루어 보건데, 24시간 중 23시간 56분을 차지하는 식량공급 체제(수렵, 채집)가 4분도 채 되지 않는 식량공급체제(농업)보다 인류의 유전자에 깊은 각인을 심어놓았을 것이라는 점이다.

하지만 현재 인류의 식량공급 체계는 24시간 중, 3.6분 동안 일어난 농업체계가 기본이다. 23시간 56분 동안 익숙해 있던 인류의 유전자가 4분 동안에 변화된 환경에 적응하거나 혹은 변하기에는 아직 시간이 부족하다. 이런 점들이 여러 학자가 지적하듯이 현대병인 각종 질병이 발생하게 하는 원인 중의 하나가 되고 있다. 여기에서는 이렇듯 인류의 식량공급에 지대한 영향을 미쳤으며 지금도 그렇고 앞으로도 그러할 것이라고 예상되는 농업이 언제 어떻게 시작되었는지와 인류에 미친 영향을 알아본다.

(1) 변화된 자연환경- 빙하기 마감과 안정된 기후

1만 1천 년 전에 비로소 빙하기가 북쪽으로 물러갔는데, 이것은 지구의 기후가 반복적으로 빙하기를 되풀이하다가 비교적 안정된 상태로 접어들었다는 의미이며 이에 따라 초목도 변하게 되어 숲의 주변부에 작은 동물들이 자라기 시작하게 되고 주로 순록고기를 섭취하던 인간들도 생활환경이 변하게 되었다는 의미이다. 다른 말로는 신석기시대의 혁명이라고 일컫는 '농업혁명Agricultural Revolution'이 일어날 수 있는 자연적 조건에 부합되었다는 뜻이다.

특히 지구상 어느 특정 지역(지금의 중동, 터키, 이라크 지역 부근)은 겨울에는 지중해로부터 차고 습한 바람이 불어와 식물 조기 성장을 촉진시켰고, 여름에는 유라시아와 아라비아로부터 덥고 건조한 바람이 불어왔다. 녹색식물들은 더운 계절이 오기 전에 자라고 성숙하여 씨앗이 생성하는데 적당한 땅에 야생밀과 야생보리 들판이 생겼다고 한다(레이 태너힐, 2006). 주변에 건조한 사막지역이 많아 특히 상대적으로 풍요로움이 더욱 부각됐을 것이다. 이러한 풍요로움이 이 지역으로 사람을 끌어들였고 식량을 찾아 계속해서 이동해야 하는 사람의 눈앞에 펼쳐진 풍요로운 야생곡식은 이 지역을 중심으로 인류 최초 문명이 생겨나게 하는 힘이 되었다. 이 문명이 이른바 수메르 문명이며 이 지역을 지나는 티그리스 강, 유프라테스 강은 이 지역에서 발생할 고대오리엔트 문명인 메소포타미아 문명의 젖줄이 된다.

(2) 식물만이 할 수 있는 광합성 작용

인간이 생존하고 활동하기 위해서는 에너지가 필요하며 이 에너지의 근원은 동물성과 식물성으로 분류되어 동물성은 주로 육류, 생선 등에서, 식물성은 곡물에서 얻을 수 있다.

곡물은 식물의 광합성 작용에 의해 만들어지고, 육류는 광합성 작용을 하는 녹색식물을 먹고 자라는 초식동물이나 초식동물을 먹이로 하는 육식동물을 섭취하여 에너지를 얻는다. 어류 역시 물속에서 광합성 작용을 하는 플랑크톤을 먹고 자라는 물고기를 섭취하여 얻는다. 결국 인간이 식량이라고 섭취하는 모든 형태의 근원은 식물에서 나온 것으로, 곡물을 먹든지 육류나 생선을 먹든지 근본적으로 인간은 광합성 작용으로 만들어진 탄수화물을 먹고 산다고 할 수 있다.

그림 1-3 **주요 지역별 농업 시작 시기**

결국 엄밀하게는 식물의 탄수화물을 섭취한다고 할 수 있다. 그리고 햇빛을 받아 섭취 가능한 형태인 탄수화물을 만드는 작용은 오로지 식물(식물 중에서 인간이 주로 섭취하는 주 곡류)만이 가능하다. 이 화학반응이 광합성 작용이며, 이 반응에는 태양에너지가 필수적이다. 초식동물도, 육식동물도, 그리고 잡식성 동물인 인간도 햇빛이 있다고 해도 광합성을 하지 못한다. 엽록소가 없기 때문이다. 이런 의미에서 엽록소를 '녹색피'라고도 지칭한다. 녹색식물이 빛 에너지를 받아 물, 이산화탄소와 결합하여 화학에너지인 유기물(탄수화물), 즉 식량을 합성하는 과정이 광합성이다. 그리고 이와 같은 유기물이 초식동물, 육식동물, 인간의 생명을 유지하는데 필요한 식량이 된다.

식물은 늘 광합성 작용을 해왔다. 농업혁명이 일어나기 전에도 빛을 이용해 스스로 유기물을 합성하고 있었다. 다만 농업혁명으로 인해 달라진 점은 야생 상태에서 탄수화물을 필요할 때에만 채집하는 것이 아니라 배가 고프지 않을 때에도 배가 고플 상황을 대비하여 인간이 스스로 땅을 갈고 파종하며 잡초를 제거하면서 체계적으로 식량을 모으기 위해 노력하기 시작했다는 의미이다.

(3) 1만 년 전의 신기술-농업

신석기시대 초기 중동 지역에서 야생 밀과 야생보리가 황금물결을 이루고 있을 때, 다시 말해 본격적인 '농사'가 이루어지기 전에 인간은 야생 곡류를 섭취만 하고, 파종을 하거나 다음해를 위해 씨앗을 남겨두거나 탈곡을 하지도 않았다.

그러나 '농사'가 본격적으로 시작된 후에 인간은 고민하고 도전하는 적극적인 자세를 취하게 되었다. 농사는 안정된 식량공급 측면 외에 인간으로 하여금 자연현상에 관심을 가지게 하였다. 농사짓기에는 필연적으로 물이 필요하였으므로 인류가 자연에서 물을 얻을 수 있는 형태인 '비'가 오지 않거나 가뭄으로 '강'의 수량이 부족하거나 없을 때를 대비하여 관개시설이 발달하게 되었고 야생곡류의 씨앗을 수확량이 많은 재배용으로 개량하는 노력과 자세가 필요했다.

파종은 그냥 단순히 씨를 흩뿌리는 것이 아니라 땅을 뒤엎는 작업이 선행되어야 하며(야생 상태의 식물을 채집할 때는 전혀 고려하지 않아도 되었던 사항), 그 작업을 위해 '고대의 트랙터'라고 할 수 있는 '쟁기'가 필요하였다. 무거운 돌로 만든 쟁기보다는 나무로 만든 쟁기가 가볍고 다루기 쉽지만, 약하고 잘 썩는 것이 문제였으며 가볍고 흔하지만 잘 썩는 '나무'보다는 보다 실용적인 원료로 만든 농기구가 필요했을 것이다. 값비싼 '청동'보다는 첨단 원료인 철로 만든 농기구가 적격이었으며 농산물 생산량을 배 이상으로 증가시키는 등 어떤 농기구를 써야 할지 고민하게 되었다.

또한 기원전 3000년경에 땅을 갈 때는 야생동물을 가축화한 '소'를 이용하는 것이 사람의 힘만으로 하는 것보다 훨씬 효율적인 것을 알게 되었다. 수렵채집 생활에서는 여간해서는 생기지 않는 잉여식량(수렵채집생활의 주된 식량인 육류는 부패가 쉽고 효율적인 보관저장법이 없어 식량이 없을 때를 대비하여 남겨 둔다는 것이 어려웠음)을 담을 그릇, 즉 토기가 필요하게 되었으며 잉여산물의 많고 적음에 따라 계급이 생겨나게 된 것이다.

이처럼 농업은 인류에게 끊임없는 탐구와 연구의 자세를 가지게 했으며 이 결과 인류 생활사 전반에 걸쳐 커다란 변화가 나타나게 되어 비로소 역사상 최초로 '혁명'이라는 용어를 사용하게 된다.

농업의 시작과 함께 인류는 비로소 '문명'을 발생시킬 수 있게 되었으며 신석기시대부터 현재까지 농업에 기반하여 먹을거리를 제공받고 있다.

그 후로 이러한 식량조달 방식은 1만 년이 넘는 장구한 기간 동안에 생산량 증산, 종자 개량, 경작지 확대 등의 분야에서 계속 발전을 해왔다. 그러나 기본적인 식량조달 체계 면에서 본다면 인위적으로 씨앗을 심어 일정기간이 지난 후 생산물을 거둬들이는 방식은 지금까지도 동일하다고 볼 수 있다.

(4) 농업생활이 가지고 온 변화

정착생활이 용이한 농업 농사는 소규모로 사냥감과 먹을거리를 찾아 불규칙적으로 이동하는 수렵채집 생활과는 달리 파종 후 곡식이 맺힐 때까지 시간이 필요하며 그 때까지는 땅을 떠날 수가 없다.

하지만 수확량은 안정적이고 충분하므로 그만큼의 시간과 노동력을 들일 가치가 있었으며 증가된 생산량으로 말미암아 인구수가 늘어나서 이는 다시 마을, 도시, 문명의 발생으로 이어지게 되었다.

대지생산량을 높이기 위해서 매년 같은 땅에 곡식을 키울 수 없으며 일정 기간 휴지기를 거쳐야 하는데 휴지기를 거친 후에도 주기적으로 땅에 힘을 실어 주기 위해 비료를 줘야 하며 가축의 힘을 빌어 대지를 갈아주어야 하는 등, 농업은 단시간에 힘을 집중해서 폭발시키는 수렵과 달리 끊임없이 사람의 힘과 관심이 요구되는 산업이다. 수렵채집 생활을 100m 단거리에 비유한다면 농업은 장거리 마라톤일 것이다.

한편 정착민이라도 반드시 농경생활을 한 것은 아니었으며, 수렵채집 집단 가운데에서도 정착생활을 하기도 하였고 일부는 현대까지도 농업활동을 하지 않은 종족도 있다. 하지만 정착생활을 할 경우에는 수렵채집보다는 농사가 적합한 것은 사실이다. 가령 야생곡물을 채집했던 집단의 경우 정착한 이후 식량공급량을 유지하기 위해 씨앗을 땅에 뿌리기 시작했을 것이며 이것이 농업의 시작이었을 수 있다. 고대의 농경생활에 곡물을 가공하려면 돌로 만든 맷돌이 있어야 하는데

그림 1-4 **주요 고대 문명과 주요 문명 작물 및 기타 작물, 사육화된 동물**

맷돌을 이곳저곳으로 끌고 다니기에는 너무 무거웠다.

긴 시간을 보상해주는 안정적인 식량공급 여기서 주목할 점은 농사가 먼저인지 정착이 먼저인지 하는 것인데 이것에 대해서는 여전히 학자들의 의견이 모아지지 않은 상태이다. 농사가 시작되면서 정착생활이 수반되었다는 설도 있고 정착생활을 하게 되면서 농사가 시작되었다는 설도 있다.

또한 이 두 가지 사건 모두 '인구 증가'라는 현상을 동반하는데, 정착생활을 시작하여 식량 조달 안정성이 확보되면서 인구가 늘어났다는 주장과 이와는 반대로 농사의 시작으로 인해 안정된 정착생활을 하여 인구가 증가했다는 설도 있다. 더 많은 연구가 뒷받침해야 알겠지만 분명한 사실은 농사, 정착생활, 인구 증가 등 3요소가 삼위일체처럼 항상 같이 있다는 사실이다.

이렇듯 농사짓기에는 정착생활이 필요하고, 정착생활의 식량조달 방식으로는 농사가 가장 적합했던 것이다. 이런 과정을 거쳐 곡물은 이전보다 더 매력적인 식품이 되었다.

농경생활이 수렵채집 생활보다 노동력 면에서 용이하다고는 볼 수 없지만 결과적으로 생산량 면에서는 수렵채집생활보다는 식량공급이 확실히 안정적이었다.

농사로 인해 얻는 결과물인 곡물은 에너지가 풍부하고 건조시키면 오래 보관할 수 있는 점이 최대의 장점이었다. 저장 보관법이 여의치 않고 부패하기 쉬운 육류와는 달리 곡물은 장기간 보관이 용이하여 식량이 부족한 경우를 대비하기에는 적절한 식량자원이었다. 물론 농업을 시작한 초기에는 생산량이 충분치 않았으므로 수렵과 채집을 통해 먹을거리를 보충해야 했을 것이며 아울러 야생동물 중 비교적 사육이 쉬운 종을 가축화하는 작업이 시작되었을 것이다. 곡물은 수렵으로 잡은 동물성 단백질과 비교하여 처음에는 비교적 중요하지 않은 식량이었다가 점차 더 중요한 식량으로 여겨졌으리라 본다.

5) 유목과 목축

(1) 야생동물 길들이기- 수렵에서 사육화로 변화

인간은 약 1만여 년 전 포획한 야생 상태의 동물을 가까이에서 번식시키면서 식품으로서의 동물, 즉 육류를 인위적으로 공급받기 시작했으며 이외에 의류, 운송 등의 노동력으로 사용하기 시작하는데 이것이 유목과 목축pastoralism의 시작이다.

현대에서는 젖, 고기, 알 등 식용이 주된 목적이지만 불과 몇 백 년 전까지만 하더라도 가축은 식용으로 이용되기에는 너무도 값비싼 식량이었고 주로 운송, 노동력으로 이용되거나 식용 외의 유용한 생산물 생산 등을 위해 사육되었다.

유목 혹은 목축은 1만여 년 전에 거의 농경과 함께 시작되었다고 보고 있다. 이전의 수렵과의 차이점은 도살하지 않고 살아있는 야생 상태의 동물 중 인간에게 도움이 될 만한 비교적 온순한 동물을 사육 과정을 통하여 정기적으로 노동력, 알, 우유, 털, 모피 등을 공급받는 점이라고 할 수 있으며 수렵에는 '포획 후 즉각 식용' 개념이 강한 반면 유목과 목축은 살아있는 채로 '사육'과 '사육 과정을 통한 여러 가지 면에서의 이용' 측면이 강하다고 할 수 있다.

(2) 가축화

식물학자 테브닌R. Thevenin은 "인간이 길들인 가축이란 인간이 지켜보는 가운데 여러 세대를 거듭해 번식하면서 종족을 유지하는 동물을 가리킨다. 이에 해당하는 동물은 야생에서 지녔던 특징을 버리고 다른 종으로 다시 태어난다."라고 정의했다.

찰스 B. 헤이저 2세에 의하면 가축화는 동물이 인간의 통제 하에 먹이와 보호를 받으며 번식하게 되는 과정을 말한다. 길들여진 동물은 대부분 야생 상태에 비해 더 작은 뇌와 더 열등한 시력 및 청력을 지니게 마련인데 야생에서의 생존 능력이 감퇴하는 대신에 더 유순해지기 마련이다. 바로 이 점이 인간에게 유리한 성질이며 현재 일부 동물은 완전히 가축화되어 인간의 도움이 없이는 생존이 불가능한 것도 있지만 가축화되었다고 해서 야생에서 사는 것이 불가능한 것은 아니다.

가축화는 대륙별로 서식하는 동물에 따라 다르게 진행되었으며 기원전 8,000년경에 근동에서 양과 염소를 길들이면서 시작되었으며 곧이어 소와 돼지도 길들여졌다. 돼지는 비슷한 시기에 중국에서도 길들였고 닭은 기원전 6,000년경에 동남아시아에서 맨 처음 길들였다.

가축화의 결정 요소 고대인은 어떤 종류의 동물을 가축화할 것인지에 대해 결정할 때 여러 가지를 고려했을 것이다. 우선 비교적 덜 사나운 것, 크기가 작은 것을 선택했을 수도 있고 젖, 털, 고기 등의 통상 우리가 중요하다고 생각하는 특성들도 고려되었을 것이며, 동물의 먹이도 중요 요소로 작용했을 것이다. 반추동물인 염소, 양, 소 등은 인간에게 젖, 고기, 노동력을 제공할 뿐만 아니라 다른 의미에서도 가축화에 적합한 동물들이었다. 이 동물들은 위 속에 존재하는 미생물(박테리아와 원생동물) 덕분에 인간은 소화할 수 없는 먹이를 먹을 수 있었다. 다시 말해 사람과 먹이를 경쟁할 필요가 없었다(찰스 B. 헤이저 2세, 2004). 인간에게는 아무 쓸모없는 것을 먹이로 삼아 생존할 수 있다는 점에서 매우 효율적인 동물이었으며 홀로 다니는 동물보다 사회성이 높아 가축화를 더욱 쉽게 해주었을 것이다. 양과 염소는 무리성 동물이므로 한 마리만 잘 인도하면 다른 무리는 알아서 따라가므로 길들이기 쉽기 때문이다.

돼지는 다른 반추동물과는 달리 밀짚, 풀, 잎사귀 또는 잔가지를 소화시킬 수 없어 인간과 음식을 공유해야 했으므로 염소, 양보다 늦게 가축화된 것으로 보고 있다.

가축화의 지역 차이 보통 인간에게 가축화된 동물은 염소, 양, 돼지, 소 순으로 추정하고 있지만 대륙마다 각기 자연환경과 기후에 적합한 동물들이 거주하였고, 이에 따라 가축화된 동물이 다를 수밖에 없었다는 점을 고려해야 한다. 중동 지역에서는 일찍부터 교통수단으로 낙타를 가축화한 것이 좋은 예이다.

특히 대부분의 가축화는 중동지방에서 시작되었고 닭은 선조인 멧닭을 시작으로 동남아시아(혹은 인도)에서 처음 가축화되었는데 처음에는 식용으로서의 가치보다는 주로 점을 치거나 닭싸움용으로 먼저 가축화되었다고 보고 있다.

아메리카 대륙에서는 라마, 기니피그, 칠면조 등의 동물이 가축화되었지만 칠면조를 제외하고는 아메리카 대륙 밖에서 널리 이용되지 않았다. 기니피그는 현대에도 칠레, 페루, 에콰도르 등 남아메리카의 일부 국가에서는 가축으로 키우며 식용한다. 농업에 가장 기본적인 노동력을 제공하는 소가 아메리카 대륙에서 상용화 된 것은 콜럼버스 항해 이후로 보면 될 것이다.

동물의 가축화와 식물의 재배화에 따른 적응, 유전 하나의 식물이나 동물을 완전히 길들이는데 어느 정도의 시간이 걸리는 지는 정확히 알 수 없지만 이미 100년전 《재배식물의 기원Origin of Cultivated Plants》에서 캉돌Candolle은 식용식물은 대부분 선사시대에 인간이 사용하기 편하도록 길들여져 수천 년을 이어왔다고 지적하였다. 이 연구는 지금도 받아들여지고 있으며 동식물에게 모두 적용되고 있다.

이러한 선사시대 고대인이 선택한 가축화된 동물은 본래의 자연적 특성에서 인간에게 유리하도록 점진적 변화를 일으켰고 그 특성은 시간을 거쳐 동물의 유전자에 고정화되어 지금까지 이어져 오고 있는 것이다.

일례로 옥수수는 야생식물이 인간에게 이롭게 길들여진 가장 적절한 사례이다. 옥수수의 선조인 테오신트teosinte는 두 줄의 알갱이가 두꺼운 껍질의 꼬투리로 둘러싸여 있는데 이 중에 돌연변이를 일으켜 알갱이가 꼬투리 밖으로 노출된 것이 인간에게는 오히려 유익했던 것이다. 알갱이를 먹기 위해 굳이 제거하는 수고를 덜 수 있었으며 아울러 가식부가 많아져 인간의 입장에서는 식량생산량이 높아지는 이득을 볼 수 있었다. 인간은 곧 그 돌연변이종을 모아 주로 재배하여 그것이 현대의 옥수수가 되었다. 식물로는 번식능력이 떨어진 열등인자이지만 인간의 식량 면에서는 진화한 것이며 현대사회에서 각종 가공식품의 과당, 가축사료 및 대체에너지 원료 등 식량 이외에도 산업분야의 주요 곡류로 소비되고 있다.

옥수수는 벼와 밀과 비교하여 노동력은 매우 적게 들면서도 빨리 자라 생산량이 높다. 손이 많이 가는 벼농사와는 비교가 되지 않을 정도이며 약간 과장하면 파종만 하면 알아서 자란다고 할 수 있다. 아울러 그 사이 남는 노동력은 다른 일에 몰두할 수 있다는 것이다. 해발 2,000m의 고산지대에서 일어난 마야 문명은 소, 말 등 동물의 힘도 빌리지 않고 바퀴도 없이 거대한 석조문화를 오로지 인간의 힘으로만 일으킨 것으로 유명하다. 이를 문명 작물과 연관하여 보면 옥수수보다는 노동력이 상대적으로 많이 드는 쌀을 주식으로 하는 사회에서 가능했을지를 생각해 볼 수 있다. 역사적으로 볼 때 농경사회에서 특히 논 농사는 농번기에는 서로 전쟁조차 피했을 정도로 노동력이 많이 요구되는 노동집약적 식량체계이다.

6) 수렵생활과 농경생활의 차이

(1) 영양학적 차이에 따른 신체적 변화

농업혁명 이후에 비교적 안정적인 식량공급이 보장되어 곡물은 인간에게 칼로리를 확실하게 제공해주었지만 영양학적 측면에서 완벽한 식량은 아니었다.

고고학적 증거에 따르면 농민은 수렵채집민에 비해 치아의 에나멜질 형성이 낮아(영양학적 스트레스를 나타내는 지표, 치아가 가로 방향으로 벗겨지는 것이 특징)이로 인한 고통을 받았을 가능성이 더 컸다고 한다. 농사로 얻은 식품은 수렵채집 식품에 비해 다양하지도 균형 잡혀 있지 않았던 것을 추측할 수 있는 대목이다.

실제 인류는 수렵채집생활을 했을 당시보다 농경생활을 시작하고 나서 키와 체중 면에서 감소되었다는 연구도 있으며 이는 육식문화와 곡류를 기반으로 탄수화물 위주의 문화로 설명될 수 있을 것이다.

수렵채집 생활 당시 주식이었으며 지금까지도 사랑받고 있는 육류가 인류의 진화에 중요했던 진짜 이유는 열량의 양이 아닌 질의 문제이다. 식물성 단백질은 필수아미노산 함량이 동물성 단백질에 비해 많이 떨어지며 동물성 단백질은 인체 내에서 합성되지 않는 필수아미노산 9종류가 모두 포함되어 있다.

평균 신장 감소 연구에 의하면 차이가 있기는 하지만 오스트랄로피테쿠스의 평균 신장은 남자의 경우 150~160cm였고 이후 호모에렉투스는 175cm로 급속하게 성장하며 이와 더불어 두개골 크기도 1/3 정도가 더 커졌다고 한다. 뇌도 육류 내에 포함된 지방산 섭취와 함께 활성화되었다고 볼 수 있다.

그러나 일부 기록에 의하면 19세기 영국 남성 평균 신장은 165cm, 체중은 60kg, 프랑스 남자는 160cm, 50kg이었으며 평균 수명이 40살이었는데 이 수치도 그나마 귀족일 경우이고 열악한 영양 상태와 위생 상태에 노출되어 있는 빈민의 평균 수명은 20살이었다. 식량의 안정성 면에서는 농경생활이 수렵채집생활보다 월등했지만 영양적인 면에서는 반드시 좋다고 말하기는 어렵다.

단백질이 풍부한 육식 위주의 식생활에서 탄수화물이 풍부한 곡물 위주의 식생활로 변화되었을 경우에 수반되는 영양문제로 인해 농민은 수렵채집민보다 키가 더 작아졌다.

이는 당시 사람들의 유해를 가지고 판정할 수 있는데 바로 유해의 치아 나이와 골격 나이를 비교하는 것이다. 긴뼈 길이로 추정되는 골격나이, 즉 신장이 치아나이보다 작으면 영양실조에 기인한 성장 부진으로 판명하는 방법이다.

그리스와 터키에서 출토된 골격상의 증거에 따르면 마지막 빙하기의 끝 무렵인

표 1-7 **식량공급체계와 인류의 신장**

인류의 평균 신장	 구석기시대 177cm	 신석기시대 말 161.2cm	 1800년대 유럽 귀족 169.4cm 영양상태가 좋은 기준, 평균 160~165cm
식량공급 체계	수렵채집	농업	농업
특징	농업이 상당히 발전한 이후에 인류의 체격이 약 10cm 정도 작아짐 농업 시작 전: 육류 35% + 식물성 65%로 섭취 농업 시작 후: 육류 10% + 식물성 90%로 섭취		

1만 4천 년 전 즈음에 수렵채집민의 평균 신장은 남성이 약 175cm, 여성은 165cm 이었다.

농사가 시작된 이후인 기원전 3000년에 이르러 이 평균 신장은 남성이 160cm, 여성은 152cm로 작아졌다. 인류가 고대 수렵채집민 정도의 신장을 회복한 것은 겨우 현대에 들어서였으며 그마저도 세계에서 부유한 지역에서만 가능했다.

각종 질환 발병 뼈에 대한 여러 고고학 연구에 따르면 농민은 영양실조로 인한 각종 질환을 앓았다고 한다. 그런데 이런 질환은 수렵채집민에서는 거의 또는 전혀 찾아볼 수 없는 것이었다. 예를 들어 구루병(비타민 D 부족), 괴혈병(비타민 C 부족), 빈혈(철분 부족) 등이 그러했다. 또한 농민은 정착 생활 방식 때문에 나병, 결핵, 말라리아 같은 전염병 질환에 걸리기도 쉬웠다.

여성은 곡물을 갈기 위해 안장맷돌을 자주 이용한 결과 관절염을 비롯해 발가락과 무릎, 척추 아래쪽의 기형이 나타났으며 곡물 위주의 식단에 들어 있는 탄수화물을 먹고 씹을 때 침과 뒤섞이는 과정에서 당분으로 변하여 충치가 생겼다.

충치는 현대사회에서는 그다지 심각한 질환으로 여기지 않지만 과거에는 치아 자체의 문제뿐만 아니라 식품 섭취를 힘들게 하여 영양 섭취 자체를 힘들게 하였다.

그러나 수렵채집 생활로만 인류의 식량을 조달하는 데에는 한계가 있다. 수천 년간 농업형태로 생산되는 곡물은 수많은 인류의 귀중한 식량이 되었고 아울러 동물의 먹잇감이 되었음을 기억해야 한다. 고고학적 분석결과로만 수렵채집 생활이 농경생활보다 양질의 식생활 패턴을 유지할 수 있을 것이라고 결론내리기에는 성급한 면이 많다고 하겠다. 실제로 구석기시대 이후로 인류가 신체적, 정신적으로 꾸준히 발전하고 있다는 점을 기억해야 할 것이다.

7) 농업혁명 이후의 변화

(1) 문명 창조

수렵채집인들이 주어진 자연환경 안에서 스스로 식량을 찾는 방식에 의존했다면 농경인들은 자신의 식량을 창조했다. 이것은 단순히 영양분을 획득하는 방식상의 간단한 이행처럼 보이지만 앞서 설명한 바와 같이 인류 역사를 크게 변모시키게 되었다.

인간은 생존하기에 충분한 식물을 생산할 수 있는 장소에 정착하여 스스로 식량을 지배하는 힘을 획득한 것이다. 그 결과, 식량은 더 이상 한 장소에 얼마나 많은 사람이 살 수 있는지를 결정하는 제한 요인이 되지 못하였다. 일정 지역에 얼마나 많은 인간이 모일 수 있는지의 문제는 농업생산에 필요한 노동력과 그 결과에 따른 생산물을 통해 인위적으로 결정할 수 있게 되었다. 또한 인구가 규모면으로 증가했다면 더 많은 식량을 재배하기가 상대적으로 쉬웠을 것이며 이는 아울러 더 많은 경작지가 필요해지고 더 많은 생활 소모재가 필요해지는 것을 의미하며 모든 현상은 도미노처럼 일련의 과정을 거쳐 일어나게 되었다.

(2) 상대적 계급사회로 전환

고대사회의 화폐 – 곡식 수렵채집의 작고 평등했던 소규모 공동체는 농업으로 인하여 크고 계층화된 도시들로 전환되었다. 대규모로 이루어진 농업 규모가 원인이었다. 농업의 규모가 커지고 집중화되면서 생산량이 급격히 많아져 자신의 공동체가 일정 기간 동안 먹을 분량만을 준비했던 수렵채집 생활과는 달리 생존에 필요한 것 이상으로 많은 식량을 생산할 수 있었던 것이다. 이른바 잉여식량인데 이 잉여분은 물물교환을 통하여 생존 이외의 다른 수단으로도 사용할 수 있었으며 자신의 가족 이외에 다른 사람을 먹이는 데에도 사용할 수 있었다.

다시 말해 꼭 농부가 아니어도 누군가 자신을 위해 식량을 대신 보급해 줄 수 있으므로 여건만 된다면 직접 농사를 짓지 않아도 되었던 것이다.

직업 분화 시작 수메르의 고대 도시 우르크에서 농민은 전체 인구의 약 80%를 차지했다. 농민들이 생산하는 식량은 세금 명목으로 걷어져 지배층들이 식량을 직접 소비하고 나머지 중 일부를 군인, 국가직 공무원들에게 재분배했다. 지배하는 자와 지배당하는 자가 생긴 것이며 이러한 사회의 계층화는 농업 식량의 잉여분 덕분에 가능했다. 농업을 채택한 곳에서 대부분 이런 현상이 일어났으며 농업의 집중화로 부자와 빈자, 지배자와 농민으로 나뉘게 된 것이다. 부는 예나 지금이나 일반적으로 사람들이 육체적 노동을 피하게 하는 경향이 있다. 실제로 고대에는 농민이 될 필요가 없는 것이야말로 부를 규정하는 또 다른 방법이기도 했으며 오늘날도 가장 부유한 사회들은 식량생산에 관여하는 노동력의 비율이 가장 낮아 미국이나 영국 같은 부유한 국가에서 농민은 전체 인구의 겨우 1%에 불과하다. 르완다 같은 나라에서는 전체 인구의 80% 이상이 여전히 농업에 종사한다.

식량잉여분 – 현대의 화폐 현대인들은 서로 다른 직업이 있고 부자와 빈자가 있는 것을 당연하게 여기고 있지만, 수렵채집민과 선사시대의 초기 농민은 심각한 자연 재해가 발생하지 않으면 크게 배를 곯지 않았으며, 한 공동체의 다른 사람들과 비슷한 일을 하며 지냈다.

그러나 농업이 시작된 후 '식량은 곧 부'라는 공식이 성립되게 되었으며 식량의 지배는 권력과 연결되었다.

(3) 농업에 의한 부정적인 변화상

농업 혁명이 일어났던 중심 지역에서는 우선 대지의 나무와 잡목들을 다 베어져 버리고 지나치게 땅을 이용하며 가축들이 풀을 뜯어 먹게 했다. 대지는 점차 사막으로 변해갔고 경작할 수 있는 땅은 감소하였다. 불과 기원전 1천여 전만 해도 사하라 사막은 나무가 무성하고 물이 풍부한 초원 지역이었다. 신석기혁명은 현대 문명의 기초를 낳기는 했지만 20세기의 인간을 괴롭히는 여러 가지 절박한 생태학적 문제들의 원인을 낳기도 한 것이다.

증가하는 인구를 먹여 살려야 하는 관점에서 본다면 전 지구상에 수천 만 명 밖에 없던 시절과 80억에 가까운 인구가 살고 있는 지금을 비교하여 농업의 자연환경 파괴를 말하는 것은 지나친 비유이기는 하나 '채집'과 '경작', 그리고 자연환경 3요소를 놓고 비교해 본다면 경작방식이 채집방식보다 자연환경을 많이 파괴

하는 형태인 것은 사실이며 이것은 '전통:개발' 혹은 '안주:발전' 식의 흑백논리에 근거한 양자택일의 문제로 결정하기는 무리가 있다.

신석기시대 당시 농업혁명이 일어났을 때에도, 들판에 자라나는 곡식은 해충을 불러들이고 설치류가 늘어나 이로 인한 질병도 증가하게 되었다. 농사에 필수적인 물을 대기 위하여 관개시설이 발달하게 되었으나 한편으로는 계속적인 관개사업은 토양의 염분화를 일으켜 토양을 죽게 한다는 사실을 당시에는 알지 못했다. 현대를 살아가는 많은 사람도 역시 이 사실을 알지 못하고 있다. 21세기인 지금도 경작지 부족과 경작지의 염분화는 식량 부족과 깊은 관계를 맺고 있다.

결국 인류 최초의 문명이 탄생한 중동 지역에서도 토양에서 염분이 우러나와 밀농사가 실패하기 시작했고 연이어 염분에 비교적 잘 견디는 보리농사도 실패했다. 자연적인 강수량이 부족하거나 강이 없는 지역에서는 관개에 의존하여 농업을 이끌고 나갈 수밖에 없었으며 국가들은 식량 조달을 위해 새로운 토지를 찾아야 했다. 관개시설은 이처럼 도시 흥망, 국토 확장에도 직·간접적으로 관여를 한 것이다.

THINKING

신화적 관점에서의 농경문화와 유목문화

지구상 대다수의 민족은 각 민족 고유의 신화나 설화를 가지고 있다. 그 내용을 글자 그대로 해석한다면 문학작품이나 옛날이야기 정도로 이해할 수 있지만 실제로는 수백 년 혹은 수천 년을 거치면서 후손들에게 전해야 할 가치가 있는 사건을 여러 가지 상징, 비유법을 이용하여 구전 혹은 기록의 방법으로 남겨놓은 민족의 구전문화, 기록문화라고 할 수 있다.

인류가 주어진 자연환경에 적응하며 유목문화와 농경문화를 영위해 온 사실은 각종 유적과 유물을 통해 밝혀진 사실이며 1장에서 설명한 바와 같이 인류의 생활 형태가 수렵채집에서 농경생활로 옮겨 간 것은 우리가 잘 알고 있는 몇 가지 신화에서도 유추가 가능하다.

가장 잘 알려진 기록은 유대교와 가톨릭교, 기독교 등 3종교의 성서인 '성경'에서 찾아볼 수 있다. 성경 구약성서 창세기 부분에는 인류 최초의 남성, 여성인 아담과 이브의 이야기가 나온다. 이들은 아들 둘을 두었는데 형인 카인은 농사를 짓고 동생 아벨은 양치기이다. 이 두 형제가 여호와에게 제물을 바치는 과정에서 동생 아벨의 제물만이 받아들여지자 카인이 질투로 동생을 살해하여 벌로 한 곳에서 머물지 못하고 쫓겨나게 되었다는 내용이다. 카인은 농경민을 대변하는 것이고 아벨은 수렵채집을 하던 선주민을 대변한다고 할 수 있다. 농경민이 선주민인 수렵채집민을 공격하는 장면을 상징적으로 묘사하는 것일 수도 있다. 다시 후대에 에서와 야곱의 장자권 이야기에서도 유목문화와 농경문화의 대립을 유추할 수 있는 장면이 묘사되는데 대표적 종교서 '성경'을 통해 몇 천년 전의 수렵채집생활과 농경생활의 충돌 그리고 유목민과 농경민의 대립 과정을 어느 정도 이해할 수 있다(장재우, 2011).

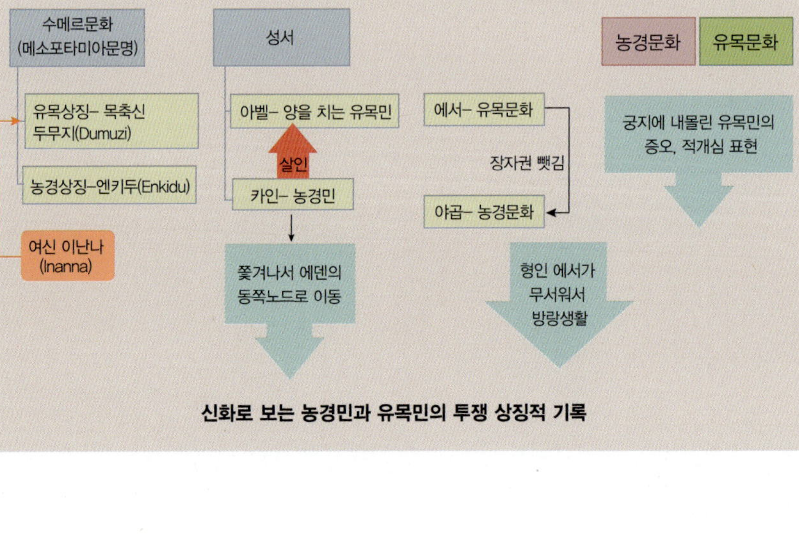

신화로 보는 농경민과 유목민의 투쟁 상징적 기록

ACTIVITY

1. 현대인의 대다수가 생활습관병(대사성 질환) 등으로 고민하고 있다. 생활패턴상 활동량이 적어지고 야식, 간식 등 필요한 양 이상으로 식품을 섭취할 수 있는 기회가 많기 때문이다. 이에 대한 한 학자의 연구에 의하면 구석기시대로 돌아가 그 시대의 사람들이 먹었던 형태로 음식을 섭취하자고 주장한다. 지나친 탄수화물 섭취와 단 음식 섭취를 줄이자는 것이 주 내용인데 이에 대한 각자의 식습관과 생활 양식을 비교하여 개선시킬 수 있는 방안을 생각해 보자.

2. 한 학자의 연구에 의하면 수렵채집시대에도 남성에 의한 수렵보다는 양과 영양가는 떨어지지만 여성이 채집하는 과일과 식물이 인류의 안정된 식량원이었다고 한다. 이런 이유로 여자가 분홍색을 선호한다고 하는데 이는 잘 익은 과일을 빨리 알아보기 위한 일종의 적응 과정이라 할 수 있다. 이에 대하여 각자 의견을 생각해 보자.

3. 농사는 인류의 최대 식량공급 체계이지만 환경보호 차원에서는 수렵보다는 환경에 좋지 않은 영향을 많이 미치게 된다. 이에 대하여 현재 세계적으로 문제되고 있는 산림파괴, 물 고갈, 토지 염분화 등과 관련하여 토론하여 보자.

CHAPTER 2

식생활의 사회문화적 접근

- 식품에 대한 인식
- 음식과 종교, 의학

한 개인을 두고 보더라도 어떤 음식을 좋아하고 싫어하며 먹을 수 있는 음식과 먹을 수 없는 음식으로 구분하는 것은 심리적인 면과 인식이 중요하게 작용한다. 이러한 개인의 선택은 선천적인 면과 함께 가족이나 소속되어 있는 집단의 영향을 받게 되고 크게는 민족, 문화, 사회 환경에 따라 차이가 나게 된다.

이 장에서는 이러한 음식의 기능을 사회문화적 견지에서 알아보며 금기식품과 종교의 관계에서 이해하고자 한다.

1. 식품에 대한 인식

어떤 음식을 먹는지, 먹지 않는지 또는 먹을 수 없는지는 개인의 생각이나 식량 사정에 의해 결정된다. 식품 중에는 식용불가 식품, 다른 나라 사람들은 먹지만 우리나라에서는 먹지 않는 음식, 다른 사람들은 먹지만 나는 먹지 않는 음식, 나는 먹지만 타인은 먹지 않는 음식 등 식용에 대한 인식은 다양하게 나타난다. 이러한 구분은 사람들의 식품에 대한 인식에 두려움과 즐거움, 건강과 질병, 삶과 죽음 같은 이중성이 존재하기 때문이다.

1) 식품에 대한 인식의 이중성

(1) 식품에 대한 만족감과 불쾌함

음식이 주는 만족감은 맛과 포만감 등 음식에 대해 느끼는 긍정적 측면을 의미한다. 사람들은 익숙한 맛의 음식은 거리낌 없이 받아들인다. 그러나 음식을 먹고 감정적 불쾌감을 느끼기도 하고, 매스꺼움, 구토 등의 증상을 경험하기도 한다. 이러한 감정과 경험은 몸에 맞지 않는 음식의 섭취를 제어하기 위한 일종의 안전장치이기도 하다. 음식에 대한 만족감과 불쾌감은 문화 경험에 의해서도 만들어진다. 문화권에 따라 다른 식사매너도 한 예이다. 식후에 트림하는 것은 식사 예의에 어긋난다고 판단하는 문화권도 있지만 식사의 포만감을 보여주는 예의로 판단하는 문화권도 있다.

(2) 건강에 긍정적 혹은 부정적 먹을거리

음식은 신체에 필요한 양분을 제공해 주기 때문에 체력과 건강 유지의 기본이지만 반면 질병을 야기할 수 있는 원인이 되기도 한다. 식품내에는 인체에 이로운 영양소뿐 아니라 해를 줄 수 있는 유해물질도 있다. 생선류 중 특히 먼 바다에서 잡히는 참치는 인체에 유익하다고 알려진 불포화지방산의 함량이 높은 편이나 인체에 도움이 되지 않고 위해가 되는 수은 함량도 다른 식품에 비해 상대적으로 높다. 특정식품이나 수입농산물, 가공식품에 포함된 식품유해 물질(식품첨가물,

환경에서 유입되는 납, 비소, 카드뮴, 수은, 비스페놀 A, 프탈레이트 등의 유해물질)에 대한 사람들의 우려를 거의 날마다 접하게 된다. 혼란스러운 정보, 인식부족은 사람들의 식품에 대한 우려를 더욱 가중시킨다. 식품에 유해한 물질이라도 아주 조금 먹으면 위독해지는 것도 아니고 유해물질이 완전히 없는 식품만을 섭취하는 것도 거의 불가능하다. 실제로 식품은 건강에 이로운 물질과 해로운 물질을 모두 가지고 있다. 이런 식품을 어떻게 판단해야 하는지 혼란스러울 수밖에 없다.

(3) 인식 차이에 따라 다른 관점

음식은 생명유지에 대단히 중요하나 음식 섭취는 다른 생명체의 생명을 빼앗아서 가능하다고 생각하는 관점도 있다. 인식에 의한 금기 식품은 주로 동물성 식품이고 식물성 식품은 상대적으로 적다. 과일류, 채소류, 곡류를 먹을 때 사람들은 대부분 죄책감을 느끼지 않지만 동물성 식품의 경우는 다르다. 식물성 식품은 한 번 먹고 나면 없어지는 것이 아니라 식품을 주는 근본(뿌리)은 살아 있으므로 다시 자랄 수 있지만(예- 사과와 사과나무) 동물성 식품은 우유, 꿀 등은 제외하면 대부분 생명을 단절시켜야(예- 도살) 획득이 가능한 것과 연관이 있다. 예를 들어 개고기는 식품으로 인식되기도 하지만 개는 애견인이나 동물애호가에게 가족이나 생명으로 인식되므로 개를 식품으로 보는 관점은 사람마다 매우 차이가 있다.

또 사람들은 인간과 좀 더 가까운 생물학적 구조를 가진 생명체일수록 가깝게 느끼는 경향이 있다. 무척추동물보다는 척추동물, 냉혈동물보다는 온혈동물을 보다 더 가깝게 생각하는 것이다. 이에 따라 먹을 수 있는 식품이지만 문화적으로 형성된 식품에 대한 사람들의 인식 차이에 따라 다른 섭취 형태가 나타나게 된다.

2) 먹을거리에 대한 모순된 이중성 극복 시도

먹을거리를 보는 사람의 인식은 생물학적으로는 설명할 수 없는 부분이 많다. 과거에도 먹을거리에 대한 이중적 인식이 있었지만 이로 인한 혼란은 현대사회에서 더욱 심해지고 있다. 익숙한 음식은 심적으로 불편하지 않지만 새로운 먹을거리는 익숙하지 않기 때문에 불안감이 들거나 염려하기 마련이다. 식생활 환경 변화 속도는 식품에 대한 익숙함과 확신을 갖추는데 중요한 역할을 한다. 전통사회 먹을거리의 변화는 현대사회에 비해 매우 서서히 진행되었다. 따라서 후세대가 먹었던 음식은 그 전 세대가 먹었던 음식과 큰 차이가 없었다. 현대사회에는 확연히 사정이 다르다.

식품의 안전성과 효과성을 가장 잘 보여주는 방법은 한 세대를 거쳐 먹었지만 아무런 문제가 없었고 몸을 해치지 않을 뿐 아니라 도움이 된다는 증거이다. 이와 같은 경험은 한 평생이 걸리기 때문에 문제 해결을 위한 방안이 요구된다. 식품에 대한 이중성을 극복하려는 인간의 노력에 대한 예는 다음과 같은 것이 있다.

(1) 익숙한 맛의 활용

조리법은 새로운 먹을거리를 신뢰할 수 있게 돕는 역할을 한다. 조선시대 후기에는 자연재해와 신분제도 붕괴·일부 권력층 부패로 인해 먹을 것이 부족하여 기근이 확산되었다. 부족한 먹을거리를 채우기 위해 전에는 먹지 않았던 새로운 식품을 먹어야 살 수 있는 상황에 처하게 되었다. 한식을 다양하고 독특하게 만드는 식재료에는 산나물류가 있다. 산나물은 방향성이 강해 그 자체를 먹기에는 쉽지 않은 음식이다. 익숙하지 않은 식품을 먹는 방법은 익숙한 맛의 양념과 함께 먹는 것인데, 익숙한 양념으로 조리된 음식은 식재료가 낯설더라도 알고 있는 맛이 더해지면서 보다 쉽게 먹을 수 있게 된다. 한식의 다양한 나물류는 이러한 과정을 거쳐 등장하게 되었다. 조리 책에서 흔히 볼 수 있는 '갖은 양념'이 익숙한 맛을 느끼게 하는 역할을 한 것이다.

(2) 유연한 인식

여러 지역에서 시행하는 동물에 대한 의식을 보면 가지각색이다. 동물성 식품은 동물을 죽여야 먹을 수 있고, 생명을 없애는 것은 영혼을 소멸시키는 것이라는 관념이 있어 거부되기도 한다. 이슬람교는 돼지고기, 힌두교는 쇠고기를 금한다.

종교에 나타난 식생활 규범이 항상 절대적인 것은 아니다. 종교적으로 금하고 있는 육류 섭취도 일정 조건을 거치면 가능해지기도 한다. 유대교나 이슬람교에서는 신의 허락을 받아 도축된 동물은 먹어도 되지만 그렇지 않은 경우는 금한다. 먹을 수 있는 동물의 종류는 종교에 따라 다르지만 대부분 공통된 특징은 육질을 먹어도 되지만 동물의 영혼을 다시 하늘로 보내기 위해 땅에 피가 스며들도록 해야 하므로 피는 먹지 못하게 하고 있다. 불교에서는 동물을 사살할 수 없지만 그 동물의 사살과 관계가 없거나 도살 장면을 보지 않았으면 고기를 먹어도 된다고 하고 있다. 힌두교에서는 생선을 죽여 먹는 것이 아니라 물에서 꺼내어 먹는다고 표현하는데 이는 식품 섭취 허용에 위한 유연한 인식을 짐작할 수 있게 한다. 이슬람교에서는 다른 족이 도축한 고기를 사다가 먹는 것을 허용한다. 이러한 금지식품 허용 사례는 기본적 종교 이념과는 배치되는 것이지만 인간 사고의 유연성을 보여준다.

먹을거리가 긍정적 혹은 부정적 영향을 줄 수 있다는 이중적 사고는 과거부터 전통적으로 내려오는 식생활과 의학에 대한 경험이 주술적 믿음과 적절히 통합되면서 사람들의 심리적 불안감을 극복하는데 기여했다. 과거에 식품에 대한 이중적 인식이 상황에 따라 유연하게 적용될 수 있었던 것은 전달내용이 현대 의학의 지식이나 정보에 비해 덜 복잡하여 상대적으로 쉽게 이해할 수 있었기 때문일지 모른다.

3) 현대사회의 가중된 식품에 대한 이중적 인식과 대응 방안

현대사회의 급속한 식생활 환경 변화는 먹을거리에 대한 우려를 가중시켰다. 무엇보다 현대사회의 식품생산과 소비의 분리는 주목할 만하다. 과거에서 식품생산자와 소비자가 일치하는 경우가 많았지만 현대사회에서는 자신이 생산한 식품을 주로 먹는 사람의 비율은 매우 적거나 거의 없다. 자신이 먹는 음식이 어디서 생산되어 어떠한 과정을 거쳐 이곳에 있는지를 알지 못한다면 믿고 먹을 만한 식품이라고 확신할 수 없다. 포장된 가공식품에 영양 성분 표시가 없다면 가공식품이 몸에서 어떤 역할을 할지에 대한 우려가 나타났을 것이다.

새로운 먹을거리가 매우 다양하게 개발되고 정보망을 통해 급격히 확산되고 있는 현대사회에서 매일매일 쏟아지는 새로운 식품이 어떻게 생산, 유통되어 섭취하게 되는지를 알 수 있는 방법은 거의 없다. 식품의 맛이 획일적으로 상품화되어 이에 기준하여 식품을 제대로 평가하는 것도 점점 어렵게 되었다.

단맛 식품은 쓴맛 식품에 비해 해로운 경우가 매우 드물기 때문에 사람들은 단맛을 좋아한다고 한다. 하지만 끊임없이 등장하는 새로운 식품이 인간이 먹어왔던 음식이나 식품과 맛이 유사하다고 해서 인체에서 같은 역할을 기대하기가 어렵게 된 것이다. 가정식 감소가 먹을거리에 대한 우려를 증가시키는 것도 같은 맥락에서 보면 된다. 현대사회의 과학적 사고 확대와 종교적 성향의 감소는 먹을거리에 대한 합리적 인식을 높이는 데에는 도움이 되었지만 합리적 식품 선택 문제는 여전히 문제로 남아 있다.

과학적 지식 확대는 인간의 바람직한 식품 섭취에 도움이 되지만 특성상 그렇지 못한 부분도 있다. 왜냐하면 건강과 영양에 대한 과학적 지식은 항상 일치할 수는 없기 때문이다. 과학적 지식은 논쟁의 여지가 있다는 특성이 있다. 너무 당연한 주제(예: 사람은 산소가 필요하다)는 과학적 연구 가치가 없다. 음식의 특정 성분이나 체내역할에 대해 전문가들 간에 또는 일반인과 전문가들 간에 의견이 일치하지 않는 경우는 흔히 있다. 논쟁의 여지가 있기 때문에 다시 확인하거나 새로운 논리를 창출하는 작업이 필요한 것이다. 그러나 이러한 이견은 대중의 식품에 대한 염려를 가중시키는 역할을 한다.

현대사회에서도 식품에 대한 이중성을 극복하고자 다양한 해결 방안을 제시하였다. 대표적인 예로 국가차원에서 진행된 극복 방안의 노력을 생각해 보자.

(1) 먹을거리에 대한 우려 극복 방안

먹을거리에 대한 우려는 일련의 과정을 거쳐 진행되며 행동변화단계를 적용해 보면 다음과 같다.

- 무관심단계: 식품이 줄 수 있는 위험인자에 대해 잘 알지 못하고 무관심한 단계
- 인식단계: 식품 섭취의 위험성을 느끼는 단계
- 준비단계: 식품 섭취 위험성에 대한 우려 증가, 다양한 측면에서 논의 시작 단계
- 행동단계: 위험인자가 들어 있는 식품회피 단계
- 유지단계: 새로운 안정 상태에 다다르게 되어 사람들의 우려가 차츰 감소되는 단계

극복 방안은 대상자의 상황에 따라 약간 다르게 접근하겠지만, 현재 국가나 기업 차원에서 대표적으로 진행하고 있는 노력에는 식품영양표시 정착화가 있다. 식품제도food labeling는 식품에 관한 여러 정보, 즉 원재료명, 내용량, 제조일자 및 유통기간, 영양성분, 주의사항 등에 관한 정보를 제품의 포장이나 용기에 표시하게 하여 소비자가 자신의 요구에 맞는 식품을 선택할 수 있도록 하는 소비자 보호제도이다. 영양표시제도는 식품표시 항목 중의 하나로 어떤 영양소가 얼마나 들어 있는지를 식품포장에 표시하여 소비자가 영양적 가치를 근거로 합리적으로 식품을 선택할 수 있도록 하는 제도이다.

식품재배법을 세분화하는 것도 식품에 대한 우려를 극복하기 위한 방안이다. 현대사회는 기존의 일반적 식품보다 자연적으로 재배된 식품은 우월하다는 인식이 높다. 이러한 맥락에서 친환경, 유기농 등의 식품 재배나 이러한 특징이 강조된 식품산업이 확장되고 있다.

또 하나 감안할 사항은 현대사회의 브랜드 로열티이다. 사람들은 식품을 구입하거나 외식을 할 때 흔히 자신이 신뢰하고 있는 특정 브랜드 제품이나 식당을 지속적으로 선택한다. 같은 식품이라도 특정 상표의 식품을 더 비싸도 구입하는 이유가 생산자를 신뢰하기 때문이다. 국내외 대기업의 제품에 대한 선호도가 높은 것도 마찬가지 이유이다.

THINKING

식생활의 비지역화

식생활의 비지역화는 사람들이 살고 있는 곳과 멀리 떨어진 지역에서 생산된 식품이 식탁에서 차지하는 비율이 높아지는 것을 의미한다. 18세기 중반을 시작으로 전 세계적으로 식량의 생산과 분배의 비지역화가 빠르게 번지기 시작했다.

비지역화로 인한 주요 식생활 변화

첫째는 식품보급이다. 각 지역에서 재배 또는 사육한 동식물 먹을거리가 전 세계적으로 보급되기 시작하면서 다양한 식사를 할 수 있는 가능성이 증가하였다. 신대륙이 알려지기 시작하면서 사람들이 구대륙, 신대륙으로 이동함에 따라 다양한 식물과 동물도 양 대륙으로 전달되었다. 둘째는 식품 분배 과정이 매우 복잡해졌다는 것이다. 먹기보다는 팔기 위해 식품을 생산하는 비중이 커지면서 분배 네트워크가 복잡해지게 되었고 세계화하는 경향이 나타나기 시작하였다. 셋째로는 사람들의 이주를 들 수 있다. 식품의 이동과 함께 사람들도 농촌에서 도시나 다른 나라(지역)로의 이주가 늘어나기 시작하였다. 사람들의 이주는 새로운 식품에 접할 수 있는 기회도 증가시켰고 식품선호도나 조리법에도 영향을 주었다. 이러한 변화에는 정치적, 경제적, 문화적 요인들이 중요한 역할을 하였다. 식품의 다양성, 생산방법, 소비성향이 사회경제적, 정치적 네트워크를 통해 세계 각지로 퍼지게 되었다.

식생활 비지역화는 경제적으로 여유가 있는 나라에서는 사람들의 건강과 영양을 향상시키는데 도움을 주었다. 초기에는 상류층만이 혜택을 볼 수 있었지만 20세기에 이르러서 영향력은 더 많은 사람에게로 확장되었다. 경제적으로 어려운 나라는 이와는 다르게 상류층은 식생활의 질이 향상되었지만 많은 국민들의 식생활 질은 오히려 저하되었다.

2. 음식과 종교, 의학

음식 섭취는 지극히 개인적인 면에 기초한다. 지금까지의 식품영양학은 자연과학 분야에서만 주로 연구되었으며 개인적이면서도 사회적이자 문화적인 면에 영향을 받은 음식 섭취를 다른 관점에서 생각하는 것도 중요하다.

1) 식품영양학 접근방법

(1) 자연과학으로서의 식품영양학

현대 식품영양학은 자연과학 영역에서 주로 분석적 방법을 사용하고 세분화하여 연구하고 있다. 탄수화물, 단백질, 지방, 비타민, 무기질, 섬유소 등에서 다시 단당류, 아미노산, 지방산으로 분석하고 화합물 구조를 밝힌다. 분자생물학에서는 DNA와 유전자를 연구대상으로 구성요소를 극히 세분화하여 정밀한 결과를 얻고 이를 다시 동물·임상 실험을 통하여 인간에게 적용하는 식으로 연구되고 있다.

(2) 인문과학, 사회과학으로서의 식품영양학

그러나 '음식문화'는 이러한 세분화된 접근방식으로는 연구하기가 쉽지 않다. 음식과 관련된 사람들의 행위는 과학적으로 설명하기 어렵고 객관적인 표준 지표가 있지도 않다. 개인도, 사회도 지속적으로 변하며 음식과 관련된 문화는 개인, 가정, 사회 집단의 전통, 가치에 영향을 받기 마련이다. 한 개인을 보더라도 좋아하는 음식이 신체상태, 심리적 상태, 배고픈 정도에 따라 그날그날 달라질 수도 있는 것이다.

음식심리학자 폴 로진Paul Rozin은 개인이 어떻게 음식을 선호하게 되는지에 대해 정확히 알아내기 어렵다고 하였다. 어린 시절의 미각과 식습관 형성은 매우 중요하며 평생을 가기도 하지만 성인이 되어 사회생활 폭이 넓어지면서 변하기도 한다. 개인이 어떤 음식을 좋아하는 심리는 과거에 익숙했기 때문일 수도 있고 새로운 즐거움을 추구하면서 생겨난 것일 수도 있다. 사실 음식, 미각이란 것은 새로운 것을 추구하는 면도 강하지만 어느 부분은 지극히 보수적이기도 하다. 일례로 요즘 세대가 즐겨 먹는 피자, 스파게티, 햄버거는 불과 몇 십 년 전만 하더라도 흔하지 않은 음식이었다. 그러나 피자, 햄버거를 즐겨먹는 지금의 어린이들도 성인이 되면 언젠가는 어린 시절에 엄마가 해주던 손맛(한국인라면 김치, 된장찌개, 김치찌개 등)을 그리워할 수도 있다. 식사예절과 좋아하는 음식의 종류는 사회적 지위를 판단하는 기준이 될 수도 있으나 역시 객관적 지표는 없다. 이런 까닭에 현대 영양학 주류 입장에서는 음식문화 연구가 다소 비과학적인 영역으로 비춰질 수도 있을 것이다. '먹는 행위'는 우리 일상생활과 밀접히 관련되어 있다. 지극히 가깝고 당연한 생활의 일부분이므로 평소에는 학문적으로 관심을 받기 어려울 수도 있다.

자연과학 분야

- 식품으로써의 우유
- 우유 영양소가 인체에 미치는 영향, 다른 식품과의 관계
- 기능적 측면
- 젖당 불내성(lactose intolerance)

우유

인문사회과학 분야

- 동양인의 젖당 분해효소 전반적인 부족 사유
- 특정 종교와 우유 기피

자연과학 분야

- 식품으로써의 옥수수
- 부족한 영양소 대체방법
- 동물 사료로의 가치

옥수수

인문사회과학 분야

- 초식동물을 옥수수 가공사료 및 육식 사료로 사육시 파생되는 문제 : 광우병 등 예측불허 신종질병
- 대단위 플랜테이션에 의한 농장으로 인해 소규모 농장 몰락, 이로 인한 사회적 파장

그림 2-1 **다른 학문적 관점에서 본 우유와 옥수수 연구**

(3) 사회문화적 접근법을 통한 식생활 연구 필요성

음식의 기능 음식의 기능 중 가장 기본적이고도 일차적 기능은 생명 유지를 위한 에너지 공급에 있다. 생물체는 음식 섭취를 통하여 생명 연장에 필요한 영양소를 공급받고 생존을 영위할 수 있다. 이차적 기능은 심리적인 안정감을 제공한다는 것이다. 생물체가 음식을 섭취하면 배고픔을 해소하는 동시에 감정적인 면에서 안정감을 얻으며 별식을 통하여 탐미적인 욕구를 해소하기도 한다. 또한

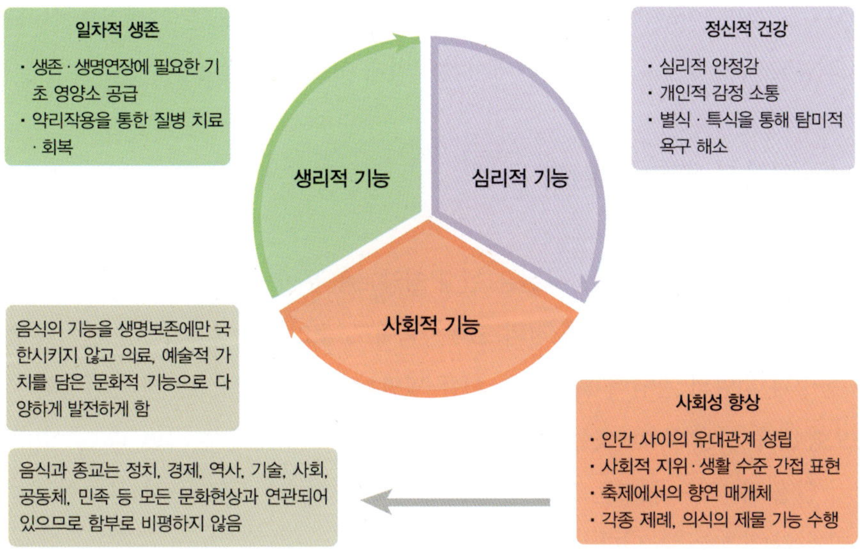

그림 2-2 **음식의 기능과 종교**
자료: 김철원 외(2012)

음식 섭취 행동은 인간에게 유대관계를 성립하게 한다. 즉 타인과의 음식 섭취를 통하여 사회성이 향상되기도 하며 간접적으로 사회적 지위가 표현되기도 한다(김철원 외, 2012)

이와 같이 음식의 기능은 일차적인 생존문제가 해결되고 나면 사회적, 문화적인 면에 가치를 두고 다양한 면에서 기능을 발휘한다. 자연환경은 물론 정치, 경제, 역사, 기술, 사회, 공동체와 서로 영향을 주고받으며 어우러져 변화되는 것이다.

이 외에도 음식의 주요 기능이라면 의학적 목적, 즉 건강 유지 및 질병 치료 목적의 음식 섭취와 종교적인 측면을 들 수 있다.

의학적 목적의 음식 섭취는 현대사회에서는 직접적 치료라기보다는 의학적 치료와 병행되는 식이요법으로의 성격이 강하기는 하지만 의학이 충분히 발달하지 못한 구시대로 갈수록 음식이나 특히 약초(풀)의 치료 기능은 부각된다.

종교에서의 음식은 절대자에게 경외심을 나타내는 수단으로 쓰이는 제례용 제물로 그 가치를 나타내며 특정 동물이나 식물 등 음식 섭취에 대한 금기가 있어 공동체에 소속감을 부여하기도 하고 다른 종교집단과 구별하는 수단으로 사용되기도 한다. 이러한 음식의 부가적 기능은 고대사회는 물론 21세기를 살아가는 지금도 특정 종교를 믿는 집단에서 중요하게 여겨지고 있다.

2) 의학적 목적(치료)의 음식

(1) 고대 동서양의 영양보건

골고루 먹기 흥미로운 사실은 현재 영양교육 분야에서도 중요하게 여겨지고 있는 '골고루 먹기'가 수천 년 전의 고대사회에도 중요하게 여겨졌다는 점이다. 물론 동양과 서양의 관념이 다르므로 이를 뒷받침하는 철학은 달랐지만 동양의 '음양오행설'과 서양의 '4체액설'은 비록 현대 과학의 관점에서 본다면 다소 이치에 맞지 않을 수 있으나 모든 식품을 골고루 먹어야 한다는 주장에서 본다면 크게 틀리지 않다고 볼 수 있다.

현대 영양학에서는 왜 골고루 먹어야 하는 지에 대한 체내에서의 대사 과정과 영양소 간의 상호작용, 체내 생화학적 작용, 외부 인자와의 관계 등이 과학적으로 뒷받침되어 있지만 이러한 지식이 일반화된 것은 불과 1900년대 이후로 얼마 되지 않은 일이다.

더구나 의학이라는 개념이 거의 없다시피 했던 고대 원시사회에서 샤먼은 종교 지도자격으로 종교 의식을 주도하는 한편 의학적인 행위까지도 행하였다. 샤먼의 의료행위에는 여러 가지 방법이 있었지만 그 중에 하나가 특정 음식, 혹은 특정 식물(약초)을 약용으로 섭취하게 하는 방식이었으며 이러한 의학적 목적의 섭취 행위는 현재 지구상의 일부 민족에게 행해지고 있다.

현대 의학에서 주목을 받고 있는 분야는 대체의학 분야인 '식이요법'이다. 치료와 병행되는 식이요법은 치료적인 측면에서도 중요하지만 질병예방 차원의 올바른 식품 섭취 교육도 중요한 분야이다.

이러한 까닭에 '약으로 쓰이는 음식', '치료에 쓰이는 음식'에 대한 분야가 많이 연구되고 있으며 여기에서는 문화적인 관점의 기원과 동서양 관점 차이에 대해서만 간단히 설명하고자 한다.

(2) 동양의 음양오행설

여기서 동양이라는 의미는 중국 상고시대를 가리키며 중국 상고시대의 영양 보건은 과학적인 근거는 희박했지만 음식과 의학 간에 어떠한 관계가 있음을 이해한 듯하다. 대표적인 동양철학인 음양오행설(음양설 + 오행설)에 따르면 자연의 움직임은 결코 하늘의 뜻이 아니고 여기에는 자연 스스로가 가지는 하나의 법칙이 있다고 믿었는데, 즉 음양의 두 요소가 잘 조화되면 모든 것이 순조롭고 조화가 깨지면 불행한 운명을 가진다는 것이다. 그리고 이 원리를 먹는 것에도 응용하였다. 이러한 생각은 고대 중국뿐 만이 아니라 전 세계 민족의 원시시대에 공통으로 나타나는 현상이기도 하다.

물론 당시에는 현대 영양학에서의 탄수화물, 단백질, 지방, 비타민 등의 주요 영양소별 개념은 없었다. 하지만 음양이나 오행 등의 자연관을 바탕으로 여러 곡물, 육류, 채소, 과일 등의 식품을 신맛, 쓴맛, 단맛, 매운맛, 짠맛의 오미로 분류하였다. 이는 헤닝Hanning의 맛의 정사면체에 의한 분류에 따른 4원미, 즉 '단맛, 짠맛, 신맛, 쓴맛' 등과 비교해보면 매운맛이 첨가되어 있는 것을 알 수 있다. 또한

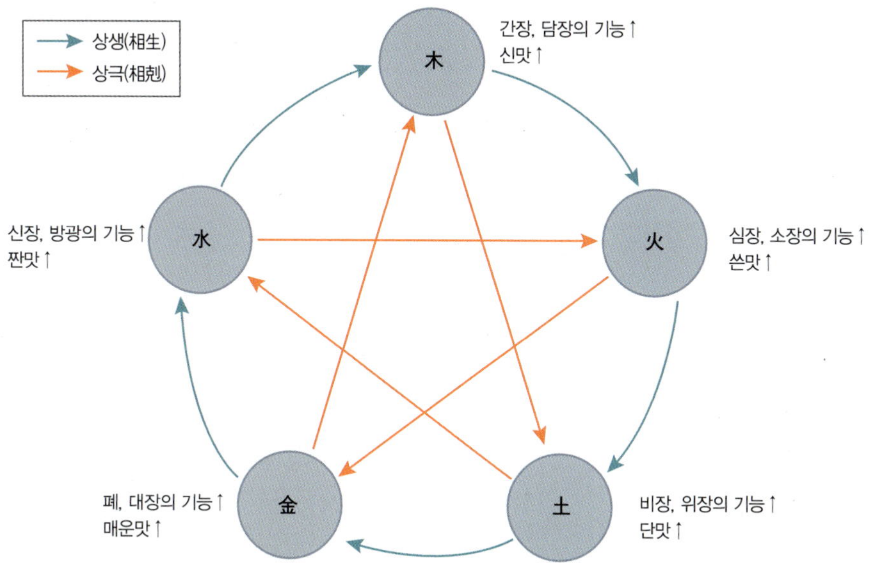

그림 2-3 **음양오행과 미각**

오미는 단순한 미각상의 분류뿐만 아니라 체내의 장기 5가지로 분류하였다. 이외에 다시 5가지 기운, 즉 한寒, 청靑, 열熱, 온溫, 평平 등의 오기로 나누어 모든 식품은 오미 중 하나에 속하고 동시에 오기 중 하나에 해당된다고 생각하였다. 예를 들어 수박은 단맛을 가지고 신체를 냉하게 하는 성질이 있는 음식이다.

경험적인 영양보건 개념도 존재하여 중국 고문헌《회남자淮南子》에 의하면 중국 고대 전설 상 삼황의 하나인 신농씨神農氏는 식품 독성을 찾기 위하여 수만 가지의 풀을 직접 섭취하고 독풀과 약초로 구분하였으며, 오늘날 '영양사' 직에 해당하는 식의食醫가 내과의內科醫로 중의 위치에, 외과의, 수의사는 하의 위치에 속했다고 하니 치료 목적의 식품, 즉 영양보건 측면에서 식의食醫에 기대하는 바가 큰 것을 알 수 있다(이성우, 1994).

(3) 서양의 4체액설

고대 그리스의 히포크라테스가 엠페도클레스의 이론을 도입해 처음 4체액설을 정리하였으며 뒤이어 고대 로마시대의 대표적 의사이자 해부학자인 갈레노스가 재정리하였다. 4체액설에 의하면 모든 식재료들은 보통 그 원산지에 따라 따뜻함, 차가움, 건조함, 습함이 조합된 성질 중 1개 성질을 지니고 있다고 보았다.

어떤 식품이 건조하다면 습한 성질을 지닌 식품과 함께 섭취해야 한다는 뜻으로 이런 관점에서 볼 때 좋은 식품의 기능이란 먹는 사람이 체질상의 균형을 잃지 않도록 예방해 주는 것이다. 4체액이 균형을 이루면 건강하고 균형이 깨지면 질병에 걸린다는 생각은 어떤 면에서 현대의 식이 지침(골고루 먹기)과 크게 다를 바 없어 보인다.

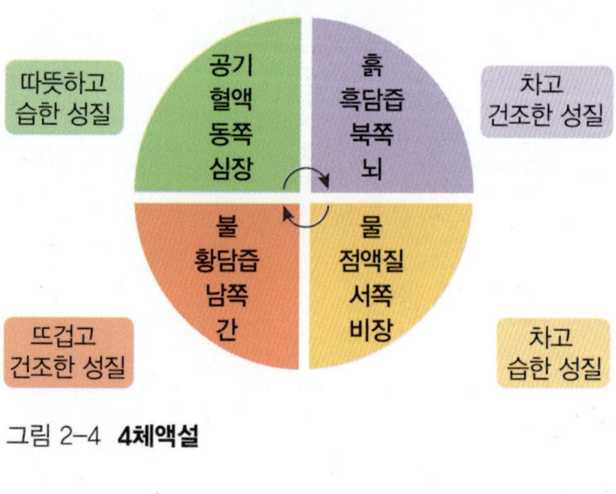

그림 2-4 **4체액설**

이 설은 실험을 통한 실증적인 이론이기보다는 인간이 자연의 한 부분이면서 인간 속에도 자연이 있다는 철학에 가깝다. 그러나 이 설은 고대 로마는 물론 중세시대까지도 이어져 인간의 신체가 원활히 운동하거나 치료하는데 필요한 4가지 액체가 있다고 믿었으며 이런 세계관은 르네상스

시대까지 계속되었다.

중세와 르네상스, 근대까지 의사와 요리사는 모두 4체액설을 기본으로 하여 대립된 성질을 지닌 음식물을 균형 있게 섞어 먹어야 건강에 좋다고 여겼으며 섭생의 가장 중요한 부분은 '식품의 균형'으로 보았다. 신의 시대였던 중세의 기독교 세계관에서도 이 설은 유일한 의학 지식이었으며 의학계의 기본으로 통하여 그 당시 의사들은 섭생에서 가장 중요한 것이 식품의 균형적인 섭취라고 생각했다. 의학의 아버지라고 불리는 히포크라테스도 단순히 약물 등을 쓰는 치료법만 우선으로 여긴 것이 아니라 사혈, 뜸과 함께 섭생을 가장 중요하게 여겼다고 하니 그 근간은 현대의 식이요법과 비슷하다고 할 수 있다. 탄수화물, 단백질, 지방, 비타민, 무기질 등의 영양소를 골고루 섭취해야 하는 현대 영양학의 관점으로 보더라도 히포크라테스가 살았던 고대 그리스나 갈레노스가 살았던 고대 로마 시대에 이미 '균형적인 섭취' 개념이 어렴풋하게 인식되었다고 볼 수 있다.

3) 종교와 음식 – 금기 식품을 중심으로

종교가 식생활에 영향력을 행사할 수 있는 가장 대표적인 형태는 특정 식재료나 음식(주로 육류)에 대하여 금기를 설정하는 것이다. 음식에 대한 금기는 종교 이외에도 임신 기간처럼 일시적인 것도 있으며 혹은 계급이나 종교처럼 속해 있는 동안에 계속해서 존속되는 것도 있는데 이 장에서는 종교와 관련된 금기식품으로 한정하여 알아보고자 한다.

종교에서 일정 식품에 대한 금기 행위는 공동체적인 식행동으로, 음식을 중심으로 결속하여 개인적 단위가 아닌 공동체 의식을 함양시키는 것이다. 특정 예식을 통한 공동체 간의 음식공유나 함께 하는 금식 행위는 타 집단과 다르다는 사실을 보여주어 식습관이 종교 자체의 상징이 되기도 한다. 한편으로는 금기 사항을 위반하는 것은 개인뿐 아니라 집단 전체에 위해를 줄 수 있으므로 사전에 예방하는 차원도 있다.

종교에서의 금기 식품에 대한 기원에 대해서는 여러 접근법이 있다. 생태적·경제적 조건이 좌우한다는 문화유물론자인 마빈 해리스의 접근법은 금기 식품은

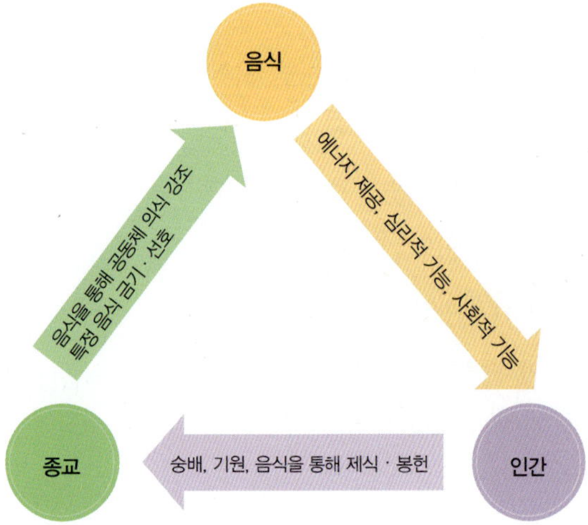

그림 2-5 **종교, 음식, 인간과의 관계**

먹는 것보다 먹지 않는 것이 더 경제적이기 때문에 금기가 되었다는 것이 주요 요점이다. 또 다른 접근법으로는 메리 더글라스의 주장인데 정신적인 측면이 강조된 것으로 금기된 특정 음식을 먹지 않음으로서 신과 동일시되며 타인과 구별이 된다는 상징적 의미가 강조된 접근법이다. 어느 접근법이 옳은 지에 대해서는 연구가 더 필요한 부분이며 어느 한 부분을 강조하여 깊게 연구하는 것도 좋지만 종교는 자연, 사회, 문화, 역사적 조건이 모두 녹아 있는 형태이므로 여러 인자를 함께 연구하는 것도 바람직하다. 다만 분명한 사실은 특정 종교에서 다른 집단과 다르게 금기 식품을 설정하여 그 계율을 지키는 것이 다른 집단과 구별하게 하고 유대감을 형성하게 한다는 것이다.

즉, 인간은 음식을 통해 신과의 소통(기도), 신께 음식을 봉헌하여 충성심 표현, 수행이나 고행의 표현으로 단식 등의 행위를 통해 종교적인 의무를 하게 되며 금기 식품을 통해 타 공동체와는 다른 고유의 식습관 방식으로 공동체 간의 의식을 높이기도 하는 것이다.

여기서는 미국의 문화유물론자인 마빈 해리스의 관점에 따라 유용성 측면에서 경제적 가치를 위해 각 종교에서 서로 다른 육류를 금기하게 된 점을 중심으로 알아보고자 한다.

(1) 고대사회의 원시신앙

고대사회의 인간은 해, 달, 바람, 비 등 자연적인 현상을 초자연적, 초월적 존재로 인식하였다. 이에 따라 자연에 의지하고 경외 대상으로 여겼으며 이러한 사고에서 원시신앙이 생겨나게 된다. 애니미즘, 토테미즘, 샤머니즘 등이 생겼으며 이러한 원시신앙은 종교로 발전하게 된다.

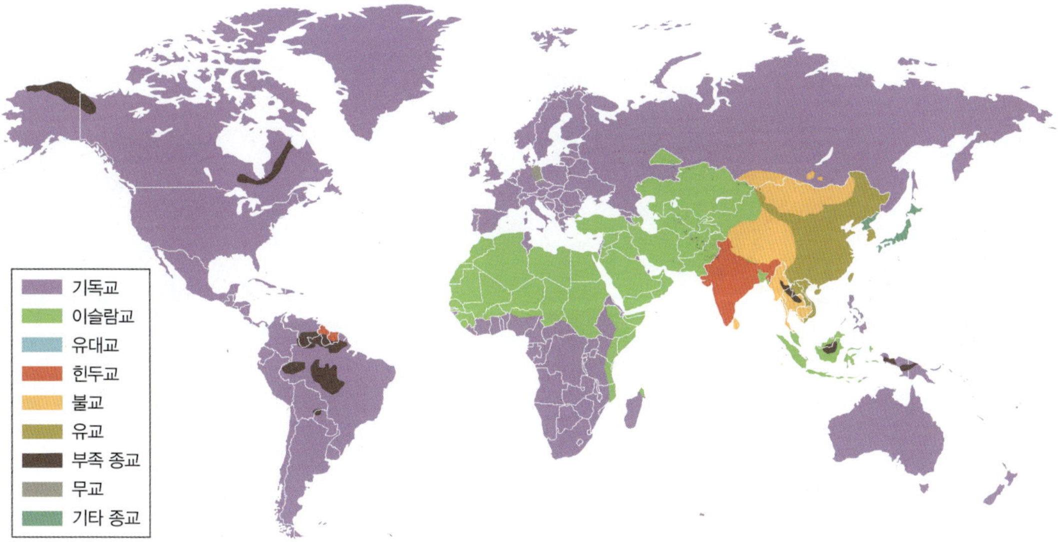

그림 2-6 **세계의 종교 분포도**

인간은 경외하는 신을 위해 현대의 기술로도 쉽지 않은 장대한 건축물과 신상 등을 엄청난 시간과 노력을 들여 건축하였으며 아울러 신에 대한 경외심을 표현하는 방법이 정결하고 귀한 음식을 바치는 것으로 표현되기도 하였다. 예를 들어 그 해의 첫 농산물로 제례의식을 벌인다거나 사냥한 동물을 바쳐 신을 달래는 등의 의식은 지금도 일부 이어져 오고 있는 전통이기도 하다.

(2) 힌두교

소 숭배　힌두교와 금기 식품에 대해 알아보기 전에 정확히 알아 두어야 할 것은 소 도살은 힌두교이므로 금지하는 것이지 인도이기 때문에 금지하는 것이 아니라는 점이다. 인도인의 대부분이 힌두교를 믿으므로 국가적으로 헌법에 소 도살을 금지한 것이다. 12억이 넘는 인도인 중 약 80%가 넘는 사람들이 힌두교를 믿고 있다.

인도에서 헌법으로 도살이 금지되어 있는 소는 인도 재래종인 보스 인디쿠스 Bos indicus 암소, 수소를 말하며 인도에는 재래종 소 외에도 물소도 많다. 신성시 되는 소는 재래종 소뿐이며 물소는 신성시 되지 않는다. 종교적으로는 죽음의 신

숭배 · 경외 대상

인도 재래종 수소
경외 대상인 동시에 땅을 일구는 중요한 노동력

인도 재래종 암소 · 송아지
수소를 낳고 5가지 생산물 제공

숭배 · 경외 대상 아님

인도 물소

인도 물소

그림 2-7 **힌두교의 소 숭배**

야마가 타고 다니는 동물이 물소이므로 소 숭배에서 제외되었다고 하지만 이를 문화유물론적 관점에서 해석해 본다면 달리 해석될 수 있다.

인도는 세계 2위의 인구대국이지만 빈부 격차가 심하고 비공식적으로 카스트 신분제도가 살아 있어 대다수의 국민이 영양부족 상태, 단백질이 부족한 상황에서 소 도살 금지는 이해하기 힘든 상황이다. 이 부분에서 인도인과 종교를 다른 시각으로 이해보는 것도 좋을 것이다. 종교는 앞서 설명하였듯이 그 나라의 자연환경, 역사, 사회, 경제, 정치, 문화가 녹아 있다. 이 부분을 이해하지 않고 무조건

비과학적인 관습이라고 단정하기에는 무리가 있다.

인도의 기후와 농업 마빈 해리스의 의하면 힌두교의 소 숭배를 이해하기 위해서는 인도의 자연환경과 농사, 그리고 소의 분포를 이해하는 것이 도움이 된다.

인도의 기후는 건기와 우기가 교차되는 특성이 있는데 북부는 건기가 길며 땅이 단단하여 쟁기질을 위해서는 힘이 센 수소가 어떤 농경사회보다 필수적이다. 반면 남부는 북부에 비해 우기가 길어 북부에 비해 땅이 비교적 물러 사람의 힘으로도 땅을 갈기가 수월하다.

기후뿐만 아니라 주 재배경작물, 농경지 면적도 북부와 남부는 차이가 난다. 북부는 주로 밀을 재배하고 남부는 쌀을 재배한다. 농장 규모에서도 차이가 나서 북부는 남부와 비교하여 농경지가 넓어 소와 같은 동물이 쟁기질을 하지 않으면 인간이 하기에는 어렵다. 남부는 북부에 비해 농경지 면적이 1/2 정도 밖에 되지 않아 이런 이유로 북부는 수소가 많고 남부는 암소가 많다.

물론 물소도 쟁기질에 유용하게 이용되고 있다. 실제로 물소 수컷은 인도 재래종 수소보다 깊은 진흙탕에서 쟁기를 더 잘 끌고 질척한 남부 지역에서 안성맞춤이다. 문제는 인도 재래종 소보다 힘이 약하고 회복력도 약하며 이름 자체에서 볼 수 있듯이 물이 많은 곳에서만 살 수 있다. 가뭄에는 키울 수 없어 북인도의 평상적인 건기에는 부적합하다. 물소는 죽음의 신 야마가 타고 다니므로 숭배할 가치가 없다는 종교적 설명 뒷면에는 재래종 소보다 농업에서 효율성이 떨어진다는 사회문화적 설명도 가능하리라 본다.

쟁기질의 효율성 비교 현대사회에서는 농사의 기초 작업인 쟁기질을 하는 데에 소가 아닌 트랙터를 이용하는 것이 보통이지만 인도와 같이 소규모 농부 혹은 소작농이 많은 곳에서는 논밭을 일구는데 트랙터보다 소가 더 경제적일 수 있다. 여기에서 농부는 자기 땅에서 자신과 가족을 위해 농사를 짓는 사람을 말하며 소작농은 남의 땅을 빌려 농사를 짓고 수확한 곡식의 일정 분량만을 자신이 갖게 되는 사람을 말한다.

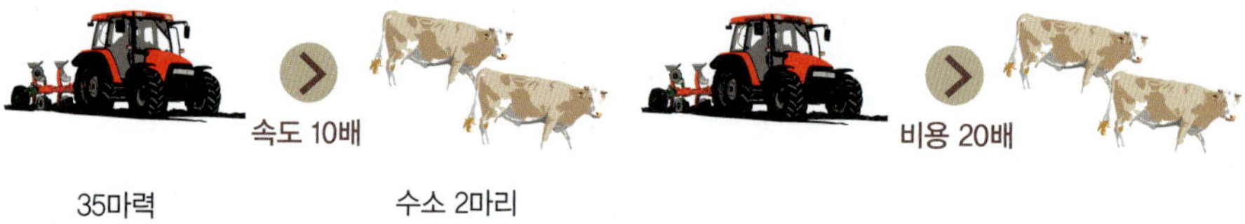

그림 2-8 **소와 트랙터 효율성 비교**

트랙터는 대규모 농장에서만 효율적이다. 경작 단위가 극히 소규모인 곳에서 논밭을 일구는데 트랙터를 이용하는 것은 벽돌 한 장을 옮기는 데 기중기를 이용하는 것에 비유할 수 있다.

또한 인도에서 소가 트랙터와 경쟁한다면 다른 이점이 있다. 소는 사료를 먹기도 하지만 일단 짚, 왕겨, 나뭇잎, 풀 등을 먹는 것이 기본이며 인간과 먹이를 공유하지 않기 때문에 인간과 먹이를 경쟁할 필요가 없다. 현대에는 소가 옥수수(사료)를 먹는 경우 문제가 되고 있지만(실제 현재 브라질이나 멕시코에서는 소가 사회의 가장 하층민보다 1/2~1/3 정도 더 많이 섭취하고 있는 실정이다.) 인도에는 아직도 소에게 풀을 먹이로 주는 편이므로 먹이에 대한 걱정은 크게 없다. 특히 트랙터는 가격이 비싸고 유지비가 많이 든다. 개인적으로 구입한다는 것은 상상할 수 없는 일이며 임대를 하기 위해서는 적절한 행정 조치가 뒷받침되어야 하는데 아직 이러한 사회 제도가 안정화되기에는 역부족이다. 시기를 맞춰서 쟁기질을 해야 하므로 자신의 순서가 될 때까지 마냥 트랙터를 기다리느니 차라리 소를 이용하여 쟁기질하는 편이 훨씬 더 효율적이다. 물론 이러한 농업의 노동력 제공 면에서의 소와 트랙터 비교는 현대에 들어와서 대두된 것이며 인도 농업에서는 오랜 기간 동안 소를 죽이기보다는 살려서 이용하는 편이 훨씬 더 효과가 높았을 것이다.

소가 제공하는 양질의 단백질 더구나 소는 트랙터는 절대로 하지 못하는 것을 인간에게 제공한다. 물론 암소만 가능한 일이지만 소는 살아 있는 동안 우유를 장기간 제공해 준다. 인구가 빠른 속도로 증가하고 곳곳에 카스트 제도가 은근히 남아 있는 등 살기가 힘든 대다수의 농민에게 양질의 단백질을 제공해 주는 것은 우유밖에 없다. 순간의 단백질 섭취(도살)를 위해 장기간의 단백질 섭취(우유)를 포기하는 것은 비경제적인 방법이다. 또한 우유 외에도 배설물(똥, 오줌), 다히dahi, 기ghee 등을 제공해준다. 다히는 요거트, 기는 정제된 버터, 기름이며 배설물은 요리용 연료, 건축용 접합제로 사용된다.

이러한 관점에서 본다면 비과학적으로 보여지던 인도인의 소 사랑이 어느 정도 이해 가능하리라 본다. 물론 합리적이라는 것은 아니지만 자연환경·사회·문화·역사적인 측면을 함께 이해하는 것이 필요하다. 물소를 타고 다니는 신이 죽음의 신 야마라면 흰 소를 타고 다니는 신은 힌두교 신에서 가장 상위를 차지하고 있는 시바Shiva이다. 인도인들의 재래종 소에 대한 사랑을 종교적으로 느낄 수 있는 부분이다.

땅을 갈 수 있는 여러 가지 동물 인도의 자연환경 측면을 고려할 때 동물이 숭배 받는 것이 가능하다면 왜 다른 동물이 아닌 소인지를 생각해 봐야 할 것이다. 자연·정치·경제·사회·인구 분포적 측면에서 특정 동물을 보호할 필요가 있다면 선정 배후에는 중요 조건이 있을 것이다. 첫째 인간이 먹을 수 있는 젖을 제공해 주고, 둘째 땅을 일굴 수 있는 힘을 제공하며, 마지막으로 인간과 식량을 공유하지 않아야 한다. 실제 인도에서 논밭을 가는 일에 노동력을 제공해 주는 동물은 소뿐 만이 아니다. 낙타, 당나귀, 코끼리, 말, 물소 등도 쟁기질에 동원되지만 문제는 이런 동물은 소보다 많은 풀과 짚을 먹어야 한다. 비상시에 소처럼 잎사귀나 껍질과 같은 다양한 비상식량을 먹고 살 수도 없다. 낙타는 쟁기를 끌기도 하지만 우기의 빗속에서 진흙탕을 견디기 힘들며 코끼리는 작은 땅에서 쟁기질을 시키기에는 크고 부리기도 힘들다.

인도 재래종 소와 가장 비슷한 물소는 앞서 설명하였듯이 실제로 인도 남부에서는 쟁기질에 재래종보다 많이 사용되고 있으며 주요 우유 공급원이기도 하다. 재래종 암소의 젖보다 크림이 더 많아 지방 함유량이 7~10%이다. 물소 고기는 쇠고기와 거의 흡사하지만 독특한 파란색을 띠며 지방질은 흰색이다. 그러나 물소는 기르는데 비용이 많이 들고 힘이 약한 것과 건기에는 힘을 발휘할 수 없다는 점이 문제이다. 여러 가지 조건을 고려해 볼 때 재래종 소만큼 인도인에게 도움이 되는 소는 없는 셈이다.

자연 · 사회 · 정치 · 경제에 가장 적합한 동물 결론적으로 여러 동물 중 인도 재래종 소는 우유(암소의 경우)를 줄 뿐 아니라 인도의 토양과 기후에 가장 효과적이고 가장 적절한 방법으로 쟁기를 끈다. 21세기인 지금도 12억이 넘는 인구 중 70%에 가까운 인구가 농사에 종사하는 인도에서(대규모 농업, 소규모 농부, 소작농 모두 포함. 소작농이 대부분임) 트랙터보다는 쟁기질을 할 수 있는 소가 더 절실한 것이다. 그리고 이러한 소에 대한 애정은 시간을 거슬러 올라갈수록 더욱 굳건했을 것이다. 인도는 지구상 역사가 오래된 국가에 속하는데 그 역사의 흐름에서도 거의 모든 국민이 농업에 종사하며 살았을 것이다. 또한 근대에 들어서면서 쇠고기를 먹는 외국인(회교도, 영국인 등) 유입으로 인하여 공동체의 소속감을 강조하기 위해 금기가 더욱 강화되었을 수도 있다.

당연히 국가적인 차원에서 소를 보호할 필요가 있었을 것이며 이를 위해 강제적인 방법보다는 좀 더 완곡하고 유연하고 문화적인 방법인 종교를 이용하여 소를 보호하는 정책을 보편화시키려고 했을 것이고 물론 이러한 정책은 오랜 시간을 거쳐 안착되었을 것이다.

동서고금을 막론하고 육류에 대한 섭취 욕구는 존재한다. 인간은 대부분 어느 정도 여건이 갖춰지면 채식보다는 육식을 선호하게 마련이다. 그러나 문제는 육류가 인간의 입으로 들어오기까지 많은 에너지를 소비하고 난 후에야 가능하다는 것이다. 동물이 곡물을 장기간 섭취해야 하고 그 과정에서 많은 에너지가 소비되고 시간이 소요되므로 당연히 채식보다 고가이기 마련이다. 이런 까닭에 지구상 대부분의 국가에서 부유층이 육류를 섭취하는 것이 보통이며 특히 쇠고기는 대표적인 육류인 닭, 돼지보다 에너지 소모량이 많아서 값이 더 고가이다. 힌두교의 소 숭배는 에너지 측면에서 볼 때 비싸고 사회 분열(극소수 부유층만이 쇠고기 섭취 가능)을 가져올 수도 있는 쇠고기를 먹는 식생활이 출현하는 것을 막는 일종의 안전장치로 해석할 수도 있다. 인도의 자연환경에 가장 적합한 동물과 경제적 가치를 인도인의 시각에서 오랜 시간과 경험으로 저울질한 결과이다.

인도의 경제는 빠르게 발전하고 있다. 국민의 경제력도 따라서 성장한다면 쇠고기 식용 금지에도 다른 흐름이 형성될 수도 있을지 모르겠지만 쇠고기 식용 금지는 장구한 역사와 함께 해 온 힌두교만의 관습이며 또한 인도인의 대부분은 힌두교를 믿고 있다. 종교는 때로는 죽음까지 불사하게 하는 힘을 가지고 있는 만큼 힌두교의 소 식용 금지는 추후로도 계속 되리라 본다.

(3) 이슬람교

이슬람교는 5대 종교 중 가장 나중에 형성되었지만 교세가 세계에서 2번째로 큰 종교이다. 힌두교와는 달리 유대교, 기독교와 함께 유일신을 믿으며 이 세 종교 간에는 공통점이 많이 있으나 그만큼 갈등도 많이 존재한다.

이슬람교도의 식사는 오로지 숟가락이나 포크를 이용하지 않고 오른손으로만 먹으며 모든 사람은 유일신인 알라신 앞에서 평등하고 기원하면서 먹는 공동체 의식이 철저하다.

이슬람교도의 5대 의무에는 시주(수입의 2.5%), 메카성지순례, 라마단 단식, 일 5회 예배(양탄자를 깔고 메카를 향해 기원), 돼지고기 및 술 금식 등이 있다. 힌두교도의 쇠고기 금식과는 좀 다른 차원에서 해석될 수 있는데 힌두교는 소를 숭배하기 때문에 먹으면 안 되는 것이며 이슬람교의 돼지고기 금기는 돼지가 불결한 동물이기 때문에 식용을 금지한다. 돼지고기 외에도 먹으면 안 되는 금기 식품이 많은데 피, 병사한 동물, 목 졸려 죽은 동물(즉 식용 목적으로 도살되지 않은 것), 발톱으로 먹이를 포획하는 새, 가축으로 사용한 당나귀 고기, 도살할 때 축복받지 않거나 이교도의 신을 위해 기원한 고기 등이다. 또한 금기 식품 외에도 육류를 섭취할 때에는 반드시 '할랄'을 받은 동물만을 먹을 수 있는데 '할랄'은 이슬람교만이 지키고 있는 도살의식으로, 특히 양고기와 낙타고기를 즐겨 먹는다.

유목생활과 돼지 이슬람교를 믿는 대다수는 주로 유목생활을 하는 부족이 많다. 이후에 나오지만 유대교도 돼지고기를 금기 식품으로 하고 있는데 돼지고기 금기에 대한 두 종교의 근원에 관한 여러 연구가 이루어졌다.

ACTIVITY

바닷가재가 있는 정물
자료: 들라크루아, 루브르 박물관

1. 그림에는 바닷가재, 사냥한 토끼와 새 등이 그려져 있는데 중세시대 서양인들이 생각한 같이 먹으면 좋은 음식을 보여준다. 바닷가재와 사냥한 짐승고기가 어울리지 않는 것 같지만 전통적으로 의사들이 함께 먹으면 좋다고 권장했는데 이런 종류의 음식을 함께 먹으면 건강에 도움이 된다고 믿었기 때문이다. 좋은 식품이란 먹는 사람이 체질상의 균형을 잃지 않도록 예방해 주는 것이며 예를 들어 건조한 식품 ↔ 습한 식품, 따뜻하고 습한 식품 ↔ 건조하고 찬 식품 등의 조합이다. 위의 음식을 현대 영양학 관점에서 영양가와 조합을 분석하여 보자.

2. 동양이나 서양의 유명 그림에는 음식이나 주방을 주제로 하여 그린 음식이 의외로 많다. 그러한 그림을 찾아 주제와 함께 음식이 그려진 시기, 역사적 배경을 연관하여 토론해 보자.

3. 역사적으로 수없이 벌어진 전쟁 중에는 병참(주로 군인들의 식량 위주)으로 전쟁의 승패가 갈린 전쟁이 많다. 보급로가 끊기거나 영양 섭취가 제대로 되지 않아 전염병 등으로 제대로 싸우지도 못하고 죽은 경우가 많은데 이러한 전쟁을 찾아 주된 부족 식품이 무엇이었으며 그 음식이 그 시대에 어떤 의미가 있었는지 생각해보자.

4. 동양의 음양오행설과 서양의 4체액설은 자연철학이면서 의학, 식품학에도 적용될 수 있다. 이를 현대 영양학의 '식품자전거'와 연상하여 유형을 분석하여 보자.

CHAPTER 3

식재료의 역사

- 신이 선물한 3대 곡물
- 식품의 유래
- 기호 식품의 유래

인류 역사는 식량획득 과정의 연속이라고 할 정도로 먹을거리는 생존을 위한 필수전제조건이며, 풍요로운 삶을 살고자 하는 인간의 욕구와 직결되어 있다. 인간은 지구의 여러 지역에 흩어져 살고 있으면서 나름대로 다른 식생활의 형태를 영위하며, 섭취하는 식품의 종류와 양이 각기 다른 음식문화를 형성하였다. 그러나 세계 여러 지역의 식문화가 모두 다른 형태로 존재하는 이유는 각기 자연환경이 다르며, 인간이 지니고 있는 유전인자가 다르고, 자기의 생각을 표현하는 방법이 달라서 이것이 서로 다른 음식문화 형성에 영향을 미치기 때문이다.

음식문화의 근간이 되며 생존에 필수적인 열량원인 곡물의 이야기를 먼저 시작해 보자. 전 세계에는 기후와 자연환경 특성에 맞는 다양한 주 곡물인 식량이 존재한다. 대표적인 곡물로는 밀, 쌀, 옥수수를 들 수 있다. 밀과 옥수수는 주로 분식으로 이용되며, 쌀은 입식으로 이용된다. 자연적 · 사회적 변화의 영향을 크게 받으면서 주요 작물들은 전 세계로 서서히 퍼져 나갔으며, 이와 같은 작물의 전파는 세계 여러 지역에서 다양한 식생활문화를 탄생시켰다.

1. 신이 선물한 3대 곡물

인류가 주식으로 삼는 3대 곡물인 쌀, 밀, 옥수수는 단순한 식물이 아니다. 신이 인간에게 보내 준 선물이며, 신의 정령이 식물에 깃들어 결실을 맺은 작물, 신이 죽은 후 그 몸에서 싹이 돋아나 자란 식물 등으로 묘사된다. 사마천司馬遷은 《사기史記》에서 '백성은 먹을 것을 하늘로 삼는다'고 했다. 때문에 백성이 하늘로 삼았던 주요 곡식은 동서양 신화에서 모두 신의 손을 거쳐 인간에게 전달된 중요한 작물이었던 것이다.

세계 여러 나라의 신화를 살펴보면, 여신이 등장해 밀을 비롯한 오곡을 만들어 낸다. 그리스신화의 곡물 여신인 데메테르Demeter는 농업을 관장하는 대지의 신이었다. 하데스가 데메테르의 딸 페르세포네를 납치하자, 대지가 황폐해지고 곡물이 메말랐다. 제우스신이 중재에 나서 딸을 되찾으면서 대지는 다시 결실을 맺었다고 한다. '데de'는 대지와 곡물, '메테르meter'는 어머니인 모성을 상징한다. 이 여신은 밀 이삭 다발과 낫을 든 모습으로 그려진다. 이집트신화의 이시스Isis도 풍요와 다산을 베푸는 곡물 여신으로 머리에 밀을 이고 있고 밀을 발견한 여신으로 일컬어진다. 로마신화의 케레스Ceres는 그리스신화의 데메테르에 해당하는데, 오곡의 여신으로 밀과 개양귀비로 만든 화관을 쓰고 있다. 곡물을 뜻하는 영어의 시리얼cereal이란 말은 케레스에서 유래했다.

그림 3-1 **케레스와 추수하는 큐피드들**
자료: 시몽부에(1634~35), 런던내셔날 갤러리

1) 밀과 빵

(1) 밀 원산지와 전파 경로

밀의 기원 밀은 볏과 밀속의 한해살이풀 또는 두해살이풀인데, 야생종은 중앙아시아에서 중근동에 걸쳐 분포한다. 약 1만 년 전 고대 오리엔트의 농경문화

표 3-1 **주요 곡류의 기원 연대**

곡류	기원 연대
밀	B.C. 7000년
보리	B.C. 7000년
호밀	B.C. 3000년
벼	B.C. 4000년
옥수수	B.C. 3000년

가 발상할 즈음에, 수렵생활을 하던 선주민은 초원에 우거진 잡초 중에서 야생종 보리와 밀을 발견하고, 채취해서 날로 혹은 볶거나 죽을 쑤어 먹었다. 야생종 보리와 밀을 수확해 씨를 뿌리기도 했을 것이다.

그리고 기원전 7000년쯤에 서남아시아의 비옥한 초승달 지대Fertile Crescent에서 밀 재배가 시작된다. 지금의 팔레스티나, 시리아, 이라크, 터키, 이란 근방이다. 표 3-1은 주요 곡류의 기원 연대를 정리한 것이다. 이후 재배식물의 역사는 인류 발전의 원동력으로 작용한다. 참고로 문화culture란 말은 '경작한다'는 뜻이다. 티그리스 강과 유프라테스 강 상류의 기원전 6700년 유적에서는 탄화한 일립계一粒系밀 알갱이가 출토되고 있다. 당시 이 지역은 오늘날과 달리 사막화되지 않고 풍요로운 녹지로 덮여 있었다. 야생종 밀은 자연의 섭리에 따라 열매가 여물어 대가 꺾이면서 낟알이 여기저기 떨어져 흩어졌다.

밀의 전파 경로 기원전 5000년에 중앙아시아 고원에서 번성하던 야생종 밀로부터 자카프카지의 지역에서 밀이 탄생하였다. 기원전 3000년에 중국에서 밀 재배가 시작되고, 기원전 2000년에 맷돌이 고안되어 밀가루 채취가 가능해졌다. 기원전 1000년에는 메소포타미아 유역에서 듀럼밀(마카로니밀)이 출현한다. 한편 서남아시아에서 소아시아로 전해진 밀은 기원전 5000~4000년에 도나우 강과 하인 강 유역에 도달하고, 기원전 3000년경에는 유럽 전역으로 퍼져 나갔다. 한참 뒤지만 미국과 캐나다에는 17세기에, 오스트레일리아는 18세기에 사람들이 밀이 전해진다. 그리고 밀 재배에 더없이 적합한 광대한 이들 지역은 세계의 밀 주산지가 되었다.

밀은 쌀쌀하고 건조한 풍토를 좋아하는데, 적응성이 커서 러시아, 미국, 캐나다, 중국, 인도, 프랑스, 오스트레일리아 등 전 세계에서 광범위하게 재배된다. 그래서 밀은 지구상의 어딘가에서 1년 내내 수확된다. 수확 시기는 오스트레일리아·아르헨티나·칠레(1월), 멕시코·쿠바(4월), 중국·일본(5~6월), 프랑스·영국(7월), 독일·네덜란드(8월), 스웨덴·노르웨이(9월), 러시아·핀란드(10월)이다. 미국, 캐나다, 러시아가 세계 밀 생산량의 절반을 차지한다. 재배종은 밀(보통 밀)이 대부분이고, 듀럼밀(마카로니밀)이나 클럽밀(제과용)을 비롯한 열 종류가 있다.

(2) 밀의 상징성과 가치

밀의 상징성 모든 인간의 가장 원초적인 목표는 굶어 죽지 않는 것이지만, 종교에서 제시하는 가장 거룩한 희망은 죽음 자체를 극복하는 것이다. 따라서 밀은 자연계를 넘어서 지하의 어둠으로부터 지상의 밝음으로 나오거나 그 반대의 과정을 상징하는 것으로 여겨졌다. 그런 상징은 명백함과 희미함 또는 무지와 계시의 변화와 같은 것이다. 곡식의 여신 데메테르(혹은 케레스)의 신전인 엘레우시스Eleusis에서는 밀알을 관상하는 의식이 있었다. 어느 민족에게나 농업신, 특히 밀과 관련된 신들은 창조자인 동시에 육체와 영혼에 음식을 제공하는 양육자였다.

그리스와 로마의 성직자들은 희생제물을 죽이기 전 머리에 밀가루를 뿌리거나 옥수수로 장식을 했다. 이집트의 장례식에서는 죽은 사람이 사후세계에서 식량으로 쓸 밀을 함께 묻어주었다. 밀은 행운의 부적이기도 했으며 풍족한 수확과

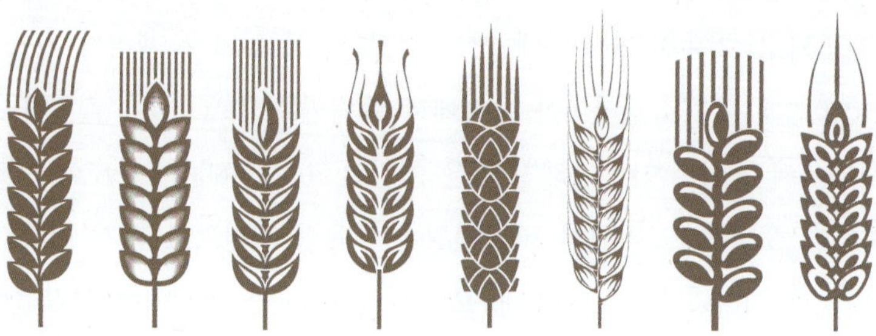

그림 3-2 **다양한 밀**

그림 3-3 **고대 이집트의 가루 빻는 여인상**
자료: 이집트 고고학 박물관

관련된 것으로 여기는 경우가 많았다. 북유럽 특히 스칸디나비아에서는 나침반의 네 모퉁이에 해당하는 곳에 말의 머리뼈를 놓아두고 타작 마당으로 표시하기도 했다. 도리깨질의 박자에 맞추어서 이 머리뼈들을 두드렸다.

빵의 상징성 빵이란 말에는 두 가지 의미가 있다. '생명의 양식'이란 말처럼, 인간을 부양하는 식량 일반에 대해 경외심을 표현한 상징적 의미로 쓰인다. 좁은 의미의 빵은 밀, 호밀 같은 곡분에 물, 이스트, 다양한 재료를 섞어 발효시켜 구운 음식을 말한다.

농업사회에서는 항상 여성이 행동의 중심이다. 곡식을 빻거나 곡분을 개어 빵을 만드는 신성한 일은 여성의 몫이었다. 영어에서 숙녀나 귀부인을 이르는 레이디lady는 '빵을 반죽하는 사람loaf kneader'이란 뜻의 고대 영어에서 왔다고 한다. 카이로에 위치한 이집트 고고학 박물관에서 전시되는 제5왕조시대의 가루 빻는 여인상이 레이디의 어원을 상징적으로 보여준다.

밀의 가치 곡물무역 중에서도 특히 밀의 무역은 처음부터 투기의 대상이었다. 공급이 충분해서 값이 쌀 때 곡물을 사두었다가, 공급이 모자랄 때 비싼 값으로 파는 것이 돈을 버는 좋은 방법 중의 하나였다. 심지어는 곡물을 몰래 구입해서 쌓아두어 공급 부족이 일어나도록 조작하는 일도 있었다. 곡물은 가난한 농부가 아니라 무역상의 힘을 키워주는 좋은 도구가 되었다. 영국에서는 18세기 말에 심각한 전염병 문제가 해결되면서 인구가 늘어났다. 이와 함께 더 많은 양의 식량이 필요해지자, 프랑스나 네덜란드처럼 과학적 원리에 근거를 둔 농업혁명이 일어나게 되었다.

밀이 신대륙으로 전해진 것은 크리스토퍼 콜럼버스가 신대륙을 발견한 후 400년이 지난 후였다. 밀수출로 얻은 수익으로 들소들이 뛰어다니던 아메리카 황야의 산업화가 추진되었다. 강수량이 매우 적은 지역에서는 밀처럼 잘 적응하는 작물도 드물다. 현재 미국의 곡물 생산량은 1900년과 비교하면 세 배나 증가했다. 그러나 밀 소비량은 1975년에 1,600만 톤(15억 부셸)로 최대에 도달한 후로 계속 감소하고 있기 때문에 매년 늘어나는 재고를 처분하는 것이 큰 문제가 되고 있다.

(3) 세계의 다양한 빵

빵의 발생을 찾아 거슬러 오르면 1만 년 장대한 인류의 역사가 펼쳐진다. 기원전 7000년경에 메소포타미아 유역에서 밀 재배가 시작되면서, 농경문화가 자리를 잡아갔다. 기원전 4000년경에는 갈레트galette라는 딱딱한 무발효빵이 등장하였다. 맥류 이용을 통해 조리가공법이 죽에서 빵으로 크게 변하였다. 오늘날 터키 등 서아시아 빵이 맛있는 이유는 이 같은 오랜 역사와 전통 때문이다. 헤브라이인이 발견한 이 제빵 기술은 고대 이집트로 전해졌다.

고대 이집트인도 역시 빵을 좋아했다. 왕가나 귀족의 무덤 벽면을 보면 지금까지 발견된 빵 종류가 많이 그려져 있다. 기원전 2000년경에 빵 굽는 화덕은 조잡한 진흙 화덕에서 탄두르tandoor 형태의 돌화덕으로 개량된다. 기원전 1500년경부터 이미 제분업자가 존재했다고 한다. 헬레니즘 시대로 접어들자 절구 대신 맷돌을 사용하였다. 고대 이집트의 빵은 전병처럼 딱딱한 무발효 보리빵에서 출발하였으나, 공 모양, 원뿔 모양, 피라미드 모양, 새나 물고기 모양 등 온갖 빵이 탄생하였다.

발효형 제빵 기술은 이집트에서 그리스와 로마로 전해졌다. 고대 그리스 도시국가의 귀족들은 무역을 통해 이집트의 제분과 제빵 기술을 들여왔다. 이때부터 로마인은 미식美食에 눈뜨게 되고, 고대 로마 궁정에서는 미식 문화가 화려하게 꽃피우게 되었다. 로마제국이 멸망한 뒤 유럽은 암흑시대로 접어들고 제분과 제빵 기술은 정체하였으며 교회, 수도원, 일부 귀족 관리 하에 명맥을 유지하였다.

그림 3-4 **람세스 왕의 제빵소(고분벽화)**

14~16세기에 이탈리아를 중심으로 르네상스의 기운이 높아지면서, 유럽 각국은 다시 활기를 띠기 시작하였다. 1533년에 메디치가家의 카트린 공주가 프랑스의 앙리 2세와 결혼하면서 이탈리아의 빵이 프랑스로 전해졌다고 한다. 소박한lean 배합을 바탕으로, 콘티넨털 타입continental type의 짭짤하고 담백한 프랑스빵이 자리를 잡았다. 한편 영국에서는 해외에서 수입한 밀을 이용한 질 좋은 빵을 만들기 시작하였다. 이 기술은 신대륙인 미국으로 전해져 앵글로 아메리칸 타입Anglo-American type의 빵으로 발전하였다. 부재료를 많이 넣은 짙고 풍부한rich 배합의 빵이다. 미국에서 철저한 제빵공정 합리화가 이루어지고, 빵은 양산화 시대를 맞게 된다.

1789년에 일어난 프랑스혁명에서 파리 시민들은 빵을 달라고 외치며 바스티유를 습격하였다. 곡물위기를 맞으며 빵 가격이 급등하자 마리 앙투아네트는 "빵이 없으면 브리오슈를 먹으면 될 것 아니야."라고 철없는 소리를 했다. 프랑스 국민들의 불만은 폭발하였고 베르사유를 향한 대행진이 시작되었다. 프랑스혁명은 파리 시민을 굶주림에서 해방시키지는 못했지만 루이 16세 왕조가 붕괴되고, 호사스럽기 그지없던 궁정 내의 프랑스 요리가 세계적인 서민음식으로 탈바꿈하는 일대 전기를 이끌어냈다.

2) 쌀

(1) 벼의 원산지와 전파 경로

벼Oryza sativa Linn는 아시아에서 기원한 것으로 본다. 벼 야생종의 원산지는 인도와 중국 남부 지방설이 유력하다. 인도에서는 비하르Bihar지방에서 처음으로 벼를 재배하기 시작한 것으로 생각되며, 중국에서는 신농시대(B.C. 2700년)에 시작하여 주시대에는 양쯔 강 유역에서 널리 재배되었다고 한다.

벼의 재배 중국에서의 쌀 재배는 후난과 쓰촨에서 수천 km 떨어진 양쯔강 삼각주에서 시작되었다. 고고학 자료에 의하면 3천 년 전에 상하이 부근에서 재배되었던 쌀의 야생종이 1500~2000년에 걸쳐서 개량된 것으로 보인다.

일상적인 쌀의 조리에 이용된 용기인지 아니면 주로 제사와 같은 특별한 용도로만 사용된 것인지에 대해 좀 더 검토해야 할 여지가 있다.

(2) 쌀의 상징성

쌀은 밀이나 옥수수 등의 다른 주곡과 거의 같은 상징적·제례적 의미를 가지고 있다. 하늘의 선물인 쌀도 역시 인류를 보살펴주는 신의 은혜를 상징하며, 고대부터 자연의 조화에 의하여 자라서 끊임없이 창고를 채워준다고 믿었다.

기독교 성찬식의 빵과 마찬가지로 쌀은 제례식품이고, 쌀을 여물게 만들어준 태양은 교화와 지식의 상징이었다. 동양인들은 태양이 생명의 근원을 나타내고 부활에 의한 영원한 젊음을 뜻하는 영혼과 심장을 나타내는 붉은색이 관련 있는 것으로 믿고 있다. 일본에서는 쌀 낟알이 행복과 풍요를 뜻한다고 믿어서 결혼식에서 한 줌의 쌀을 던지기도 한다. 이런 관습은 아시아 이주민에 의해서 아메리카 대륙에도 소개되었다.

태국신화에 등장하는 박 속에는 모든 인종, 성스러운 경전과 함께 다양한 쌀이 들어 있었다. 또한, 우리나라에서도 쌀은 조상을 의미하기도 하고, 사람의 생명을 상징하기도 한다. 쌀은 가장 귀한 것으로 쌀이 신께 드리는 제물로 올려지기도 하고 밥이나 떡을 만들어 올리거나 나눔을 통한 인간의 공동체 형성에 이바지해 왔다. 경주 미추왕릉지구의 고분군에서는 묘실에 부장된 철기 표면에 많은 낟알이 부착되어 있다. 벼 낟알이 용기 안에서 발견되지 않고 철기류에 부착된 것은 피장자와 부장품을 매장하고 그 위에 벼 낟알을 뿌렸기 때문이며 이중 일부가 쇳녹에 붙어 부식되지 않고 보존된 것이다. 전통적으로 사자를 염습할 때 입에 미곡을 넣어주는 유습과 연결시킬 수 있다.

3) 옥수수

(1) 옥수수의 원산지와 전파 경로

옥수수Zea mays Linn는 화본과Graminae로, 원산지는 불확실하지만 주로 아메리카 대륙과 페루 근처의 안데스 산맥일 것으로 추정하고 있다. 옥수수가 유럽인들에게 처음 알려진 것은 콜럼버스Columbus가 쿠바에 상륙하였을 때로, 16세기 초반에 걸쳐 불과 30년 동안 전 세계에 널리 전파되었다.

크리스토퍼 콜럼버스는 두 달 동안의 항해 끝에 대서양을 건너 바하마 제도의 과나하이 섬에 도착했고, 쿠바의 해변에 닻을 내렸다. 그의 아들은 일기에 "땅이 매우 비옥하고, 우리가 알고 있는 것과는 다른 몇 종류의 콩과 옥수수 그리고 얌yam을 재배하고 있다."고 적었다. 그러나 콜럼버스가 신대륙을 발견하기 훨씬 전부터 그 지역을 지배하고 있던 사람들이 있었다. 뉴멕시코 주의 주니족 인디언들은 옥수수를 '오래 되었다'는 뜻으로 '타와'라고 불렀다. 사실 옥수수는 수렵인들이 베링 해협을 건너 처음으로 아메리카에 도착하기 훨씬 전부터 그곳에서 자라고 있었다. 멕시코에서는 8만 년 전에 만들어진 옥수수 꽃가루의 화석이 발굴되었다.

자연이 창조한 야생종은 씨앗을 빨리 퍼트릴 수 있게 되어 있다. 그러므로 수확하기 전에 씨앗이 바람에 날려가지 않도록 개량하는 일은 인간의 역할이었다. 고대의 밀이나 콩도 이삭이나 깍지의 특성 때문에 씨앗이 쉽게 흩어질 수 있었다. 테우아칸Tehuacan에서 발견된 길이가 짧은 옥수수도 익은 씨앗이 쉽게 흩어질 수 있는 모양이었다. 그러나 지금은 그런 특성을 가진 옥수수의 후손은 사라져버렸기 때문에, 그렇게 튕겨나간 씨앗이 어떻게 되었는지 정확하게 알 수는 없다. 씨앗이 잘 흩어지지 않는 현대 옥수수는 볼리비아와 페루 사이의 안데스 산맥 어느 곳에서 출현하기 시작했을 것으로 본다. 이 옥수수의 꽃가루는 3~4천 년에 걸쳐 날려가거나, 벌의 다리에 묻어 산과 사막을 건너서, 서서히 북쪽으로 전파되어 멕시코를 점령해 버렸다. 그런 과정에서 모든 야생종을 변종시키면서 북쪽과 동쪽으로 전파되어서 결국은 미국과 캐나다의 국경인 세인트로렌스 강에 이르게 되었다. 그 후에는 카리브 해를 건넜는데 콜럼버스가 찾아와서 앤틸리스 제도로 전해졌다. 기원전 2000년경에 급격한 개량이 이루어졌다.

(2) 옥수수에 관한 전설

마야신화의 옥수수신 훈 후나푸 마야신화의 근거가 되는 16세기에 발견된

《포폴 부Popol Vuh》라는 책에 의하면 그리스·로마신화처럼 수많은 신들이 있었다. 그리스신화의 제우스에 해당하는 마야신화의 신이 훈 후나푸Hun Hunahpu이다. 젊고 남성적이며 머리가 옥수수 잎사귀를 닮은 옥수수의 신이다. 거대한 산속에 살던 훈 후나푸가 어느 날 죽음의 신이 다스리는 지하세계인 시발바Xibalba로 내려온다. 그리고 죽음의 세계를 다스리던 쌍둥이 신과 전쟁을 하는데 전투에서 패배해 목이 베여 죽은 나뭇가지에 꽂혔다. 훈 후나푸의 머리가 죽은 나뭇가지에 닿자마자 기적이 일어났다. 죽었던 나무가 생명력을 되찾으며 다시 자라기 시작해 땅속의 갈라진 틈을 뚫고 지상으로 나와 열매를 맺었는데 죽은 옥수수의 신인 훈 후나푸의 머리모양을 닮은 열매와 잎사귀가 열린 것이다. 마야 문명에서 옥수수는 훈 후나푸 신이 죽었다가 부활한 것이다.

그림 3-6 **옥수수와 인디오**

인디오의 선조 '옥수수 인간' 포폴 부에 나오는 창조의 신은 케찰코아틀Quetzalcoatle이다. 생각하는 모든 것을 실제로 존재하도록 만들 수 있는 신이다. 땅이 있어야겠다는 생각을 하니 땅이 만들어졌고 머릿속에서 산을 떠올리자 산이 생겼다. 나무와 하늘과 동물을 생각하니 모든 것이 생각한 대로 이루어졌다.

신이 처음 동물을 만들었는데 동물들이 창조주를 몰라보고 시끄럽게 울부짖기만 했다. 신은 창조주를 경배할 줄 모르는 동물들을 모조리 숲으로 쫓아냈다. 그리고 진흙으로 인간을 빚었는데 동물처럼 짖지는 않았지만 의미 없는 말만 지껄였다.

실망한 신이 이번에는 나무로 인간을 만들었다. 나무로 만든 인간은 말도 할 줄 알았고 결혼을 해서 아이도 낳고 집도 짓고 살았다. 하지만 나무 인간에게는 마음이 없고 영혼도 없었다. 무엇보다 자신을 만든 창조주를 경배할 줄도 몰랐다. 분노한 신은 대홍수를 일으켜 나무로 만든 인간들을 지상에서 모두 쓸어버렸다. 분노와 실망으로 가득 차니 신이 이번에는 옥수수로 인간을 창조했다. 옥수수 가루를 반죽해서 인간을 만들었더니 말도 할 줄 알고 아이도 낳아 번식을 하는데다 자신을 만들어준 신을 경배하는 것은 물론, 신에게 제물도 바칠 줄 알았다. 이렇게 만들어진 옥수수 인간이 바로 인디오의 선조이며 최초의 인간이다. 마야문명의 창조 신화를 보면 옥수수가 마야인에게 어떤 의미인지를 잘 알 수 있다.

(3) 옥수수 음식

지금으로부터 천 년 전에는 멕시코에서부터 페루까지 아메리카 대륙의 산맥을 따라 긴 옥수수밭이 이어져 있었다. 아메리카 인디언들에게 옥수수는 생명의 원천이면서 동시에 삶의 이유이기도 했다. 옥수수는 인디언의 원시 전설과 종교의식의 일부였다. 그들은 옥수수를 가볍게 여기지 않았고, 옥수수를 수확할 때는 성대한 축제를 벌였다. 잉카시대의 페루에서는 모든 주민에게 150kg의 옥수수를 수확할 수 있는 1투파의 밭을 줬다. 산악지역이기 때문에 계단식 밭에서 옥수수를 재배했다. 14~16세기에 번성했던 멕시코 아즈텍 문명에서는 옥수수가 주식이었고, 종교행사에서도 중요하게 쓰였다.

옥수수죽은 아메리카 인디언들의 주식이었다. 사정에 따라 묽거나 진하게 끓이고, 꿀이나 고추를 넣거나 채소, 고기, 생선과 함께 먹기도 한다. 부유했던 아즈텍 인디언들은 카카오를 넣어서 먹기도 했다. 옥수수를 빻은 가루로 납작한 케이크를 만들어 먹었다. 스페인이 페루를 침략했던 때의 퀴츠나족 인디언들은 싹이 튼 옥수수로 만든 발효 맥주인 '치차'를 많이 마셨다. 팝콘은 이로쿼이족이 개발했던 음식으로, 그릇에 모래를 넣어 뜨겁게 달군 후에, 옥수수를 넣고 서서히 가열하면 팝콘이 된다. 마야 인디언들은 과량의 수산화칼슘을 물에 녹인 석회유를 썼다. 이렇게 하면 옥수수에 함유된 나이아시틴niacytin이 알칼리용액에서는 분해가 되어 나이아신niacin으로 전환되기 때문이다.

그러나 인디언의 보물이었던 옥수수가 언제나 인디언의 친구였던 것은 아니다. 식민지 개척자들이 신대륙에서 식량을 확보하지 못했더라면 그렇게 빠르고 효율적으로 정착하지는 못했을 것이다. 옥수수는 아무 땅이나 기후에서도 잘 자랄 뿐만 아니라, 인디언들이 오랜 세대에 걸쳐서 습득한 기술도 개척자들에게 큰 도움이 되었다. 잡종을 만들고, 거름을 뿌리는 일은 인디언들에게는 비밀이 아니었다. 산악지방의 인디언들은 옥수수와 콩이나 호리병박이 공생한다는 사실도 알고 있었다. 옥수수 줄기 아래쪽에서 자라는 호리병박이 바람을 막아주고, 옥수수 줄기를 타고 올라가는 콩은 햇볕을 잘 받을 수 있다. 그 대가로 뿌리에 질소 고정 박테리아를 가지고 있는 콩은 땅을 더욱 비옥하게 만들어주었다.

3개월 만에 열매를 맺는 옥수수에 매혹된 개척자들은 1605년부터 이런 방법들을 자세히 관찰하고 더욱 발전시켰다. 인디언들은 처음에는 침략자들에게 우호적이었다. 유럽에서 온 침략자들은 북아메리카 인디언들이 제공한 물자 덕분에 많은 어려움을 극복할 수 있었다. 인디언들은 자신들이 가지고 있던 것을 기꺼이 나누어주었기 때문에, 1522년과 1623년의 기근에도 불구하고 침략자들의 희생은 그렇게 크지 않았다. 남아 있는 기록을 보면 버지니아의 포우하탄족 여성인 포카혼타스가 옥수수를 주지 않았다면, 그곳에 정착했던 백인들이 많이 죽었을 것이다. 버지니아 주는 지금도 자신들이 선조를 죽음과 기아와 시련으로부터 지켜준 포카혼타스와 신에게 감사하는 축제를 벌이고 있다.

2. 식품의 유래

인간의 역사는 음식의 역사이기도 하다. 따라서 음식을 만드는 재료인 식품에 얽힌 이야기를 듣다 보면 당시의 시대적 상황, 가치관, 인물뿐만 아니라 총체적인 인간의 역사를 이해할 수 있게 된다. 대표적인 식품인 감자, 토마토, 바나나, 양배추 이야기를 통해 이것의 원산지뿐만 아니라 어떻게 우리 식탁에 오르게 되었는지를 알아보기로 하자.

1) 식물성 식품

(1) 감자

감자는 가짓과의 여러해살이풀로 남미의 페루와 볼리비아 근처의 안데스 산맥 중 해발 4,000m 정도의 고산지대에서 발생한 것으로 추정된다. 지금도 그 지역에는 야생감자가 자생하고 있어 원주민들이 먹고 있다. 감자는 잉카시대의 중요한

그림 3-7 **감자를 먹는 사람들**
자료: 빈센트 반 고흐(1885), 암스테르담 반 고흐 미술관

식량원이었으며 1550년 에스파냐에 의해 잉카제국이 멸망되던 해에 소개되었다. 그 후 감자는 식량이 항상 부족했던 유럽인들의 주식으로 이용되어 중요성이 급속도로 부각되었다. 아일랜드와 영국에는 신대륙으로부터 직접 전해졌다.

한편 감자를 아일랜드 감자Irish potato라고도 하는데 여기에는 깊은 의미가 내포되어 있다. 감자는 아일랜드에 들어오자마자 중요한 식량원이자 주식으로 이용되었다. 그런데 19세기 중엽 몇 차례의 감자 흉작은 아일랜드에 심각한 기근을 초래하였고 이로 말미암아 아사하는 사람들이 속출하여 인구가 대폭 감소하는 사태까지 발생했다. 감자의 흉작으로 빈곤이 계속되자 이 시기에 많은 아일랜드인들이 미국으로 이주하였다.

1800년 무렵 유럽 서민들에게 익숙한 음식이었던 포리지porridge는 도시와 시골 대부분 지역에서 자취를 감추고 감자와 단것, 커피와 차로 대체되었다. 1800년대 이전의 하층민 가정에서는 커다란 빵 덩어리를 사서 일주일 동안 물에 적셔 죽으로 만들어 먹었다. 양념으로는 돼지기름, 베이컨, 버터, 양파, 식용유, 치즈, 과일 등을 형편 닿는 대로 넣어 먹었다. 빈센트 반 고흐의 1885년 작품 '감자를 먹는 사람들The Potato Eaters'에 나오는 소박한 농부들은 해외에서 재배된 커피에 설탕을 넣어 마시고 있다. 그 음료는 그들이 먹는 감자(감자도 18세기에 신세계에서 북유럽으로 전해짐)처럼 평범한 식품인데, 에일이나 꿀술과 같은 전통적인 음료는 유럽인들의 식단에서 전과 같은 대접을 받지 못했다.

프랑스 루이 16세와 감자밭 시골 생활을 좋아했던 루이 16세와 마리 앙투아네트는 루이 15세가 군대를 사열하던 202,340m^{2}의 땅에 감자를 시험 재배했다. 착검을 한 화려한 경비원들이 지키는 감자밭을 구경하기 위해서 일요일마다 구경

그림 3-8 **베르사유 궁전 조감도**
자료: 피에르 파텔(1668), 베르사유 박물관

꾼들이 몰렸다. 사람들은 왕이 자신의 군대를 보내어 감자밭을 경비할 정도라면, 감자가 짐승의 먹이로 쓸 정도로 나쁜 게 아닐 수도 있다는 생각을 하게 되었다. 그렇다면 프랑스인들이 감자를 먹지 못했던 이유가 무엇이었는지 알아보자. 경비가 느슨해지는 밤에는 도둑들이 감자를 훔쳐가서 더욱 유명해졌다. 루이 16세는 감자밭을 방문했을 때 선물로 받은 감자꽃을 모자에 꽂고 다녔다. 왕실은 그 모습을 좋아했고, 한동안 감자꽃을 꽂고 다니는 것이 유행하기도 했다. 직물이나 도자기를 만드는 사람들은 영양가가 높은 덩이줄기를 사람들이 먹도록 하기 위해서 감자꽃을 무늬로 써야만 했다. 무스티에르와 마르세유의 유명한 도자기와 투알드 주이에 새겨진 감자꽃 무늬가 바로 그런 원시적인 광고였다.

그러나 1789년에 일어났던 사건과 프랑스혁명이 감자 섭취에 더 큰 영향을 주었다. 프랑스국민공화(1792~1795년)와 총재정부(1795~1799년) 시대의 사람들은 너무 배가 고팠기 때문에 더 이상 감자를 홍보할 필요성도 없었다. 감자로 빵을 만들 수는 없었지만 감자는 평등하게 배를 채워줬다. 감자를 보급하려고 노력하던 사람들은 국민들을 먹여 살리기 위해서 왕의 도움을 요청했다는 죄로 교수대로 보내질 뻔했다. 공화국 3년 풍월(2월 말부터 3월 말) 21일에 파리 코뮌은 튈르리궁전의 정원을 감자밭으로 만들도록 법을 제정했다. 마리 앙투아네트의 정원사였기 때문에 공화국의 적이었지만 가족이 많아서 풀려났던 제르맹 슈베는 반공화국적인 장미를 뽑아내고 애국적인 감자를 심어야 했다.

감자의 종자 개발 현황 처음에 사람들이 감자를 멀리 했던 이유 중의 하나가 식물학적으로 독성식물이 많은 가짓과이기 때문이었다. 그러나 솔라눔 투베로숨 Solanum tuberosum이라는 학명의 감자는 가지짓과의 식물 중에서 가장 널리 퍼져 있고, 수백만의 가정에서 주식으로 다양하게 이용되고 있다. 감자는 여러 가지 건조, 냉동, 탈수 공정을 거쳐서 식품산업에 많이 쓰이고, 술이나 동물사료를 만드는 데에도 이용된다. 시장에서 판매하기 어려웠던 18세기 말에 이미 40여 종의 감자가 개발되었다. 프랑스의 제정 시대 말기에는 100여 종이 있었고, 20세기 초에는 1천여 종이 개발되었다. 독일 연구소는 오늘날 3천여 종이 존재한다고 파악하고 있다. 그러나 프랑스 농업성은 100여 종만 사람이 먹기에 적당한 것으로 등록하고 있다. 농업 경제적인 요소와 요리에 유용한 정도가 등록의 기준이 된다. 매년 새로운 품종이 개발되고 있으며, 오래된 종은 목록에서 삭제하고 있다.

(2) 토마토

수십 년 전만 해도 과일인지 채소인지 알 수 없어 우리 식탁에서 오묘한 존재로 소개된 토마토는 잉카제국시대의 남미 안데스 산맥의 고원지대에서 자생하였던 식물이다. 16세기 철제무기를 가지고 침략한 에스파냐인들에 의해 높은 수준의 문명을 가진 잉카제국도 완전히 멸망하였으나 토마토는 이들에 의해 유럽대륙에 널리 퍼졌다.

유럽으로 건너온 토마토는 많은 이들에 의해 식용보다는 관상용으로 재배되었다가 16세기 말경부터 차츰 육류나 생선의 냄새를 없애 주는 좋은 효과가 있다고 알려져 조리 시에 많이 이용하기 시작했다. 특히 이탈리아 요리에는 반드시 들어가는 식재료로 인기를 끌게 되었다.

그림 3-9 **아이히슈테트의 정원에 그린 붉은 토마토**
자료: 베슬러(1613), 파리 국립 자연사박물관 중앙도서관

우리나라는 토마토가 남쪽에서 들어왔으며 감같이 생겼다고 하여 남만시南蠻柹라고 불렀다. 설탕을 듬뿍 쳐서 후식이나 간식으로 사용하였으나 차차 채소로써 샐러드에 이용되어 우리의 식탁에 자리잡기에 이르렀다.

이탈리아는 파스타 요리의 맛이 훌륭하지만, 이탈리아 음식이 본격적으로 발전하게 된 것은 아메리카 대륙에서 토마토를 발견한 이후부터였다. 이탈리아인들이 수천 년 동안 토마토를 먹지 않고 어떻게 살았었는지 의심스러울 정도가 되었다.

토마토소스가 대중화되기 전에 프랑스의 왕 앙리 2세에게 시집간 이탈리아 귀족인 카트린 드 메디치가 토마토소스를 먹었다고 소개한 책도 있었다.

그림 3-10 **도도네우스 본초서**
자료: 도도네우스(1583), 파리 국립 자연사박물관 중앙도서관, 라틴어판

독초에서 세계 제일의 채소로 변신 16세기 전반 신대륙 아메리카에서 전래된 토마토는 구대륙 유럽에서 순조롭게 받아들여지지 않았다. 독이 있다는 미심쩍은 소문들이 무성했기 때문에 좀처럼 식용 채소로 인정받지 못했던 것이다. 16세기 말경 토마토는 강한 빛을 가려 분위기를 좋게 하는 역할을 했고 열매의 색을 즐기기 위해 화분에 심어 방을 장식하는 인테리어 소품으로 썼으며, 냄새에는 해충 구제 효과가 있어 방충식물로 쓰기도 했다.

약용식물로 여겨졌던 토마토는 16세기에 스페인이 점령하고 있던 나폴리를 통해서 이탈리아 요리에 적용되었다. 이탈리아인은 스페인인과는 달리 매운 것을 좋아하지 않았기 때문에 칠리를 넣지 않는 경우가 많았다. 시적인 이탈리아인은 토마토를 '황금빛 사과'라는 뜻으로 포모도로pomodoro라고 불렀으며 토마토는 제네바와 니스를 통해서 프로방스로 전해졌다. 프로방스인은 토마토를 '사랑의 사과'라고 불렀는데, 냄새를 통해 개미와 모기를 쫓아버리는 붉은 열매를 예쁘다고 생각하기만 하고, 먹기 시작한 것은 한 세대가 지난 후부터였다. 처음에는 조심스럽게 먹기 시작했지만, 곧 토마토의 맛에 푹 빠지게 되었다.

영국 개척자들도 북아메리카에서 토마토를 알게 되었지만, 오랫동안 먹거나 관심을 가지지 않았다. 영어에서도 토마토는 '사랑의 사과'라고만 알려졌다.

(3) 바나나

우리나라에서 바나나는 얼마 전까지만 해도 값비싼 수입과일로 매우 귀한 것

그림 3-11 **바나나**

이었으나 이제는 다량 수입과 온실 재배가 가능하게 되며 저렴한 과일로 탈바꿈하였다. 수입되는 바나나는 개량종이기 때문에 씨앗이 없으나 야생종에는 팥알만 한 크기의 씨앗이 속에 많이 있어 그대로 식용으로 하기에는 맛이 없다.

말레이 반도가 원산지인 바나나는 10여 가지 종류가 있는데 익혀서 먹는 대형 바나나plantains에서부터 엄지손가락만 한 작은 바나나까지 크기와 맛도 다양하다. 조리용 바나나는 생으로 먹으면 떫은맛이 있는데 이를 찌거나, 삶거나 또는 불에 구우면 맛이 좋아져 구운 고구마의 맛과 흡사하다.

바나나의 재배 역사는 대단히 오래되었으며 아마도 인류에 의한 최초의 재배식물일 것으로 추정된다. 식물학자들은 지금으로부터 5천 년 이전으로 보고 있으나 어떤 학자는 1만년 정도로 추정하는 사람도 있다. 동남아시아, 아프리카, 중남미 지역, 남태평양 지역에서 바나나가 식생활에서 차지하는 위치는 매우 중요하다. 또한 아시아에서 남태평양의 섬들을 거쳐 남미로 전해져 잉카인들에 의해 재배되었고 이들의 식생활에서도 중요한 위치를 차지하였다.

바나나는 실제로는 나무가 아니라 거대한 풀이고, 파인애플보다 더 독특하다. 바나나는 뿌리줄기에서 싹이 터서, 대단히 빠른 속도로 자라 1년 내에 9m까지 자란다. 오래된 잎으로 만들어진 줄기 옆에서 다른 잎이 위로 겹치면서 새잎이 자라 나온다. 마지막 잎이 자라고 나면, 줄기 부분에 꽃차례가 만들어지면서 바나나가 축을 중심으로 자라 나와 밑으로 늘어진다. 줄기 주변에 왕관처럼 피는 한 무리 꽃들이 한 덩어리의 바나나가 된다. 꽃은 열매를 맺지 않기 때문에 수정도 필요없다.

달콤한 플랜틴 바나나 바나나는 열대지방 사람들의 주식이다. '플랜틴(플란타노에서 유래되었음)'과 같은 큰 바나나는 맛있는 요리의 재료로 쓰인다. 서아프리카에서는 큰 바나나를 찧어서 일종의 빵(포우토우 또는 포우포우)을 만들고, 향료를

그림 3-12 **바나나 프리터**

넣은 소스와 육류 또는 생선과 함께 먹는다. 서인도 제도, 남아메리카, 아프리카, 아시아에서는 큰 것과 작은 것을 모두 향료를 넣어 튀겨 먹고 인도에서는 소를 넣어서 구워 먹는다. 바나나는 작을수록 더 달다. 마르티니크에서 '무화과'라고 부르는 껍질이 붉은 바나나는 유럽의 고급 식품점이 아니면 찾기 어렵다. 작고 껍질이 얇은 카나리아 바나나는 특히 맛이 좋은 것으로 알려져 있다.

플랜틴은 에스파냐인이 신대륙에 도착했을 때 바나나에 붙였던 이름이다. 이는 아마도 플라타너스 나무가 유럽에 흔한 것처럼, 서인도 제도에도 바나나가 흔하다는 생각에서 누군가가 붙였을 수도 있다.

나폴레옹이 세인트헬레나에 유배되어 있었을 때는 꿀을 바른 바나나 프리터를 즐겨 먹었지만, 16세기부터 19세기까지 요리학자들은 바나나를 완전히 무시해 버렸다. 유럽에 바나나가 들어오게 된 것은 특별한 냉방장치를 갖춘 바나나 운송선이 이용되기 시작했던 1920년대부터였다. 아프리카 바나나는 마르세유를 통해서 수입되었고 그 후로 크게 유행하게 되었다.

(4) 양배추

양배추는 식용채소 중에서 가장 오래된 것이며 야생 양배추는 작지만, 단단하고 두꺼운 잎을 가진 식물으로 400여 종이 개발되어 있으며 녹색, 붉은색, 흰색도 있다.

뾰족하거나 주름진 잎을 가진 이탈리아 양배추와 둥글고 서리에 잘 견디는 북유럽 양배추, 뿌리를 먹을 수 있는 콜라비, 두상화, 싹을 쓰기 위해서 재배하는 브로콜리, 17세기부터 줄기에서 싹트는 작은 꽃봉오리를 먹는 싹양배추가 있다. 또 고대 그리스에서 유행했고 로마 시대에도 먹었지만 라 퀸티니가 베르사유에 다시 들여올 때까지 망각된 콜리플라워(신부의 부케를 닮음, 꽃양배추) 등도 있다. 길쭉한 중국 배추와 스웨드도 양배추의 일종이다. 양배추와 순무의 잡종으로 여겨지는 스웨드는 제2차 세계대전 중에는 중요한 대용식품이었다. 양배추는 고대로부터 지금까지도 고급스러운 채소로 취급되지는 않았다. 당시 시골 사람들은 매일 양배추에 소금과 사향초만 넣어서 먹었다. 양배추는 위 속에 가스를 차게 만드는 경향이 있고, 요리하는 동안에 불쾌한 냄새가 난다. 일부 작가들은 점잖은 사람들의 식탁에는 양배추를 올릴 수 없다고 했다.

그림 3-13 **퀸스가 있는 정물**
자료: 후안 산체스 코탄(1600), 캘리포니아 샌디에이고 미술관

퀸스가 있는 정물Still-lite with Quince에서 보는 사과, 양상추, 멜론, 오이는 금욕적인 식품이 아니다. 그림 속 과일과 채소는 발레와도 같은 아름다운 구도를 취하며 사람이 먹어주기를 기다리고 있다. 멜론은 먹기 좋게 썰려 있는데 식품들을 줄에 매달아놓은 것은 사형선고가 아니라 과일이나 채소가 썩지 않도록 보관하는 17세기의 음식 저장법이다. 이 식품들은 돌 표면 위에 놔두면 더 빨리 썩는다.

고대 철학자와 양배추 잘 알려진 것처럼, 유명한 철학자이지만 행동이 세련되지 못했던 디오게네스(B.C. 400~320년경)는 통 속에서 살면서 위생에는 신경을 쓰지 않았다. 경제성과 이상주의를 추구하던 그는 양배추만 먹고 손으로 물을 떠서 마셨다. 피타고라스도 양배추를 추천했다. 그러나 소크라테스의 제자였고, 쾌락주의를 추구하던 키레네학파를 세운 아리스티포스(B.C. 435~355년경)는 양배추가 감각을 무디게 만들고 수명을 짧게 만드는 음침한 식품이라고 주장했다. 디오게네스는 화를 내며, 만약 아리스티포스가 양배추를 더 많이 먹는다면 거물들에게 아첨할 필요가 없을 것이라고 대답했다. 사실 디오게네스는 90세까지 살았지만, 아리스티포스는 갓 마흔을 넘기고 죽었다.

소박한 생활을 좋아했던 또 다른 고대학자인 카토는 80세까지 살았다. 특히 그는 싱싱한 양배추에 식초를 뿌려서 먹을 것을 추천했고, 자신의 아들 스물여덟 명이 이 식사법을 따랐다고 주장했다. 자신과 마찬가지로 아들들도 다른 것은 먹지 않았다고 한다. 프랑스에서는 양배추를 자르면 우유와 같은 액체가 스며 나오기 때문에 다산의 상징으로 여겼다. 또한, 신혼부부가 첫날밤을 보낸 다음날 아침에 양배추 수프를 먹는 것은 프랑스의 여러 지방에서 오래된 관습이었다.

18세기 말에 장거리 항해에 나서는 배들은 괴혈병을 예방하기 위해서 비타민 C가 많이 들어 있는 양배추를 상자째 식량으로 싣고 다녔다. 1769년 쿡 선장의 첫 항해에서 심한 폭풍으로 인해 어드벤처호의 선원 중에서 40명이 부상을 입었다. 선의는 압축한 양배추를 상처에 붙여서 괴저를 예방했는데 항해일지를 보면 그 선의가 양배추와 베이컨으로 만든 음식을 먹던 중에 아이디어를 얻었다고 한다.

2) 동물성 식품

최근 풍요한 사회에서 동물성 지방과 콜레스테롤이 퇴행성 질환들과 관련이 있다는 것이 밝혀지고 있지만 건전한 영양을 위해서는 동물성 식품과 식물성 식품을 함께 먹을 때 가장 좋다. 동물성 식품은 영양상으로 좋은 것이지만, 생산하기는 특별히 힘이 들었다. 따라서 동물성 음식은 유용성은 크지만 그 양이 부족함으로써 상징적 힘을 갖는다. 수렵채집사회에서부터 정보화 사회에 이르기까지 서로 다른 갖가지 종교와 문화들이 동물성 식품에 대한 비슷한 선호를 보이며, 고기에 특별한 가치를 두고 고기 나눔을 통하여 사회적 유대를 강화하는 데 사용하였다. 동물성 식품은 식물성 식품보다 훨씬 더 생산자와 소비자들 간에 호혜적으로 분배되어야 한다.

그림 3-14 **라스코 동굴의 벽화**
자료: 위키백과

(1) 염소와 양

인류가 염소와 양을 길들이는 일은 비교적 쉬운 일이었을 것이다. 모두 군거성 동물들로 한 마리가 인도하면 다른 무리들은 따라간다. 몇몇 마을에서는 어미를 잃은 갓 태어난 동물들을 데려다가 애완동물로 기르는 일이 보편화되었을 것이며, 사람에 의해 길러진 암양이 야생의 종자 양과 짝지어져 몇 해 만에 한 마을에 양떼가 형성되기도 했을 것이다.

양과 염소 중에 어느 것이 최초로 길들여진 동물이었는지는 여전히 의문으로 남아있지만, 염소였을 가능성이 높다. 염소는 자극적인 냄새가 날 뿐 아니라 어린 잎을 먹어 치우는 파괴적인 습성 때문에 사람에게 상당히 해를 끼치는 동물이었다. 그러나 농토를 확장하던 초기에 경작을 위해서 관목 숲을 제거해야 했던 지역에서는 잎사귀를 먹어 치우는 염소의 재능은 염소를 유용한 일꾼으로 만들어주었을 것이다. 염소는 고기 외에도 윤기나는 방수성 털과 1등급 물주머니를 만들 수 있는 가죽을 제공해 준다.

양을 길들이는 첫 단계가 시작된 것은 명확하지는 않으나 기원전 8920년경 이라크의 지위 케미 샤니다르와 루마니아의 도브루자에서였다. 혹은 카스피해 동쪽의 카라쿰 같은 추운 지방에서 사냥꾼들이 길들여왔을 수도 있다. 방적 및 직조 기술이 발명되기 훨씬 전부터 양털을 가지고 따뜻한 천연펠트를 만들 수 있었는데, 이 펠트는 추운 기후에서는 매우 귀중한 것이었다. 양은 양털과 상당량의 지방을 제공하는데 이 지방은 요리뿐만 아니라 의약용 연고의 재료나 골풀 양초와 등불을 위한 수지로도 쓸모가 있다는 것이다.

가장 경제성 있는 동물 양 중세 후기에 유럽은 가축 중에 양이 가장 경제성이 있는 매력적인 동물임을 알아냈다. 양은 젖, 고기, 북쪽 지방 사람들의 옷이 되는 양털, 필사본을 만들기 위해 폭발적인 인기를 얻은 양피지의 원료가 되는 양피 등을 제공해 주었다. 그리고 양은 소보다 양순하고 거친 초원에서도 잘 지냈으며, 풀을 더 알뜰히 뜯어 먹었고, 새끼를 많이 낳았다. 소규모 자본가는 목양의 가능성을 조사하고 타산이 좋다는 것을 알았다. 도축업자와 시민들도 진취적인 농부에게 자금을 대어 주며 목양을 장려했다. 이익을 분배하는 데에만

그림 3-15 **양떼**

한정하여 합의가 이루어지기도 했고, 때로는 목양자가 2~3년이 지난 후에 그 후원자에게 양떼를 돌려주는 대신에 새로 태어난 양들의 절반을 자신의 몫으로 정하기도 했다.

중앙아시아의 유목민들도 오래전부터 양에 관심을 가져왔다. 야생 상태의 동물들이 본능적으로 행한 여름, 겨울의 이주를 따라서, 유목민들은 그들의 양을 적당한 시기에 여름 초원에서 겨울 초원으로 번갈아 몰고 다니는데 익숙해졌다. 스페인에서는 가축의 이동이 7세기에 정착되어 10세기에는 중요한 경제적 요인이 되었다. 교역의 입장에서 보면 양모는 가장 값진 물건이었으며, 이런 대규모 목양은 많은 지역의 가난한 사람들의 영양 상태를 높여주었다. 양은 양고기와 양젖, 치즈를 제공했기 때문이다.

(2) 돼지

돼지는 모든 포유류 가축 중에서 가장 신속하고도 효과적으로 식물을 고기로 전환시키는 능력을 갖고 있다. 한 마리의 돼지는 일생 동안 그 먹이 속의 에너지 가운데 35%를 고기로 전환시킬 수 있다. 양은 13%, 소는 겨우 6.5%이다. 소는 한 마리의 송아지를 낳는데 아홉 달이 걸리는데 암돼지는 4개월도 채 안 되는 수태 기간이 지나면 여덟 마리 이상의 새끼를 낳고 이 새끼 돼지는 6개월이 지나면 180kg이 나간다.

그림 3-16 **중세의 농업 세시기(돼지를 도살하는 농민부부)**
자료: 위키백과사전

돼지는 기원전 7000년경에야 사육이 시작된 듯하다. 그 이유들 중의 하나는 돼지가 되새김동물들(염소, 양, 소, 순록, 낙타 등)과는 달리 밀짚, 풀, 잎사귀 또는 전 가지들을 소화 시킬 수 없기 때문이었을 것이다. 사실상 돼지 사육이 시작될 수 있었던 것은 인간이 자신의 음식(견과류, 도토리, 고기 조각, 익힌 곡식)의 일부를 그 사업에 투자하게 되면서부터였다.

율법에서 금기시하는 돼지고기 돼지는 종교에서 금기시하는 대표적인 동물이다. 계율을 엄수하는 많은 유대인들에게는 구약성서에서 돼지를 부정한다고 규정한 것만으로도 금기하고 있다. 이슬람 율법인 코란에 따르면 '돼지고기는 불결하고 동물의 피는 오염된 것이며, 포도주는 혐오스러운 것이다'라고 하였다. "알라께서 너희에게 금하는 것은 이것들 뿐이다: 썩은 고기, 피 그리고 돼지고기." 돼지고기가 신실한 종교인들에게 혐오의 대상이 되는 것은 돼지가 똥을 먹고 진흙에 뒹굴어 더럽고, 선모충병과 같은 기생충이 많기 때문이라고 설명한다. 하지만 개혁론자들은 이 금기들에 대한 과학적이고 의학적인 이유들을 들어 돼지고기 금기가 더 이상 불필요하다고 주장한다. 하지만 정통 종교인들은 신의 목적은 결코 완전히 알 수 없는 것이며 그럼에도 불구하고 식사법은 신성한 의지에 대한 복종의 표시로서 지켜야 한다고 주장한다.

(3) 소

주된 식용동물 중 제일 늦게 사육된 것은 소였다. 소 사육에는 어려운 점이 많았기 때문이다. 오늘날의 고고학적 논쟁의 결과에 의하면 터키의 차탈 휘위크와 마케도니아의 네아 니코메디아에서 기원전 6100~5800년에 시작된 것으로 추정된다. 17세기에 원형종이 사멸되기는 하였으나 성질이 사납고 몸이 날랜 현대종을 기준으로 생각해 본다면 신석기인은 그 원래의 품종을 가지고 매우 애를 먹었을 것이다. 하지만 소는 인류에게 가장 유용한 동물 중 하나로 인정받았다. 수소들은 씨를 뿌리고 쟁기를 끌고 수확한 곡식을 타작하는 일에 부릴 수 있었으며, 암소는 우유를 제공하며 소의 가죽은 질기고 튼튼하며 배설물은 불을 피울 때 우수한 연료가 된다는 것 등이었다.

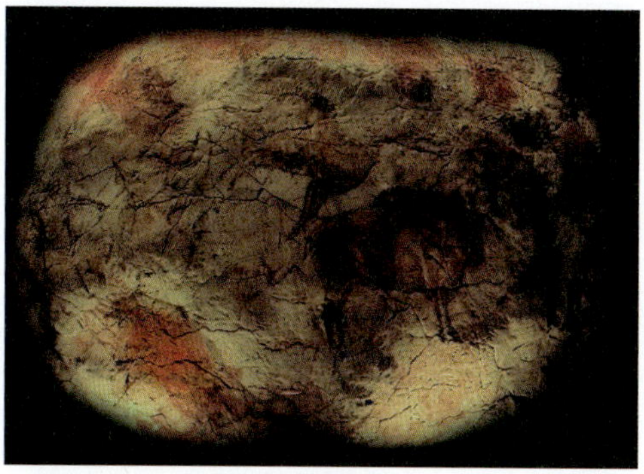

그림 3-17 **스페인 알타미라 동굴벽화**
자료: 위키백과

신성시되어 보호된 소 아리아인은 기원전 2천년기에 인도에 들어오면서 자신들의 소를 몰고 왔다. 이 소들은 점차 그 기후에 더 적합한 인도 본토의 품종으로 대치되었다. 아리아인들은 그 땅에 퍼져 살면서 종교적 율법의 완전한 보호 아래 소를 지켜나가는 것이 좋으리라는 생각을 하였다. 아리아인이 인도에 온 초기와 관련이 있는 문헌인 〈리그베다(Rigveda)〉에서도 염소, 말, 양, 물소 등이 음식물로 언급되고 있지만 소만은 제외되었다. 기원전 1000년경의 〈아타르바베다〉에 의하면 고기를 먹는 것은 그 조상에 대한 공격으로 간주되었으며, 소를 먹는 것은 더더욱 금지되었다. 세월이 지남에 따라 가축도살 금지법은 완화되기 시작하여 기원전 700년경에는 손님 접대와 신들의 제사에 필요한 가축의 도살도 일반적으로 허용되었다. 곧이어 브라만 사제들은 희생 제의를 위해 지역사회에 점점 많은 가축을 요구하게 되었다. 농부의 귀중한 일꾼이자 우유 공급원인 동물의 고갈이 극심해지자 이러한 요구에 대한 반란까지 일어나게 되었고, 불교와 자이나교가 생겨나게 되었다.

경제 성장과 번영의 상징 쇠고기 미국인들은 일 년에 일인당 70kg의 붉은 고기를 먹는데, 그 중 60% 이상을 쇠고기와 송아지고기를 섭취한다고 한다. 미국인들의 쇠고기 선호는 미국의 대평원에서 생겨나 미시시피강을 가로질러 온 것이다. 대평원은 소를 기르기에는 이상적이 곳이며 개척자들은 인디언을 몰아내는 방법으로 그들이 좋아하는 물소를 전멸시켰으며, 물소가 사라짐에 따라 소떼가 그 자리를 차지하여 급속히 번식하였다. 하지만 소 방목의 유행은 점차 목초지 소멸로 한계에 다달았고 더 많은 옥수수가 필요해졌다. 제2차 세계대전 이후 농부들은 씨뿌려 가꾼 초지, 과학적 경영으로 소를 방목하는 대신 사육장으로 보내 단백질이 풍부한 콩, 물고기, 옥수수 그리고 비타민, 항생제를 섞어 밤낮으로 먹여 4개월이 지나면 180kg으로 도살장으로 갈 준비를 마치게 되었다. 소 사육방식의 변화만큼 쇠고기 소비방식에서도 변화가 일어났다. 도시 교외에 집을 가진 사람들이 늘어나자 정원에서 요리와 재미를 즐기는 일이 많아졌으며, 숯불구이는 자기들만의 재미와 맛있는 음식을 먹고 싶은 갈망의 표현이었다. 또한 여성들의 취업, 부모가 모두 일하는 가정의 출현, 가사노동에 대한 여성들의 분노 증대 등의 이유로 집밖에서 푸짐한 쇠고기 식사를 즐기는 햄버거의 시대를 열었다. 햄버거는 함부르크에서 미국으로 가는 배를 타고 있던 사람들에게 다진 쇠고기와 양파가 제공된 데서 혹은 함부르크에서 인기 있는 다진 쇠고기 요리에서 유래했다.

(4) 닭

그림 3-18 **닭**

닭은 동남아시아의 정글에서 가축 되었으며 닭이 최초로 유럽에 들어온 것은 겨우 그리스와 로마시대에 이르러서였다. 조선시대의 가축으로 그 수가 가장 많았던 것이 닭이고, 닭은 집집마다 사육되어 그 요리법도 다양하다. 조선시대 요리서의 닭 요리법은 중국 조리서에서 인용한 것이 적고 대부분 우리 고유의 것이다. 중국 요리서에는 닭보다 오히려 거위, 오리, 기러기 등의 요리법이 많이 나온다.

닭은 본래적으로나 종자개량에 의해서 곡식을 고기로 전환시키는 데 있어서 돼지만큼 효율적이며, 소보다는 5배나 더 효율적이다. 최근 지나친 붉은 고기 소비가 건강을 위협한다는 인식과 함께 닭고기 음식은 세계인이 가장 많이 소비하는 단백질원으로 부상하고 있다.

팔기 좋은 것이 먹기 좋은 것 닭은 양계장에서 3만 마리씩 제조되고 있으며 닭 한 마리당 닭장의 면적은 1평방 피트가 채 안된다. 온도조절, 공기정화 그리고 쓰레기 수거가 모두 자동화되었다. 닭이 쉬지 않고 모이를 먹도록 깨어 있게 하기 위해 하루에 22시간씩 불을 밝혀둔다. 부화된 지 47일이 되면 몸무게가 1.8kg 이상이 되어 내다 팔 수 있게 된다. 이는 1950년대 걸린 시간의 반밖에 안된다. 브랜드명이 있는 주요공장들에서는 자동화된 기계로 일초당 1.5마리의 비율로 닭을 잡고 털을 뜯어내고 내장을 빼고 냉장해서 포장한다. 이러한 기술 혁신의 결과 닭고기 값은 거의 오르지 않았고 닭고기 제품은 즉석음식 산업 전체에서 가장 빨리

그림 3-19 **말젖을 짜고 있는 모습(키르키스스탄)**
자료: 위키백과

성장하는 품목이 되었다.

(5) 젖과 유제품

서기 1천년기의 유목민들은 보다 재래식 유제품들을 이용했다. 말의 수가 많은 지역에서 말젖은 가장 중요한 식품으로 유목민들의 원기 왕성함에 결정적 요인이 되어 왔다. 식사에서 고기가 차지하는 비율이 높았기 때문에 유목민들은 단백질, 지방, 비타민 A와 B는 충분히 섭취했지만 비타민 C를 얻는 방법은 제한되어 있었다. 하지만 말젖에는 비타민 C가 모유의 2배, 우유의 4배나 들어 있기 때문에 말젖을 매일 다량으로 마시는 습관을 들였다면, 그들은 이 급원만으로도 비타민 C를 적절히 공급받을 수 있었을 것이다.

최고의 영양가 높은 보존식품 유목민들은 다른 동물들의 유즙으로부터도 응유나 요구르트 형태의 많은 식품들을 만들어 냈을 것이다. 응유 제품들은 신석기 시대의 초기에 인간이 젖을 짜는 일에 관하여 알게 되자마자 거의 그 즉시 발견된 것으로 보인다. 중동의 기후에서는 유즙을 몇 시간만 방치해 두어도 곧 굳어 버렸을 것이다. 기온과 공기 중에 떠다니는 미생물들의 종류에 따라 응유가 부드러워질 수 있고 거칠어질 수도 있었을 것이다. 발칸반도의 요구르트, 스칸디나비아의 타에타, 인도의 다히 등이 대표적이다. 거친 응유는 걸러내어 우선 부드럽고 신선한 치즈를 만들었고, 차차 응유를 침전시키는 방법을 발견함에 따라 채소즙 등을 첨가하기도 하고, 송아지의 위로 만든 용기 속에서 발효시키기도 하여 레닌이라는 효소가 들어있는, 응유 촉진제인 레닛을 생성한다. 응유를 바구니틀이나 구멍을 낸 질그릇 속에 넣어 압착한 다음에 발효, 숙성하도록 놓아두면 되었다.

또 다른 주요 유제품인 버터는 한랭한 지역에서 개발한 듯하며, 버터를 만드는 교반 방법은 어떤 여행 중에 유즙 용기를 가지고 다니다가 우연히 발견할 것 같다. 얼마 지나지 않아서 버터를 가열하여 수분을 증발시킨 다음 불순물을 걸러내거나 단순히 제조과정에 소금을 첨가함으로써 그 품질유지기간이 연장될 수 있다는 사실이 발견되었다.

응유, 치즈, 요구르트, 버터는 모두 인간의 당면한 요구에 대해 잉여분의 유즙을 보존하는 유용한 방법들이었다. 분유도 마찬가지였다. 마르코폴로는 몽골족이 어떻게 분유를 만들고 이용했는지에 대하여 기술했다. "우선 유즙을 끓인다. 적당한 순간에 표면에 뜨는 크림을 걷어내고 그것을 다른 용기에 넣어 버터를 만든다. 크림이 남아 있는 한 유즙이 건조될 수 없기 때문이다. 그 다음 그 유즙을 햇볕에 내다 놓아 수분이 증발하도록 방치한다. 그들은 원정대에 오를 때 이 건조된 유즙을 10파운드쯤 가지고 가서 매일 아침 그 중 반 파운드 정도를 꺼내 호리병박처럼 생긴 작은 가죽용기에 넣고 물을 적당량 붓는다. 그러면 그들이 말을 타고 있는 동안 용기에 들어 있는 유즙분말이 용해되어 액체 상태가 되는데, 그것이 그들의 아침식사이다."

3. 기호 식품의 유래

인류학자 민츠Sidney Mintz는 저서 《음식을 맛보고 자유를 맛보고Tasting Food, Tasting Freedom》를 통해 역사적, 경제적, 그리고 생물학적 요인들이 특정한 음식과 조리법의 발달 과정에서 어떻게 복합적으로 작용했는지를 규명하려고 하였다. 기호 식품은 영양 섭취보다는 심리적 욕구를 만족시키기 위한 식품으로 정의되는데 차와 커피, 향신료 등이 있다. 인류의 생산력이 증대되고 경제가 발달함에 따라 식품을 보다 맛있게 먹고자 하는 욕구가 증가하였으며 이를 위해 힘과 권력이 동원되었는데 기호 식품의 향유에 따라 정체성도 재형성되었다.

1) 설탕

1650년경 이전만 하더라도 단맛을 공급해 주는 주요 자원은 과일과 꿀이었다. 그러나 이것들은 식탁에서 중요한 자리를 차지하지 않았다. 사탕수수즙으로 만든 설탕은 서기 1100년경에 소량으로 영국에 상륙하였다.

1650년 이후로 설탕은 호사품과 희귀품에서 벗어나 영국을 포함한 많은 나라들에서 일상적인 필수품으로 변하기 시작했다. 1650년 이후 설탕소비의 증가는 서양의 발전에 따라 역사와 함께 하였다.

설탕의 소비량은 문명의 척도라고 할 정도로 문명, 문화가 발달한 사회에서 많이 소비되고 있다. 사회가 발전하고 복잡할수록 우리의 생활에서 긴장과 스트레스가 많아지고 신경의 소모가 격심하여 사람들은 감미를 요구하게 된다. 소맥, 옥수수, 쌀, 감자, 대두, 그리고 설탕과 같은 세계적인 주요 농산물 생산량 중 설탕이 차지하는 양은 전체의 약 4%에 불과하지만 이들 열량식품 중 단일 면적당의 에너지 생산량은 설탕이 가장 많은 양을 차지하고 있다.

사탕수수를 감미료로써 인간이 사용하기 시작한 것은 지금으로부터 약 5000년 전 이상으로 추정하고 있고 원산지는 인도와 남태평양 제도이며 설탕으로 제조하기 이전에는 사탕수수에서 즙을 짜서 감미를 음미하였다. 그리스, 로마시대에는 설탕을 인도의 염鹽이라고 불렀다. 사탕수수는 6~7세기경에 중국 남부와 동남아시아 등지로 이행된 후 재배하여 설탕을 생산하게 되었다. 유럽에는 십자군 원정을 통해 12세기경에 소개되었으나 귀중한 설탕은 왕족, 귀족, 그리고 성직자들 사이에서만 보급된 진귀품이었다. 설탕은 사탕수수뿐만 아니라 사탕무beets에서도 얻을 수 있는데 기온이 낮은 지역에서도 재배 가능한 식물이다. 카스피해 연안이나 코카서스 지방이 원산지라고 알려져 있으며 1세기경 로마시대에 이미 재배되어 중세기경에는 유럽 전역에 파급되었다.

그림 3-20 **사탕수수**

13세기에 설탕은 덩어리나 파운드 단위로 매매되었으며 가격이 너무나 비싸서 아주 부유한 사람들이나 살 수 있는 물품이었지만 아주 외딴 도시에서도 구할 수 있었다.

설탕은 15세기 말, 대서양에서의 생산량이 북아프리카와 지중해 지역의 생산량을 대체하고 있을 때 가격이 조금 떨어졌지만 16세기 중엽이 되자 다시 뛰어올랐다. 설탕은 세도가들의 잔치나 의식에서 빠질 수 없는 품목이 되었지만 대다수의 사람들이 사용하기에는 아직 시기상조였다. 사실 18세기에 커피와 초콜릿이 유행하게 되면서 설탕 소비는 세 배로 늘어났다. 관습이나 사회 전체가 그랬던 것처럼 이런 기호 식품들도 대중화가 되었다. 그러나 19세기에는 사탕무에서 얻은 설탕이 출현하면서 굉장한 변화가 생겼다. 어쩔 수 없이 사탕수수 설탕의 가격이 떨어졌고, 서인도 제도와 프랑스령 대서양 항구의 경제체제 전체가 새로 구축되어야만 했다.

(1) 인도 소금

키가 큰 풀인 사탕수수는 인도, 특히 갠지스 강 삼각주가 원산지이다. 인도의 전설에 따르면 부다의 선조들은 설탕의 땅인 구르 지방에서 왔다고 한다. 구르는 당시 벵골 지역의 이름이었다. 산스크리트어로 쓰인 서사시 〈라마야나Ramayana(B.C. 1200년경)〉에는 '단 것, 시럽, 씹을 수 있는 수수 등이 차려진 식탁'이 나오는 연회에 대한 이야기가 들어 있다.

그림 3-21 **산토도밍고의 사탕수수 산업 현장**
자료: 벤초니(16세기 모험가)

그로부터 7세기가 지난 후에 다리우스 1세(B.C. 522~486년 재위)가 인더스 계곡을 침략했을 때, 페르시아인들은 '벌의 도움이 없이도 꿀을 만들 수 있는 갈대'를 발견하고, 집으로 가지고 왔다. 처음에는 사탕수수를 재배해서 설탕을 추출하는 과정을 마치 국가기밀이라도 되는 것처럼 비밀에 부쳐서 독점했던 것으로 보인다. 그러나 아리아인들의 침략과 무역 대상들 덕분에 인더스의 사탕수수는 중동지역을 통해서 흑해, 사하라, 페르시아 만으로 전해졌다. 성서에 나오는 '향초'일 수도 있는 '사탕갈대'는 무역의 역사가 시작되던 초기 대상들에 의해서 지중해 지역으로 전해졌다. 그리스와 로마 시대 이전에 이집트와 페니키아인들은 다른 향료보다 훨씬 귀하고 비싼 사탕갈대 시럽을 약으로 사용했다. 사탕수수의 학명이 오피키

나룸Saccharum officinarum인 것도 약용으로 썼기 때문에 붙여진 것이다.

훌륭한 의학서적을 저술했던 사람들은 이 '인도 소금'에 대한 이야기를 남겨두기도 했다. 로마의 아우구스투스 황제(B.C. 63년~A.D. 14년) 시대에 살았던 그리스의 약리학자 디오스코리데스는 "인도와 아라비아의 갈대에서 나오는 사카론이라고 부르는 딱딱한 꿀이 있다. 모양은 소금과 비슷하고, 입 안에 넣으면 부서진다."고 했다. 고대 그리스와 로마의 자연학자 플리니우스, 스트라보, 세네카, 루카누스, 갈레노스는 모두 산스크리트어 사카라사의 변형된 표현인 사카론이나 사카룸이라는 단어를 사용했다. 이 사실이 사탕수수의 원산지가 인도인 것을 확인시켜주는 또 다른 증거가 된다. 플리니우스는 〈박물지Historia Naturalis〉에 사탕수수로부터 설탕을 만드는 방법은 정확하게 밝히지 않았지만 '설탕은 약용으로만 쓴다.'고 했다. 디오스코리데스와 갈레노스에 의하면 약품으로 사용하는 설탕은 같은 무게의 은만큼 가치가 있었다.

2) 영혼의 거울, 차

차의 원산지는 중국과 인도이다. 전설에 의하면 신농씨神農氏이 야생초에 중독이 되었을 때 차를 다려서 마시고 난 후 해독되었다고 한다. 이 이야기는 중국의 《식경食經》에 기록되어 있으며 사람들은 차를 해독을 위한 음료로 인식하고 있다. 특히, 차는 취기를 없애거나 잠을 쫓는 효과가 있다고 하여 술에 취한 후에 많이 마셨다.

당唐시대에 육우陸牛라는 사람이 《다경茶經》을 집필하여 차에 대한 효과를 알린 이래로 차는 많은 사람들에게 일상음료로 애용되었다. 《다경》에는 '차는 냉한 것으로 심열로 갈증이 났을 때 마시면 갈증을 해소해주고 또 두통이 있을 때 차를 다려 마시면 효과가 있다'고 쓰여 있다. 우리나라에는 불교가 전파될 때 같이 차도 들어 왔으며 신라나 고려시대에는 차의 생산량도 상당하였다. 중국에서 차가 유행하게 된 것은 6세기경이었다. 처음에는 찻잎을 압축한 것을 입에 넣고 씹었지만, 후에는 찻잎을 달인 액체를 마셨다.

중국에서는 얼마 지나지 않아서 오늘날처럼 달여서 차를 만드는 방법이 유행하게 되었고, 명나라에 이르러서는 학문과 시와 아름다움, 힘과 결단력을 요구하는 긍정적인 의식으로 발전했다. 한잔의 차가 영혼의 거울이 되었다.

마르코 폴로의 《동방견문록》에 차와 다관에 대해서 언급했지만, 서양인들이 차를 맛보게 된 것은 17세기 초였다. 프랑스의 앙리 4세(1589~1610년 재위)가 죽음을 맞이할 때쯤, 마카오에서 온 네덜란드의 배가 처음으로 향기로운 찻잎을 가지고 왔다. 그러나 외국에서 들어온 것은 곧 유행하기 마련이었다. 차는 사회적으로 두 가지 역할을 했다. 커피는 라틴아메리카에 있던 프랑스, 이탈리아, 스페인 식민지에서 들여와 부자와 가난한 사람이 모두 좋아하는 음료였지만, 차는 상류층에만 유행했다. 영국과 네덜란드에서는 신사들부터 극빈층까지 모든 사람들이 차를 좋아했다. 영국에서 1640년에 토머스 개러웨이가 최초의 다실을 연 이후로, 차는 빠른 속도로 대중적인 음료가 되었지만, 국가재정에 도움이 될 것을 알아차린 크롬웰이 특별세를 부과하기 시작했다. 하지만 오히려 밀매품이 성행하게 되었는데 특히 성직자들이 밀매에 참여하여 더 유명해졌다.

(1) 여유와 풍요의 상징 '차 문화'

루이 14세 때부터 많은 사람들의 의식 속에 차는 지식인, 게으름쟁이나 유행을 좇는 사람들 그리고 여성들처럼 육체노동을 하지 않는 사람들이 마시는 것으로 남아 있게 되었다. 차는 은그릇과 레이스가 달린 식탁보와 정교하게 만든 케이크를 떠올리게 했다. 차가 "현기증과 우울증을 예방해준다."고 굳게 믿었던 루이 14세는 태국 대사가 준 황금 찻주전자로 차를 끓여 마셨다.

차를 마시며 게으름을 피우는 분위기는 18세기 후반에 장 에티엔 리오타르가 그린 찻잔 세트의 그림에서도 확인된다. 리오타르는 오후 간식 시간이 끝난 뒤의 따뜻한 음료를 특이하게도 하인의 시점에서 비스듬한 각도로 묘사했다. 남아 있는 음식 찌꺼기가 이

그림 3-22 **찻잔 세트**
자료: 장 에티엔 리오타르(1781~1783), 로스앤젤레스 J. 폴게티 미술관

년 재위) 이후로 로마 제국과 비잔틴 제국으로부터 이슬람 정복 시대까지 알렉산드리아 과세기록에는 후추가 인도의 상품이라고 기록되었다. 후추에는 25%의 관세가 부과되었으며 다른 어떤 향료보다 중요한 무역상품이었다. 프랑스에서 후추무역을 전문으로 했던 상인들은 처음에는 식료품상이나 약종상과는 다른 조합을 만들었지만, 결국은 그들에게 흡수되고 말았다. 중세의 영국에서는 훗날 식품조합으로 바뀐 후추상인조합이 향료무역을 담당했다. 이 조합이 처음 결성된 것은 1180년이었다.

(4) 생강

생강과에 속하는 진지베르 오피키날레Zingiber officinale는 1m 높이로 자라며, 창끝처럼 생긴 잎과 함께 밝은 노란색과 붉은색의 테가 있는 뾰족한 꽃이 있는 열대식물이다. 향료로 쓰는 부분은 불규칙한 작은 혹처럼 생긴 뿌리줄기이다. 생강은 싱싱한 채 팔기도 하지만, 말리거나 갈거나 빻거나, 시럽이나 식초에 남거나, 결정으로 만들어서 팔기도 한다.

오래 전부터 생강(진저ginger)의 원산지라고 추정되는 인도 남부 퐁디셰리 인근에 있는 진지Gingi의 지명에서 유래된 것 같다. 생강의 원산지는 아시아 열대 지역인 것으로 추정되며 기원전 2세기경 그리스와 로마를 거쳐 1066년 이전에 영국을 거쳐 기원전 1세기에는 중국에 전파된 뒤 서기 3세기경 일본에 전파된 후 1492년 이후 멕시코와 서인도 제도를 거쳐 산토도밍고 섬 지역에서 1585년에 수출된 것으로 보인다.

그림 3-28 **생강**

프랑스에서는 르네상스 시대의 음식 혁명으로 냄새가 심한 식품은 사라지게 되었다. 그렇지만 앵글로-색슨족, 독일, 플랑드르 지방, 스칸디나비아 국가들은 아직도 생강을 좋아한다. 이들은 프랑스보다 훨씬 더 많은 양의 생강을 소비한다. 주로 단 음식에 넣어 먹지만 짭짤한 음식에 넣기도 한다. 생강 포도주는 크리스마스 때 마신다. 제2차 세계대전 때까지도, 프랑스

알자스 지방에서는 칠면조를 잡기 전에 생강 포도주를 먹여서 칠면조의 육질이 부드러워지게 했다.

(5) 칠리와 피망

칠리 고추는 손톱 크기에서부터 손바닥 크기까지 길이나 동근 정도가 다양한 열매이다. 익으면 붉은색이 되지만, 피망과는 달리 매운맛을 가지고 있다.

그림 3-29 **칠리와 피망**

에스파냐인들과의 포르투갈인들이 칠리를 구대륙에 소개했다. 민감한 혀를 가진 유럽인들은 매운맛을 좋아하지 않았지만, 아프리카, 아라비아, 아시아 대륙의 사람들에게는 신의 계시와 같은 것이었다. 그들은 고추를 많이 쓰기 시작했고, 인도양과 태평양의 섬사람들도 많이 사용했다. 16세기에는 고추의 매운맛이 봄바람에 들불 번지듯 퍼지기 시작했다.

순하거나 매운 파프리카도 역시 단 고추(피망)이다. 원래 이름은 폴란드어로 피에르프시차pierprzyca였고, 헝가리인들은 굴라시의 기본 재료로 썼다. 지금도 칠리는 비타민 섭취가 부족한 아메리카 인디언들에게 비타민을 제공하는 좋은 식품이다. 잉카, 마야, 아즈텍인은 죄인을 고문할 때 매운 칠리를 썼다. 칠리는 화살촉에 바르는 독을 만드는 원료로도 쓰이는데 독을 연못에 넣어 고기를 잡기도 한다. 그렇게 잡은 고기는 요리를 하기 전부터 양념이 된 셈이다. 칠리는 살균력도 있으므로 위생이 의심스러운 음식 위에 가루를 뿌리거나, 칠리를 태운 연기로 방을 소독하기도 한다.

아프리카에서는 내장 감염 기생충, 설사 등에 만병통치약으로도 쓰이고, 상처를 쉽게 아물도록 하는 수렴제나, 심지어는 유럽의 일부 '대체의학자들'도 인정하는 것처럼 치질 치료약으로도 쓴다. 그러나 칠리는 매우 자극적이기 때문에 오랜 세대를 거쳐 익숙해진 경우가 아니면 오히려 병을 더 악화시킬 수도 있다. 칠리를 더 맵게 만들기 위해서 볶아 먹는 열대 원주민들의 소화 장애 발병률이 건강에 주의를 기울이는 유럽인들보다 더 적다.

(6) 사프란

붓꽃과에 속하는 크로쿠스 사티부스Crocus sativus는 정원의 크로커스와 비슷한 구근식물이다. 우리가 사프란이라고 부르는 것은 꽃 속에 있는 가지가 달린 암술이다. 이탈리아에서 쿠르디스탄에 이르는 지역의 언덕에서 자라는 야생 사프란 크로커스에 세 개의 암술은 꽃잎 위로 자라서 구부러지는 재배종의 암술보다는 훨씬 작다.

오늘날 사프란으로 가장 유명한 곳은 스페인의 발렌시아이다. 중세시대 영국에서는 에식스 지역에서 많이 재배했고, '사프란 월든'이라는 도시는 향료의 이름이 붙여진 곳이다.

1kg의 말린 암술을 얻기 위해서는 10만송이의 크로쿠스 산티부스 꽃을 손으로 따야 하기 때문에 사프란은 문자 그대로 금값이었다. 따라서 그리스신화에서 신들의 제왕인 제우스가 사프란을 채운 침대를 썼던 것은 놀라운 일이 아니다.

그림 3-30 **사프란**

그리스신화에서 최초로 불을 밝혔던 예언과 창조의 신 헤르메스가 사프란을 처음 만들었다고 한다. 헤르메스는 실수로 친구 크로코스에게 치명적인 상처를 입혔다. 머리에서 흘러내린 피가 바닥에 뿌려졌다. 헤르메스는 그 피를 변화시켜서 진귀한 암술을 가진 꽃으로 만들었다.

ACTIVITY

1. 음식문화의 이해는 총체론적 관점이 중요하기 때문에 여러 삶의 모습 속에서 역동적으로 살아 있는 음식문화를 이해하는 일은 매우 의미 있는 작업이다. 여러 작품 속에 등장하는 음식이나 음식 준비, 재료, 식사 장면 등을 조사해 그것이 무엇을 상징하는지 시대적인 상황과 의미를 파악해 보자.

예시) 그림 속 음식 이야기, 영화 속 음식 이야기

단원 김홍도의 '새참'

단원 김홍도의 '타작'

단원 김홍도의 '주막'

2. 주위에 있는 음식 박물관이나 민속 박물관을 방문하여 유물 속에서 찾을 수 있는 우리나라 식품과 음식 관련 이야기를 조사하여 발표해 보자.

예시) 쌀 박물관

CHAPTER 4

세계의 음식문화

- 아시아의 음식문화
- 유럽의 음식문화
- 아메리카의 음식문화
- 오세아니아와 아프리카의 음식문화

세계의 음식산업은 규모면에서 미래의 성장산업으로 각광받고 있다. 근래 음식문화가 강조되는 사회 분위기 속에서 자민족 음식을 적극적으로 개발하고 상품화하여 세계를 향한 경제 전략으로 이용하기도 하며 타문화권의 음식문화도 적극적으로 수용하고 있다. 또한 21세기에는 다양한 대중매체를 통해 세계 모든 민족의 음식문화에 대한 정보를 교류하고 공유하기에 이르러 음식으로 새로운 문화를 만들어 가고 있다.

다른 나라의 음식을 수용하기 위해서는 먼저 그 음식의 역사적 배경과 음식을 만든 사람들을 이해해야 한다. 이 장에서는 음식문화의 형성 배경과 요인 그리고 각 국가들의 고유한 음식문화 특징들이 무엇인지 살펴보고자 한다. 그리하여 세계 식생활에 대한 기본적인 이해를 넓히고, 새로운 식생활에 대한 문화적 욕구를 충족시키고 한다.

5. 용이하고 간단한 조리 기구의 사용

중국 요리는 종류가 많고 다양하여 많은 사람들이 놀란다. 그리고 중국 요리를 하는 데 사용되는 조리 도구가 획기적일 만큼 간단한 것에 다시 한 번 놀라게 된다. 비교적 조리기구의 가짓수가 적고 사용법도 간단한데 예를 들면 중국 냄비, 중국 프라이팬, 찜통, 그물국자 등이 있다.

6. 풍요롭고 화려한 외양

밥과 국 이외에 부식은 한 그릇에 한 가지 요리를 수북이 담아 개개인이 요리를 나누어 먹으면서 친숙한 분위기를 조성하고 풍성한 느낌을 갖게 하며 장식도 화려한 편이다.

7. 음식과 보신

주례에 식의가 등장한 것으로도 알 수 있듯이 음식 각각에서 식재료 특유의 약효를 찾았으며 식사를 통한 건강의 유지와 증진 사상이 강한 편이다. 여기에 음양오행설 등이 결합되어 도교적 음식관이 형성되었다.

8. 화력조절과 적절한 타이밍이 요구되는 감각 요리

중국 요리의 가장 큰 특징을 한 마디로 표현하면, 바로 불의 세기와 적절한 시간조절이다. 똑같은 요리가 불의 세기 조절과 타이밍에 따라 맛에서 차이가 나기 때문이다.

9. 경제적인 조리과정

중국 요리의 특징은 조리과정이 의외로 간단해서 경제적이며, 식사를 준비하고 조리하는 시간이 짧다는 점이다. 식재료를 다듬고 준비하여 놓기만 하면 간단한 조리 도구를 이용하여 요리하기 때문에 다양한 메뉴에 비해서 조리는 비교적 손쉽게 할 수 있는 장점을 가지고 있다.

독특한 재료가 생산되는 광활한 영토, 그리고 다른 문명에 비해 월등히 많은 인적 자원의 장점 등을 조화롭게 접목한 것이 원동력이 되었다.

북경 요리 북경 지역은 지리적으로 한랭한 기후이므로 칼로리가 높은 음식을 섭취해야 하기 때문에 육류를 중심으로 짧은 시간에 조리하는 튀김 요리와 볶음 요리가 발달하였으며 맛은 중후한 편이다. 북경은 오랜 기간 동안 여러 왕조의 수도로 정치, 경제, 문화의 중심지였고, 궁중 요리를 비롯하여 사치스러운 고급 요리가 발달하였다. 특히 중국 청나라의 궁중 요리가 기본이 되어 발달한 것을 징차이京菜 또는 북경 요리北京菜라고 한다.

대표적인 북경 요리로는 카오야(오리통구이)를 들 수 있으며, 면류, 만두류 등 밀가루 음식이 발달하였다. 몽고족과 만주족이 들여 온 산동 요리와 양저우 요리가 북경의 궁중 요리와 조화되면서 발달하였다.

그림 4-1
카오야(오리통구이)

그림 4-2
딘타이펑(만두)

그림 4-3
튀김 요리

광동 요리 광동 지역은 아열대에 위치하여 식재료가 풍부하고 예부터 외국과의 상업무역이 발달하여 교류도 빈번한 곳으로 중국 어느 지역보다도 외국의 영향을 많이 받았다. 광동 요리廣東菜는 중국 남방계 대표 음식으로 외국에서는 중국 요리하면 광동 요리라고 알 정도로 많이 알려져 있다.

광동 요리는 타 지역의 요리에 비해 담백한 양념을 넣어 맛이 부드럽고 느끼하지 않은 것이 특징이다. 음식의 색채와 장식에 중점을 두고 산뜻한 살아 있는 것에 가까운 맛을 지닌다.

특히 서양 요리의 영향을 받아 쇠고기, 서양채소, 토마토케첩, 우스터소스 등

그림 4-4 **피연피루주**
그림 4-5 **차샤오**
그림 4-6 **샥스핀(상어지느러미찜)**

서양 요리의 재료와 조미료를 받아들여서 서구풍의 중국 음식으로 발전시킨 면모를 볼 수 있다.

대표적인 요리로는 구운 돼지고기인 차샤오叉燒, 광동식 탕수육인 구라오러우, 어린 통돼지구이인 피연피루주片皮乳猪, 상어지느러미찜인 샥스핀 등이 있고, 그 외에는 뱀이나 개구리, 개, 살쾡이 등을 요리 재료로 쓰기도 한다.

상해 요리 양쯔 강 하류지방에서 발달한 요리를 상해 요리上海菜라고 말하는데 해산물 요리가 가장 큰 특징이다. 상해는 기후가 따뜻하고 농산물이 풍부하며 갖은 해산물의 집산지로 다양한 요리가 발달하게 되었다. 특히 이 지방 특산물인 장유(간장)를 사용하여 만드는 요리는 매우 독특하다. 화려한 장식은 거의 하지 않고 모양보다 맛에 중점을 두도록 한다.

상해 요리는 장유나 설탕으로 달콤하게 맛을 내는 찜이나 조림 요리가 발달하였고, 기름기가 많아 맛이 진하며 양이 푸짐한 것이 특징이다. 대표적인 음식은 쌀을 재료로 한 요리와 게, 새우, 물새 요리가 유명하다. 삶은 돼지고기인 둥포러우坡肉, 꽃모양의 빵인 화쥐안花卷, 바닷게로 만든 푸룽칭세芙蓉煎蟹, 두부로 만든 스진사궈더우푸, 만두 일종인 탕바오 등이 있다. 돼지고기에 진간장을 넣어 만든 요

그림 4-7 **둥포러우**
그림 4-8 **화쥐안**
그림 4-9 **푸룽칭셰**

리 및 한 마리 생선을 가지고 머리에서 꼬리까지 조리법과 양념을 달리해서 맛을 내는 생선 요리가 있다.

사천 요리 중국의 양쯔 강 상류 지역에서 발달한 요리의 총칭이 사천 요리四川菜이며, '촨차이'라고도 한다. 중국의 서부인 윈난·사천 등 산지 방면의 요리로서 기름지지 않고 매운 것이 특징이다. 이 지역은 바다가 멀고 더위와 추위가 심한 곳이므로 예로부터 이러한 악천후를 이겨내기 위하여 마늘·파·고추 등 향신료를 많이 쓴 매운 요리가 발달하였다. 또한 내륙 깊은 곳에 위치하고 있으므로 식품의 저장법이 잘 연구되어 소금 절임·건물 등의 보존식품이 발달하였다.

사천 요리는 특히 채소 요리가 유명해 자차이(개채의 뿌리를 고춧가루로 버무려 담근 김치의 일종) 같은 특산물을 낳게 했고, 채소와 육류를 이용하여 볶음이나 찜을 한 음식이 많다. 마늘, 파, 매운 고추, 생강 등의 향신료를 사용하는 요리가

그림 4-10 **마포더우푸**

그림 4-11 **양러우궈쯔**

그림 4-12 **간샤오밍샤**

많아 맵고 짜지만 느끼하지는 않아 한국인의 입맛에도 가장 잘 맞는다. 대표적인 음식은 마포더우푸麻婆豆腐(두부와 돼지고기), 양러우궈쯔羊肉鍋子(양고기), 간샤오밍샤(새우칠리소스) 등이 있다.

2) 동북아시아의 일본

(1) 일본 음식문화의 특성

4-13

4-14

4-15

그림 4-13 **생선초밥**
그림 4-14 **덴푸라**
그림 4-15 **메밀국수**

일본은 아시아 동북부 최동단에 위치하면서 대륙과 상호 인접한 특성으로 인해 한국과 중국문화가 쉽게 전래되어 유교문화, 불교문화를 지니고 있을 뿐만 아니라, 중국문화에 유입되어 있던 중앙아시아, 동유럽의 문화요소까지 들어 왔으며, 남방계 문화요소의 북상과 동시에 북방계 문화요소를 남하시키는 통로가 되어 양계 문화가 모두 혼합되어 있다.

(2) 일본의 지역별 대표 음식

일본은 국토가 남북으로 길게 늘어져 있어 지역 간의 기후 차가 크다. 사계절이 뚜렷하고 계절풍의 영향을 받으며 전반적으로 습도가 높다. 여름에는 태평양에서 불어오는 남동계절풍의 영향을 받아 고온다습하고 겨울에는 한랭건조하다. 남쪽에 위치한 규슈지방인 후쿠오카는 다른 지역에 비해 비교적 따뜻하다. 지역에 따른 일본 음식문화의 특성은 크게 관동 지역과 관서 지역으로 나눌 수 있다.

관동 지방– 간이 진하고 농후한 맛 관동關東 지역은 무가 및 사회적 지위가 높은 사람들에게 제공하기 위한 의례 요리가 발달하였다. 맛이 진하며 달고 짠맛이 특

일본 음식의 특징

1. 주식과 부식의 구분

쌀을 주식으로 하며 주식과 부식이 구분된다.

2. 재료의 신선도 중시

섬나라이므로 해산물이 풍부하고 어패류를 이용한 요리가 발달하였으며 재료의 신선도를 무엇보다 중시한다.

3. 담백한 맛

일본 요리의 맛은 담백하며 달고 싱겁다. 주로 사용하는 조미료는 설탕, 소금, 간장, 식초, 된장 5가지이며 이들 외에 미림과 정종을 더하여 일본 음식 특유의 단맛을 낸다.

4. 콩류, 채소류 위주 식습관

육식이 금지된 기간이 길어 상대적으로 콩 소비 중심의 독특한 문화가 정착되었으며 미소(みそ)라는 일본 된장, 낫토, 두부 등이 발달했다.

5. 담음새의 예술적 승화

그릇과 음식의 색상, 요리를 담는 공간의 조화를 예술적 차원으로 승화시킨다. 식품의 모양, 색, 담는 방법 등을 중시하여 음식을 담을 때도 풍성하게 가득 담지 않고 여백을 두는 것을 요리의 일부로 삼는다.

6. 서양음식의 적극적 수용

메이지유신 이후 서구문물을 적극적으로 수용하여 일본음식에서 서양식 조리와 서양의 식사예절이 일반화되었다.

징이다. 에도 요리라고도 하며 에도마에, 도쿄만과 스미다 강 등에서 잡은 어패류를 사용한 요리인 생선초밥すし, 덴푸라てんぷら, 민물장어, 메밀국수ざるそば 등이 대표적이다.

역사적으로는 1688~1704년 겐로쿠시대元祿時代부터 생기기 시작한 요리와 찻집을 중심으로 발달하여 1804~1829년 분카분세이키文化文政期에 들어서면서 서민문화의 성숙과 더불어 확립되었다고 본다. 관서 요리와 비교하면 맛이 농후한 것이 특징이고 조미료는 관서의 연한 간장과 달리 진한 간장이 사용해왔다. 관동·관서 두 지역 요리에 맛의 차이는 수질의 양부良否, 도쿄만에서 잡힌 생선과 관서 지방 주변에서 잡힌 생선의 맛, 어종의 차, 토질에 의한 야채류 맛의 차이 때문이다. 관동 요리는 간이 세게 되어 국물이 적을 수밖에 없어서 형태의 보존도 어렵다. 그러나 지금은 발달된 교통수단과 요리기술의 교류로 인해 지역적 특징은 거의 사라져가고 있다.

관서 요리– 식재료 맛을 최대한 살리는 연한 맛 관서關西 요리는 음식 재료의 맛과 색, 형태를 최대한 살리는 연한 맛이 특징이며 국물이 많고 간이 심심한 것이 특징이다. 그래서 관동 요리에 비해 맛이 담백하고 부드러우며, 비교적 설탕을 쓰지 않는 편이다. 가이세키 요리會席料理가 중심이며 가미가타 요리라고도 한다. 신선한 해산물을 이용한 요리와 꼬치 요리, 스이모노(국물 요리), 라멘, 나베 요리가 유명하다.

에도시대에 들어와서 발달된 에도 요리와 비교해보면 관서 요리는 역사가 길고, 주로 교토, 오사카의 요리를 가리킨다. 같은 관서 요리지만 교토 요리와 오사

그림 4–16
꼬치 요리(해산물)

그림 4–17
라멘

그림 4–18
나베 요리

4-16

4-17

4-18

카 요리는 조금 다른 점이 있다. 바다로부터 멀리 떨어져 있으며 물이 좋은 교토에서는 야채와 건어물을 사용한 요리가 발달했으며, 바다가 가깝고 어패류를 많이 접할 수 있는 오사카에서는 생선 요리가 발달했다. 그러나 간을 하는 방법은 그렇게 많이 다르지 않았다. 우리가 맛깔나는 음식으로 전라도 음식을 쳐주듯 일본에서는 관서지방 요리가 유명하다.

3) 동북아시아의 몽골

(1) 몽골 음식문화의 특징

유목민족의 음식은 크게 차강이데, 올랑이데, 곡물류로 나뉜다. 차강이데는 주로 가축의 젖이 나오는 여름철의 식품이며, 올랑이데는 추운 계절의 식품이다. 몽골인들이 여름에 차강이데 만을 먹는 이유는 가축의 보호 외에 육식으로 쌓인 체내의 노폐물을 정화하기 위해서이다. 몽골인들은 주로 추운 계절에 육식을 하는데, 가장 선호하는 것은 양고기, 쇠고기, 염소고기의 순이다. 대부분은 고기를 굽지 않고 삶아 먹는 것을 좋아한다. 몽골인은 겨울과 여름을 막론하고 시원한 샘물 대신 뜨거운 차를 애용한다.

(2) 몽골의 대표 음식

차강이데 젖을 이용한 음식을 하얀 음식이라는 뜻의 차강이데Цагаанидээ라고 하는데 소, 양, 염소, 낙타, 말의 젖을 이용한 음식이다. 유제품은 여름철 6~8월에 주로 이용한다. 차강이데는 긴 겨울동안 먹은 고기로 인해서 체내에 축적된 노폐물을 씻어 내고 피로를 풀어주며 소화에 좋다고 알려져 있다. 젖은 농도와 양을 다르게 하여 필요한 유제품을 생산한다.

그림 4-19 **차강이데**

으름은 우유를 끓여 엉겨 붙으면 위에 뜬 부분만 떠내 응고를 시킨다. 물기가 없어지면 고체만 남은 것을 가죽 주머니나 나무통에 넣어 여름동안 먹는다. 주로 손님접대용이기도 하고 차에 넣어서 아침 식사로 마신다. 샤르토스는 굳히지 않은 으름으로 겨울까

몽골 음식의 특징

1. 느끼하고 강한 짠맛

몽골은 한랭 건조한 기후로 인해 평균 기온이 −30℃로 매운 추운 지역에 속한다. 그리하여 몽골인에게는 생계와 관련된 체온유지가 중요한 문제로 제기되었고 다량의 기름을 음식에 첨가해서 식품에서 지방을 섭취하여 쉽게 몸에 축적한 다음 체온을 유지한다. 그리고 몽골의 지형은 산악과 사막이 국토의 대부분을 차지하고 있어서 특별한 향신료를 구하기 힘들며 건조한 기후로 인해 다량의 소금을 첨가하므로 몽골 음식은 느끼하고 짠맛이 특징이다.

2. 말고기와 양고기의 사용

몽골은 산악형과 사막형으로 농업을 할 수 없는 지형이고 강우량도 적은 척박한 땅이다. 그리고 바다와 먼 거리에 위치하고 있어서 어업도 발달할 수가 없으므로 유목생활이 발달하게 되었고 계절에 따라 이동할 때 편하게 구할 수 있는 양고기와 말고기를 이용한 음식이 많이 발달하게 되었다.

3. 단순한 요리법

몽골인은 유목생활을 하므로 계절에 따라 이동을 하는데 이때 많은 조리도구를 가지고 이동할 수가 없고 척박한 생활로 인해 다양한 조리방법이 발달할 수가 없었다.

지 저장했다가 밀가루로 과자를 만들 때 튀김용으로 사용하거나 호쇼르를 만들 때 밀가루와 섞어서 반죽하며 튀기는 경우에 사용한다.

아롤은 우유를 건조시킨 것으로 탈지분유보다는 기름기가 많아 끈적거리고 찰지다. 겨울 동안의 장기비축식량으로 사용하여 젖이 적은 계절에 영양보충식으로 이용한다. 타라크(몽골의 요구르트)는 우유, 양유, 염소유로 만드는데 생유보다 보관과 운반을 용이하게 만든 발효식품이다.

올랑이데 육류를 이용한 음식을 빨간 음식이라는 뜻의 올랑이데Улаанидээ라고 하는데 양·염소·소·말·낙타 고기를 먹으며 손님접대, 제사에는 말고기와 양고기를 주로 사용하고 겨울에는 말고기를 먹는다.

오츠는 몽골의 전통적인 육류음식으로 설날, 잔칫날에 먹는 음식으로 양의 가죽을 벗기고 사지를 자른 몸통을 통째로 삶아 탁자위에 놓고 칼로 잘라서 먹는다. 도트라마하는 양의 내장을 끓인 것이다. 보르츠는 몽골의 건조식품으로 가을에 소를 잡아 기름기가 없는 부위의 고기를 결대로 찢어 그늘에서 말려 갈아서 가루로 만든 것으로 가축을 잡지 않는 봄과 여름에 주로 먹는다. 허르헉은 양을 잡아 고기를 큼직하게 잘라서 금속으로 된 통속에 불에 달군 돌과 고리를 넣고 물과 소금을 넣은 뒤 뚜껑을 닫아서 만든 양찜 요리이다.

4-20

4-21

그림 4-20 **올랑이데**
그림 4-21 **초이왕**

호쇼르는 우리나라의 군만두와 비슷한 음식으로 양고기를 넣어 호떡처럼 납작하게 만들어 튀긴 만두이다. 반시는 물만두처럼 국물에 끓여 먹는 음식으로 반시테 슐은 말린 양고기를 넣고 끓인 국물에 작은 만두를 익힌 것이다. 랍샤는 양고기, 쇠고기, 염소고기를 잘게 썬 고깃국에 곡류를 넣고 끓이는 수프이다.

면 요리 초이왕은 볶음칼국수와 비슷한 것으로 양고기와 감자, 양파 등 채소, 칼국수를 넣고 볶은 것으로 더러 야채와 고기, 밥을 볶기도 한다. 고릴테 슐은 양고기와 감자, 양파 등 채소, 칼국수를 넣고 끓인 것으로 주로 저녁식사나 손님접대용 음식이다.

4) 동남아시아의 태국

(1) 태국 음식문화의 특성

태국인에게 먹는 것은 하나의 즐거움이다. 태국 요리는 프랑스 음식, 중국 음식과 함께 세계 3대 음식의 하나로 꼽힐 만큼 미식가들의 사랑을 받고 있으며 맛있는 음식으로 알려져 있다. 태국 각 지방의 잘 알려진 식당에서는 특히 유명한 음식을 찾아 여행 온 외국인들을 쉽게 볼 수 있다. 모든 요리는 큰 접시에 배식되며 각자 먹을 만큼 접시에 덜어 먹는 것은 중국의 코스 요리를 연상케 한다. 전통적인 태국 음식은 자극적인 소스를 기본으로 여러 가지 양념의 야채들을 곁들인다.

4-22

4-23

4-24

그림 4-22 **칸톡**
그림 4-23 **솜탐**
그림 4-24 **톰얌쿵**

(2) 태국의 지역별 대표 음식

북부 지역(산악지대) 치앙마이가 중심이며 태국의 전통적인 맛이 잘 보전되어 있다. 찹쌀이 주식이며, 점성이 강한 찐밥을 좋아한다. 이 지역은 맵고, 짠맛이 주류를 이루며 생선 요리가 적고 상대적으로 육류 요리가 많다. 전통적인 요리로 손님에게 대접할 때 내놓는 칸톡khan tok이 있는데, 밥, 커리, 칠리로 맛을 낸 고기, 샐러드, 튀긴 돼지고기 껍질 등을 각각 작은 그릇에 담아낸다.

북동부 지역(척박한 지역) 찹쌀이 주식이고 코코넛밀크를 거의 사용하지 않고 민물고기로 담근 젓갈을 조미료로 사용한다. 곤충이나 벌레를 이용한 음식도 발달하였으며 숯불구이한 고기 요리와 파파야로 만든 샐러드인 솜탐이 대표적인 음식이다.

솜탐somtam은 태국 동북부 지역의 전통 음식이지만 태국 전역에서 즐겨 먹는 매우 대중적인 음식으로 발전하였다. 솜탐 타이somtam thai라고도 한다. 양념의 정도에 따라 아주매운맛에서부터 순한 맛까지 다양하게 만들 수 있다. 또 여러 가지 다양한 재료를 첨가하기도 하는데 해산물을 데쳐서 넣은 것을 솜탐 딸레somtam talay, 게

태국 음식의 특징

1. 주식인 쌀과 국수 요리

주식은 쌀이며 여러 가지 재료로 만든 국수도 흔히 먹는다. 쌀에는 중남부의 카오차오(멥쌀류)와 동북부의 카오나오(찹쌀류)를 곁들인다.

2. 다양한 식재료 활용

전통적인 불교국가이지만 부식으로 육식을 금하지 않고 있어 비교적 자유롭게 선택할 수 있으며 선호도에 따라 돼지고기, 오리고기를 택한다. 또한 달걀보다는 오리알을 더 선호한다. 보편적으로 육류보다는 해산물 요리를 더 선호하므로 대구, 농어, 고등어, 새우, 게, 바다가재, 오징어를 재료로 사용하고 그 외 바다 생선과 민물 생선 등 섭취 범위도 다양하다.

3. 강한 조미료와 향신료 많이 사용

태국 음식의 독특한 맛을 내는 것은 조미료와 향신료이다. 한 가지 음식에도 복합적인 맛을 즐기는 편인데 단맛(설탕, 야자당), 매운맛(프리카누라, 작은 고추, 생강), 고소한 맛(땅콩, 코코넛밀크), 신맛(식초, 라임, 타마린)을 조합하여 자극적인 맛을 즐긴다. 특히 빼놓을 수 없는 조미료는 동남아시아의 액젓인 남플라(생선간장)와 카피(새우젓)를 들 수 있는데 이는 우리나라의 간장, 젓갈과 비슷하며 태국인들의 매끼 식사마다 빠지지 않는다. 향신료의 사용도 매우 다양하다. 붉은 양파, 마늘, 생강, 갈랑가, 고수(팍치), 레몬글라스, 타메릭, 민트, 바질 등의 향신료가 널리 쓰인다.

4. 풍부한 열대과일

동남아시아에서는 아열대기후의 영향으로 망고, 망고스틴, 두리안, 스타후르츠, 감귤, 파인애플, 람부탄, 롱안, 리치, 바나나, 오렌지, 잭프룻, 코코넛 등 다양한 종류의 열대과일이 풍부하다. 태국의 거리에는 과일을 다듬어 쉽게 먹을 수 있게 잘 손질해서 간식거리로 팔고 있으며 요리에서도 열대과일을 다양하게 이용한다.

를 넣은 것을 솜탐 푸somtam poo라고 한다.

중부 지역(정치, 경제, 문화 중심지) 방콕이 중심으로 멥쌀을 주식으로 하며, 코코넛밀크, 고추, 박하를 사용한 걸쭉한 음식이 많다. 칠리, 고수, 코코넛유, 라임, 남플라(생선간장)를 많이 사용한 태국 특유의 음식이 특징이다.

톰얌쿵tomyumkung은 태국의 대표적인 음식으로 프랑스의 부이야베스, 중국의 샤스핀과 함께 세계 3대 수프로 불리기도 한다.

톰tom은 태국어로 '끓이다'는 뜻이며 얌yum은 '새콤하다'는 뜻이고 쿵kung은 '새우'라는 뜻이다. 새우와 열대성 식물의 잎과 뿌리를 넣어 만든 맵고 신맛이 나는 찌개류로 신선로와 유사하다. 레몬그라스와 카피르 라임 잎의 향이 어울려 독특한 맛을 내며 위장에 가스가 차는 것을 완화한다.

그림 4-25 **캥**

남부 지역(말레이시아 국경 주변) 태국 남부의 요리는 극히 매운맛, 짠맛, 신맛으로 알려져 있고 아만다바다의 풍부하고 신선한 해산물을 재료로 하여 독특한 해산물 요리가 발달하였다. 양쪽 해안선으로부터 올라오는 어패류가 주요한 단백질원으로 고기 요리는 적고 많은 향신료와 조미료를 사용한 커리인 카우 얌, 남프릭 까삐를 즐겨 먹는다.

말레이시아의 국경에 가까운 몇 개의 주에서는 주민의 상당수가 이슬람교도이기 때문에 다른 지역과 식생활도 상당히 다르다. 날것의 허브보다 향신료를 이용하고 코코넛밀크도 많이 이용한다. 전반적으로 태국의 남부는 말레이시아 요리의 영향이 두드러지는데 향료를 많이 사용해 인도 요리에 가깝다고 할 수 있다.

캥kang은 태국식 커리이다. 인도의 커리보다 향신료는 적게 사용하고 묽은 편이다. 지역마다 조금씩 만드는 방법과 맛이 달라 그만큼 다양하며 종류도 많다.

5) 동남아시아의 베트남

(1) 베트남 음식문화의 특성

베트남의 음식문화는 지리적 위치나 프랑스 식민지, 미국의 파병, 잦은 전쟁 등의 역사에 의해 중국, 인도, 프랑스 등의 영향을 받아 다양한 음식들이 발달했으며 전통적인 음식도 발달했다. 특히 베트남의 영토는 남북의 길이가 1,600킬로미터나 되어 각 지역별 특색이 나타나며 고산족과 같은 소수민족도 54개나 되어 각각의 고유한 음식문화를 유지하고 있다.

베트남인의 주식은 밥인 컴com이고, 쌀국수인 포pho도 때때로 먹으며, 찰기가 없는 쌀로 밥을 지어 먹는다. 반찬은 고기, 생채, 국으로 분류할 수 있다. 밥, 느억맘, 국, 생선, 고기음식, 채소음식, 피클, 생채소 등이 식사에 오른다. 일상적인 반찬으로는 숙주, 죽순, 부추, 가지 등을 볶거나 튀긴 음식들이 있으며 두부와 튀긴 유부도 즐겨 먹는다. 식사할 때 마시는 물은 짜다jra da라고 불리는 차를 끓인 물에 얼음을 넣은 것이다. 이 물은 기름기 많은 음식을 먹을 때 좋다. 베트남에서는 젓갈 발효 음식인 느억맘을 장으로 이용하여 베트남 요리의 독특한 맛을 느끼게 한다. 또한 베트남인들은 간장, 마늘, 고추를 즐겨 먹는다. 조리법으로는 데치기, 굽기, 튀기기, 볶기, 조리기 등이 이용되고, 중국 냄비와 비슷한 웍으로 볶는 조리법이 많다.

(2) 베트남의 지역별 대표 음식

베트남 지형은 남북으로 길고 다양한 소수민족이 고유한 전통 음식문화를 발달시켰기 때문에 지역에 따라 음식의 맛과 종류도 다양하다. 일반적으로 하노이를 중심으로 북부 지방은 육식을 선호하며 담백한 맛을, 중부지방은 매운맛을, 호치민을 중심으로 하는 남부 지방은 해산물과 단맛을 선호하는 경향을 띠고 있다.

북부 지역(하노이– 정치적 수도) 북부 지역은 산악지대로 수도인 하노이가 있다. 북부 지역 음식은 남부 지역보다 달거나 시지 않고, 간이 약하고 담백하다. 쌀

베트남 음식의 특징

1. 주식인 밥을 비롯하여 다양한 쌀 요리

쌀국수인 포(pho)를 비롯한 다양한 국수들, 쌀가루 반죽을 얇게 만들어 익혀서 말린 반트랑, 각종 쌀로 만든 떡 등과 같은 쌀 가공품들이 있다. 포는 쌀면과 육류, 채소를 넣고 끓인 후 숙주와 향신료를 넣어서 양념과 먹는 요리이며, 우리가 흔히 알고 있는 베트남 쌀국수를 말한다. 포의 종류는 매우 많은데 남부와 북부 등 지방에 따라 다르며 쇠고기, 닭고기 등 다양한 재료를 이용한다.

2. 신선한 채소와 다양한 향신채소 사용

베트남 사람들은 채소를 많이 먹는다. 라이스 페이퍼(rice paper)로 생채소를 싸먹거나, 식사 때마다 상위에 놓고 먹는다. 열대성 기후로 인하여 열대성 과일이 많으므로 많이 섭취하며, 음식을 바나나잎으로 싸서 조리하는 조리방법도 있다.

베트남의 남부 지역은 인도 무역선의 중간 기착지였기 때문에 커리 등의 향신료를 얻기 쉬워 향신료가 들어간 요리가 발달하였다. 또한 지리적으로 가까운 태국과 라오스에서새우페이스트, 레몬그라스, 바질, 민트 등을 도입하였다. 다양한 나라에서 얻은 재료와 향신료를 이용한 남부 요리는 맵고 자극적인 음식으로 발전하였다.

3. 발효음식 발달

베트남에는 생선이 풍부하여 다양한 어장이 발달하였고, 그 중 '느억맘(nuoc mam)'이라고 불리는 생선을 발효시켜 만든 젓갈이 조미료로 많이 사용된다. 느억맘에 고추와 라임즙을 넣은 느억짬(nuoc cham)은 베트남인들의 식탁에 항상 준비되어 있으며 밥을 비벼 먹거나 차조를 찍어 먹는다.

4. 커피와 다양한 차의 음용

식사 전후 또는 손님 접대 시에는 베트남 전통찻잎으로 끓인 차를 많이 마시며 장미, 자스민, 국화 등의 말린 꽃을 넣어 향을 낸 다양한 꽃차도 즐겨 마신다. 프랑스 영향을 받아 커피 문화도 발달하였으며 커피에 우유나 크림을 넣기보다는 진한 커피에 연유를 넣은 단맛이 강한 베트남식 커피를 즐긴다.

이 풍부하고 겨울동안에 온대성 채소가 재배된다. 전쟁이 많이 일어났던 지역이라서 불을 사용하지 않고 조리하는 음식이 많고 조리법이 단순하다.

포는 베트남을 대표하는 가장 일반적인 음식이다. 북부의 하노이에서 주로 애용되었으나 현재는 베트남 어디서나 쉽게 맛볼 수 있으며, 지역마다 약간의 차이를 보인다. 소뼈를 우려낸 국물에 쇠고기를 넣은 포보pho bo, 닭을 삶은 국물에 닭고기를 넣은 포가pho ga 등이 있다. 고추나 칠리 페이스트로 만든 양념장을 넣어 새콤달콤한 맛을 내며, 고명으로 생숙주, 고수, 민트 등을 올려 향을 더한다.

4-26

4-27

4-28

그림 4-26 **포보**
그림 4-27 **라우제**
그림 4-28 **차조**

중부 지역(후에– 전통 궁중 요리) 과거 수도였던 '후에Hue'의 궁중 요리가 대표적이다. 날씨가 비교적 시원한 중부 지역은 후추를 덜 사용하고 칠리를 많이 사용하여, 음식이 자극적이다. 멜론, 호박, 아스파라거스, 망고, 파인애플, 딸기, 아티초크 등의 다양한 작물을 생산하고, 야생조류, 민물고기, 조개 종류가 풍부하다.

라우제lau de는 베트남의 전통 궁중 요리로 양고기에 감초, 계피, 대추, 인산, 음양곽, 육두구 등 14가지의 한약재를 넣고 푹 고아 육수를 내어 이 국물에 미나리, 상추, 쑥갓, 청경채, 버섯류, 숙주나물 등 10여 가지 종류의 채소를 즉석에서 넣어 데친 뒤 라이스 페이퍼에 싸서 소스에 찍어 먹는다.

남부 지역(호치민– 경제 중심지) 남부 지역은 베트남의 가장 좋은 곡창지대이며, 열대성 기후로 바다에서는 다양한 종류의 생선을, 해안 늪지대에서는 새우를, 메콩 강에서는 민물고기를 많이 얻을 수 있다. 음식의 맛은 대체적으로 달고, 프랑스, 미국, 태국 요리에 영향을 많이 받았다.

차조cha gio는 베트남식 스프링롤 요리로 기름에 튀겨서 만든다. 베트남을 대표하는 음식으로 춘권과 모양이 비슷하며 다진 고기, 새우, 버섯, 향채 등을 라이스페이퍼에 싸서 기름에 튀겨 느억맘에 찍어 먹고 입맛에 따라 칠리소스에 찍어 먹기도 한다.

6) 동남아시아의 인도네시아

(1) 인도네시아 음식문화의 특징

도서국가인 인도네시아는 향료의 섬이라고 불릴 정도로 예로부터 후추, 정향, 계피 등 양질의 향료가 풍부하여 이러한 향료를 첨가한 인도네시아 음식은 한마디로 표현할 수 없을 만큼 다양하다. 자바, 수마트라, 술라웨시, 칼리만탄, 이리안자야 등 큰 섬 외에 1만 4천여 개 섬에 흩어져 사는 종족들은 각기 다른 문화를 형성하여 생활하고 있으므로 음식문화 또한 지역적인 특색을 갖는다. 예를 들어, 인도네시아 인구의 반 이상이 거주하고 있는 자바 지역의 음식은 대체로 단맛을 내는 반면, 수마트라 지역의 음식은 맵고 짜다. 전체 인구의 약 90%가 이슬람교를 믿고 있기 때문에 이슬람교에서 금하고 있는 돼지고기 대신에 염소고기와 닭고기를 재료로 하는 음식이 많다.

그림 4-29 **나시고랭**
그림 4-30 **미고랭**

(2) 인도네시아의 지역별 대표 음식

자카르타 및 자바 지역 이 지역은 쌀로 지은 밥이 주식이며 부식으로는 육류, 채소, 생선을 이용한 다양하고 풍요로운 식생활을 영위하고 있다. 특히 이 지역에서는 인도네시아의 템페가 처음으로 만들어졌다. 대두를 발효시켜 만든 템페는 부식과 간식으로 이용되며 인도네시아인의 주요 단백질 공급원이다. 또한 이곳

1. 다양한 종류의 쌀과 밥류

인도네시아의 자연조건은 벼 재배가 2~3모작 가능하므로 주식은 쌀이다. 인도네시아는 흰쌀 이외에 빨간색과 검정색 쌀도 생산되어 다양한 품종의 쌀로 만든 밥 요리가 발달하였다. 흰밥인 나시푸티(nasi putih), 코코넛밀크가 들어간 나시우둑(nasi uduk), 코코넛밀크와 터메릭(turmeric)을 넣어 노란색을 띤 나시쿠닝(nasi kuning) 등이 있으며 인도네시아식 볶음밥인 나시고랭은 많은 나라에 잘 알려져 있다.

2. 향신료의 천국

예로부터 다양하고 신선한 향신료가 생산되었으며 특히 고추의 사용이 두드러져 붉은 고추를 갈아 만든 삼발소스(sambal sauce)를 즐겨 먹는다. 코코넛밀크를 위시하여 고수, 후추, 마늘 등이 기본적인 향신료로 이용되며 바질, 월계수잎, 카다멈, 육계, 고추, 생강, 레몬그라스, 사프란, 파, 샬롯, 타마린드 등의 다양한 향신료가 인도네시아 음식의 맛과 향을 좋게 하는데 이용된다.

3. 코코넛밀크의 다양한 사용

밥을 짓는 것부터 모든 음식의 조리에는 코코넛밀크가 다양하게 사용된다. 고랭(goreng) 종류의 음식이 많은데, 가장 많이 조리하는 볶거나 튀긴 음식은 더운 기후에도 쉽게 변질되지 않기 때문이다. 팜유도 풍부하게 생산되어 조리 시에 많이 이용된다.

4. 다양한 콩제품 발달

대두가 많이 생산되는 인도네시아에는 다양한 콩식품이 있다. 대표적인 것으로 대두 발효식품인 템페(tempeh)를 들 수 있는데 콩을 삶아 리조프스 곰팡이로 발효시킨 템페는 기름에 튀겨 먹는 템페고랭이나 수프, 샐러드, 커리 등 다양한 요리로 만들어 먹는다.

대두를 발효시켜 만드는 간장은 단맛이 나는 간장인 케찹 마니스(kecap manis)와 짠맛이 강한 간장인 케찹 아신(kecap asin)이 있다. 템페와 간장 이외에 두부와 콩나물도 인도네시아인이 즐겨 먹는 식품이다.

5. 뜨거운 음식 기피, 조리 후 식혀 먹는 습관

음식은 항상 미리 준비되어 있으며 뜨거운 음식을 기피하여 조리 후 바로 먹지 않고 식혀서 먹는다. 음식을 담는 식기는 오목한 그릇보다는 편편한 접시 모양이 대부분이며, 전통적으로는 반드시 바나나잎으로 엮어 만든 접시를 사용하였다.

6. 꼬치구이 사테 음식

인도네시아는 이슬람국가이며, 이들의 공통적인 특징인 꼬치구이 음식이 발달하였다. 사테(sate)는 고기를 꼬치에 끼어 구워 소스를 찍어먹는 음식인데 돼지고기는 사용하지 않으며 주로 닭고기(sate ayam)나 염소고기(sate kambing)를 사용한다. 사테는 땅콩소스나 삼발소스와 함께 제공된다.

에는 서구식 풍습이 유입되어 전통적이고 토속적인 식생활 형태와 근대적인 식생활 형태가 함께 공존하고 있다.

나시고랭은 인도네시아 음식 가운데 가장 잘 알려진 것으로 볶음밥이다. 인도네시아 어느 곳을 가도 먹을 수 있는 음식인데, 밥 대신에 라면처럼 생긴 면을 넣어 볶을 경우에는 미고랭이라고 하며 볶음면이다. 인도네시아의 주택가에서는 늦은 저녁식사를 하거나 야참을 먹으려는 사람들을 위해 리어카에 큰 프라이팬을 걸고 다니며 나시고랭과 미고랭을 파는 행상이 자주 눈에 띈다.

수마트라 지역 서부 스마트라 지역의 주식은 밥과 삶은 카사바(만디오카)이다. 강한 향신료를 이용하며 특히 고추 및 터메릭turmeric의 사용이 두드러져 음식의 색깔이 노란색을 띠며 매운맛이 난다. 이 지역 중 파당 지역의 음식이 특이한데 파당은 인도네시아 서부 수마트라의 지명으로 뱀, 닭, 생선 등을 터메릭으로 노란색을 낸 후 식용유를 사용하여 튀긴다.

마사칸 파당은 파당 음식이라는 뜻이다. 파당 음식점에서는 따로 주문할 필요가 없다. 일단 손님이 들어가면 종업원은 한상 가득 음식을 내온다. 상이 좁아서 접시와 접시 위에 음식을 올려놓는 경우도 있다. 카레에 닭을 요리한 아얌 굴레, 닭튀김, 시골 닭을 삶아 놓은 요리, 여러 종류의 야채 요리, 해산물 요리 등 20가지나 된다.

그림 4-31 **사테 아얌**

사테는 요즘 우리나라에서도 쉽게 접할 수 있는 꼬치 요리를 일컫는 용어이다. 사테의 재료로 닭고기와 염소고기가 주로 쓰인다. 재료가 닭고기인 것은 사테 아얌이라고 하고 염소고기인 것은 사테 캄빙이라고 한다. 쇠고기와 간을 고추로 맵게 양념하여 구워내는 사테 파당도 있는데 이것은 특히 수마트라 파당 지역에서 즐겨 먹는다.

술라웨시섬 남부 술라웨시 지역의 주식은 옥수수 가루로 만든 죽이며, 생선을 바나나 잎에 싼 후 시루에 수증기로 찐 음식을 보편화되어 있고 쥐를 불에 구워먹는 요리도 있다.

이리안자야 및 암본 지역 서부 이리안자야 및 암본 지역의 주식은 사고가루로 만든 죽이며 아직까지도 일부 지역은 야생 채소와 사냥으로 잡은 동물을 통째로 구워먹는 식생활 풍습이 남아 있다. 발리의 주식은 쌀로 지은 밥이며 힌두교식 식생활이 발달하여 쌀로 만든 튀김과자와 꽃을 차려 매일 몇 차례씩 사당에 제를 지낸다.

7) 남부아시아의 인도

(1) 인도 음식문화의 특징

인도는 다인종, 다문화 국가로서 지역과 믿는 종교에 따라 음식의 맛, 조리법 등이 크게 다르다. 힌두교에서는 육식을 '주타jhuta'라고 하여 불결한 것으로 여기므로 채식주의를 실천한다. 또한 암소를 신성시하고 쇠고기를 금기시한다. 반면 이슬람교에서는 할랄과 하림의 계율을 지키며 쇠고기와 양고기를 선호하고 돼지고기를 금기시한다.

인도는 '채식의 대명사'로 불릴 만큼 곡류, 두류, 채소를 이용한 음식이 발달하였다. 이러한 채식 전통이 확립되는 데는 불살생不殺生을 강조하는 힌두교, 불교, 자이나교의 영향이 컸다.

힌두교의 식습관은 정신과 영혼의 순결함을 강조한다. 순결의 반대는 오염으로, 오염된 음식은 먹어서는 안 된다. 술과 고기를 뜻하는 '주타'는 '본래부터 오염된 음식'이라는 의미이다. 그러나 주타 음식의 섭취 여부는 힌두교도들 간에도 차이가 있다. 역사적으로 노동자와 군인들에게는 체력 유지를 위해 육식이 허용되었다. 일부 브라만계급도 지역에서 많이 생산되는 주타 음식을 먹는 것을 허용한다. 이를테면 해안 지역에서는 생선을 '바다의 과일'이라고 하여 허용하고 북부에서는 양고기를 허용한다. 그러나 어떤 힌두교 집단들은 고기를 먹으면 내세에 사람으로 태어나지 못하고 자신이 먹은 동물을 섭취하는 다른 동물로 태어난다고 믿는다. 이처럼 육식을 오염된 음식으로 간주하는 관념에서 채식주의 전통이 생겨났다.

자이나교도들은 모든 생명체는 영혼을 가지고 있다고 믿는다. 어떤 생명체에도 해를 가하는 것을 피하기 때문에 엄격한 채식주의를 실천한다. 그들은 토마토와 수박같이 피 색깔을 띠는 것들도 먹지 않는다.

(2) 인도의 지역별 대표 음식

북부 지역 인도의 북부 지역에서는 수도 델리Delhi를 중심으로 대표적인 인도 음식이 발달하였다. 중세 인도시대에 이슬람교가 들어 왔으며, 그리스, 몽고, 페르시아문화가 유입되어 인도의 음식문화에 많은 영향을 주었다.

밀로 만든 빵이 주식으로 차파티와 푸리스, 풀카스 등의 로티를 먹는다. 이 지역은 이슬람교인들이 많아 돼지고기를 이용한 음식은 거의 없지만 다양하고 풍요로운 육류 음식문화를 구축하였다. 히말라야산에서 얼음을 운반하여 인도의 독특한 빙과류인 쿨피kulfi를 만들며, 여러 가지 차가운 음식을 먹는 것도 다른 지역에 비해 특이한 점이다. 요구르트와 기ghee를 조리 시에 많이 사용하며 고추와 사

인도 음식의 특징

1. 다양한 향신료의 사용 '마살라'

인도는 '향신료의 나라'라고 불릴 정도로 열대지방에서 자라는 여러 식물에서 얻은 다양한 향신료를 모든 음식에 사용한다. 사용되는 향신료는 후추, 카다멈, 정향, 고수, 심황, 계피, 사프란, 육두구, 고추, 큐민 등 수백 가지가 넘는다. 각 가정에서는 이것들을 기호에 따라 혼합하여 사용한다. 마살라(massala)는 힌두어로 향신료를 뜻하며 여러 향신료와 허브를 합쳐서 간 것도 마살라라고 한다.

2. 신성한 음식으로 간주되는 우유

인도에서 우유는 순결하고 신성한 음식으로 간주되며 유제품이 널리 이용된다. 유제품의 이용이 많다는 점에서 인도 음식은 동북아시아나 동남아시아 음식과는 큰 대조를 이룬다. 특히 인도에서는 우유를 다양한 제품으로 가공하여 사용한다. 인도식 요구르트 '다히'는 인도 전 지역에서 찾아볼 수 있으며 정제 버터인 기(ghee)는 맛은 훌륭하나 가격이 비싸서 종종 식물성 쇼트닝으로 대체되기도 한다.

3. 주식인 빵과 밥

쌀이 생산되는 남부 지역은 밥(차왈, chawal)을 주로 먹으며 밀이 생산되는 북부 지역은 빵(난, naan)을 많이 먹는다. 쌀은 찰기가 없는 장립미를 이용하여 차왈을 만들어 커리와 함께 먹거나 향신료를 적당히 섞어 짓는 일종의 볶음밥인 풀라오(pulao)를 먹는다.

인도인들은 빵을 일컬어 로티(roti)라고 부르는데 일반적으로 로티는 차파티를 말한다. 차파티는 거친 밀가루를 얇게 반죽하여 기름을 두르지 않은 뜨거운 철판에 구워낸 것으로 가장 흔한 인도빵이다.

4. 콩으로 만든 걸쭉한 달

인도의 주식은 쌀과 빵을 주축으로 형성되는데 밥 또는 빵과 콩으로 만든 걸쭉한 달(dal)은 한 끼 식사의 기본요소이다. 달은 부드럽게 삶은 콩에 마살라(혼합 향신료)를 가미한 수프이다. 달을 만드는 콩에는 큰 것과 작은 것, 황색과 검은빛이 도는 것 등 여러 종류가 있으며 콩의 종류에 따라 맛과 모양이 다르다. 밥이나 차파티에 달을 섞어서 먹는 것이 식사의 기본이다.

그림 4-32 **탄두리 치킨**
그림 4-33 **커리**
그림 4-34 **봄베이덕**

프란, 땅콩류를 사용한 음식이 많다.

대표적 음식으로는 탄두리 치킨이 있다. 큰항아리처럼 생긴 탄두르tandoor라는 진흙화덕의 깊은 바닥에 장작불을 피워 충분히 달군 다음 그 안에 닭을 요구르트와 여러 가지 향신료에 넣고 재웠다가 쇠꼬챙이에 꿰어서 탄두르에 넣어 구운 요리로, 향신료가 속까지 잘 배어서 맛이 아주 향기롭다.

남부 지역 쌀이 다량 생산되는 지역이므로 이 지역 사람들은 쌀의 소비가 많으며 채식 위주의 비교적 단순한 식생활을 하고 있다. 날씨는 무덥고 경제적으로 여유가 없는 계층이 많기 때문에 이들이 먹는 여러 가지 향신료 가루 마살라massala는 아주 매운 것을 사용하고 있으며 마살라 소스를 끓이면 커리curry가 된다. 기름으로는 기ghee보다는 참기름이나 겨자씨유를 많이 사용한다. 커피가 많이 생산되는 지역으로 커피를 많이 마시며, 물 대신 코코넛밀크를 사용하여 조리한다. 힌두교도들이 많기 때문에 쇠고기를 잘 이용하지 않으며 쌀을 기본 재료로 하여 만든 채식 위주의 식사가 많다.

서부 지역 구자라트, 마하라슈트라, 그리고 봄베이가 이 지역의 중심 도시이며, 서부 해안을 포함하고 있으므로 해안 지역은 해산물을 이용한 음식들이 많이 발달하여 새우, 게, 조개와 생선을 이용한 커리를 만든다. 구자라트는 채식 위주의 음식이 유명하고 흑설탕을 사용한 음식들이 유명하다. 마하라슈트라는 코코넛과 수수를 이용한 음식이 유명하다. 봄베이에서는 소금에 절인 건어를 굽거나 커리로 양념한 봄베이덕Bombay duck이 유명하다.

8) 서남아시아의 이란

(1) 이란 음식문화의 특징

이란은 이슬람국가로 종교에 의한 규제에 의해 권장음식과 구체적인 식사규범이 정해져 있다. 주식은 밥과 빵이며, 육류는 양고기를 즐긴다. 양고기와 빵, 가지, 요구르트가 주요 먹을거리인 중동의 다른 국가들과 유사한 음식문화를 가졌지만 이란은 중동 지역의 다른 나라에 비해 쌀을 이용한 요리를 많이 먹는다. 넓은 영토와 많은 인종 그리고 다양한 문화로 인하여 지역별로 독특한 음식이 많다. 북부 카리브 해의 캐비아, 페르시아만과 오만 해의 풍부한 해산물, 북부 산간 지방의 특산물과 다양한 과일이 풍족한 식생활을 영위할 수 있게 하였다. 이란에는 특히 소프레sofreh 문화가 있다. 일반적으로 바닥에 까는 보자기와 비슷한 천에 음식을 올려놓고 먹는 형태로 대다수의 사람들이 편안히 바닥에 앉아서 소프레를 깔고 음식을 먹는 것을 즐긴다.

(2) 이란의 대표 음식

첼로와 폴로 첼로celo는 쌀만으로 만든 밥이다. 녹인 버터와 난황을 넣고 조리하며 사프란으로 색을 내기도 한다. 코레쉬나 고기 요리를 얹어 먹기도 한다.

폴로polo는 쌀을 다른 재료와 섞어서 조리한 필래프와 유사한 것으로 들어가는 재료에 따라 아주 다양하다. 예를 들면 게이씨 폴로(살구밥), 하비즈 폴로(당근밥), 모르그 폴로(닭고기밥), 쉬린 폴로(단밥) 등이 있다.

케밥 잘 알려진 중동의 음식인 케밥kebab은 꼬치에 끼워 구운 고기를 의미하며, 이란에서는 주로 첼로 케밥, 주제 케밥, 머히 케밥을 즐겨 먹는데 첼로 케밥은 양고기를 다져서 요리한 쿠비데와 양고기를 얇게 베어 구운 바르그가 있다. 양고기에 다진 양파와 소금, 후추

그림 4-35 **폴로**
그림 4-36 **케밥**

로 간을 맞춰 구운 쿠비데는 양고기 냄새가 덜 나기 때문에 외국인들에게도 인기가 있는 대표적인 이란 음식이다. 첼로 케밥은 뜨거운 첼로 안에 버터와 날달걀을 넣어 잘 혼합한 후 토마토와 함께 먹으며 주제 케밥은 닭고기를 꼬치에 끼워 굽는 요리로 우리나라의 닭꼬치를 연상하게 하는데 주제 케밥도 첼로 케밥만큼 이란인들이 즐겨 먹는 대중음식이다.

머히 케밥(머히=생선)은 생선을 통째로 굽거나 토막을 내서 꼬치에 끼워 구운 음식이다. 대개 해안 지방에서 발달된 케밥으로 테헤란보다는 바다나 강에 가까운 지역에서 보다 보편화된 편이다.

코레쉬 첼로 위에 얹어 비벼먹는 스튜인 코레쉬khoresh는 계절에 따라 생산되는 재료를 넣어 만들면 30여 종에 이를 정도로 다양하다. 봄에는 가지, 리버스, 시금치, 버섯과 고기(양고기, 닭고기)를 넣어 요리하고, 여름에는 복숭아, 신 체리, 콩과 고기를 주재료로 한다. 가을에는 모과, 호박, 신 사과와 고기를 넣으며 겨울에는 마른 콩과 고기를 넣어 요리한다. 그러므로 코레쉬는 어느 음식보다 계절적인 색깔을 강하게 가지고 있다.

또한 가정마다 조리법이 다르기 때문에 어머니는 딸들에게 집안의 독창적인 맛을 전수하고 있다. 코레쉬 중 일반 가정에서 자주 먹는 것은 훼센준fesenjan과 게이머gheymeh이다. 훼센준은 코레쉬 훼센준이라고 불리기도 한다. 닭고기, 호두, 양파, 석류즙, 설탕, 소금, 기름을 넣고 약한 불로 끓여 걸쭉한 스튜 상태로 요리하는 것인데 단맛을 낸다. 게이머는 다진 쇠고기 혹은 양고기와 기름, 레몬즙, 소금, 후추, 토마토소스, 볶은 양파, 감자를 넣고 요리한다.

그림 4-37 **코레쉬**
그림 4-38 **업구쉬트**

업구쉬트 이란어로 '물과 고기'의 합성어인 업구

이란 음식의 특징

1. 다양하게 이용되는 쌀

이란은 중동 지역의 다른 나라에 비해 쌀을 아주 많이 먹는다. 쌀은 단순히 주식으로 이용하는 것이 아니라 거의 모든 음식의 재료로 쓰이는데 쌀을 기본으로 하여 각종 향신료와 허브, 채소, 과일, 고기 그리고 요구르트를 듬뿍 넣고 조리하는 것이 특징이다.

2. 양고기 많이 섭취

이란에서 가장 많이 먹는 육류는 양고기인데 특히 어린 양고기를 선호하고 어린 염소고기도 즐겨 먹는다. 닭고기도 비교적 많이 이용하지만 쇠고기는 거의 먹지 않으며 해산물도 많이 이용하지 않는다. 육류를 주재료로 하는 대표적인 요리는 케밥으로 다양한 케밥을 즐기지만 최고로 여기는 것은 첼로 케밥(chelo kebab)이다.

3. 다양한 과일과 채소

중동의 기후는 과일과 채소 재배에 적합하여 전통적으로 맛있는 과일이 생산되는 것으로 유명하다. 지중해성 기후와 열대성 기후, 대륙성 기후 등 지역에 따라 다양한 기후가 공존하는 이란에서는 다양한 과일과 채소가 생산, 소비되는데 신선한 과일을 후식으로 이용하는 것은 물론 육류 요리하는 데에도 이용된다.

4. 향이 강한 다양한 향신료 사용

전통적인 이란 음식의 대부분은 사프란, 터메릭, 육계, 정향, 딜, 파프리카, 넛맥, 커더멈, 박하, 마저럼, 마늘 등을 풍부하게 사용하는데 다양한 향신료를 이용해 미묘하고 예술적으로 주재료의 맛을 향상시킨다. 레몬즙을 비롯한 여러 가지 과일의 즙이 신맛을 내는 조미료로 이용되고 머스트 역시 맛을 내기 위해 조미료로 많이 사용된다.

5. 후식류와 단 음료 발달

간식으로 신선한 과일이나 설탕에 절여서 말린 과일, 과일 코레쉬(khoresh)와 폴로를 먹기도 한다. 단맛을 특히 좋아하여 과자나 푸딩 등 단맛의 후식류가 발달했는데 특별한 행사에는 꼭 준비하는 후식이 따로 있다. 바클라바와 달콤한 페이스트리는 결혼식과 새해에 빠지지 않으며 할바(halva)는 반드시 장례식에서 준비하는 후식이다.

쉬트abgusht는 전통 음식 중 하나이며 특히 손님맞이를 좋아하고 극진히 대접하는 이란인이 손님에게 대접하는 대표적인 음식이다. 업구쉬트는 양고기 덩어리와 감자, 당근 등의 채소를 넣어서 끓이는데 약한 불에 얼마나 오래 끓였는지에 따라 맛이 달라진다. 말린 신 레몬가루를 향신료로 넣기 때문에 약간 신맛이 나는 것이 특징이다. 업구쉬트는 신선한 야채와 빵, 그리고 토루쉬와 같이 먹는데, 토루쉬는 반찬이며 우리나라의 김치에 해당한다. 업구쉬트는 재료의 종류에 따라 달라지는데 버뎀준(가지) 업구쉬트, 베흐(모과) 업구쉬트, 갼돔(밀) 업구쉬트, 나아너에 자아화리(박하향 채소) 업구쉬트 등이 있다.

그림 4-39 **머스트**

머스트 우리도 즐겨 먹는 요구르트와 같은 발효 유제품을 머스트라고 하며 에너지원이 되는 건강식품으로 이란 사람들은 거의 매일 먹는다. 머스트는 때로는 후식이 되기도 하고, 머스트에 향신료, 소금, 후추 등을 넣어 샐러드드레싱으로 쓰기도 한다. 특히 머스트에 물, 소금, 박하 향신료를 넣어 희석시켜 두그라는 음료수를 만들어 마시기도 한다. 두그는 고대에 쉽게 음료수를 구할 수 없었던 베두인에게 소금과 같은 역할을 했다고 한다.

그림 4-40 **솔레 자르드**

솔레 자르드 이란인들은 5가지 기본 맛 중에서 단맛을 가장 좋아하는 민족이다. 이러한 식습관으로 단 과자나 사탕, 케이크가 굉장히 많이 발달하였다. 솔레 자르드shole zard는 남녀노소를 불문하고 즐겨 먹는 후식으로 쌀, 설탕, 기름, 향신료, 장미수를 사용하는 노란빛을 띤 이란식 푸딩이다. 이 후식은 쌀의 1/3에 해당하는 설탕과 장미수로 단맛을 내기 때문에 매우 달며 일반 가정에서도 손쉽게 조리하여 먹는다.

9) 서남아시아의 터키(튀르키예)

(1) 터키 음식문화의 특징

터키는 중앙아시아의 유목문화와 지중해성 문화가 융합되어 세계적인 음식문화가 발달하였다. 고온 건조한 기후에 의해 밀 생산량이 많으며 주식은 역시 빵이다. 이슬람교의 교리에 따라 술과 돼지고기는 먹지 않으며 대신 닭고기와 양고기, 쇠고기를 즐겨 먹는다. 중앙아시아 유목문화의 영향으로 식품을 구워먹는 음식문화가 발달하였다. 육류뿐만 아니라 고추나 토마토 등의 채소도 구워 먹는다. 음식에 향신료와 후추를 많이 사용하여 매콤한 맛이 특징이다.

지중해에 접한 터키의 남서부는 여름에는 덥고 건조하며 겨울은 따뜻하고 비가 많이 온다. 그러나 전체적으로 볼 때는 여름에는 건조하므로 식사 시에 물을 많이 마시고 하루 종일 진한 홍차를 마신다. 지중해 해안 지역에서는 주로 채소, 포도, 과일, 올리브가 재배되며 모두 도시로 유통된다. 내륙 지역에서는 곡류와 축산물이 생산된다. 농산물로는 밀, 목화, 담배의 순으로 생산되며, 밀은 주로 주식인 빵을 만들 때 이용하는데 도시의 빵은 프랑스빵과 비슷하며 농촌의 빵은 발효시키지 않고 종이와 같이 얇게 구운 유프카이다. 옥수수로 빵을 만들기도 한다. 생산되는 채소류에는 토마토, 가지, 오이, 양배추, 양상추 등이 있는데 토마토는 터키 요리에서는 없으면 안 되는 중요한 채소이다. 소, 염소, 양의 젖을 이용하여 치즈나 요구르트 등의 낙농제품을 만든다.

(2) 터키의 대표 음식

메제 식사가 나오기 전에 입맛을 돋우는 역할을 하는 전채 요리를 메제mezze라고 한다. 일반적으로 채소류, 곡류 등을 많이 이용하지만 고기나 해산물을 이용하기도 한다. 곁들여 먹는 소스로는 돌마, 살라타, 요구르트와 콩을 갈아서 만든 소스, 매운 고추소스 등이 있다.

그림 4-41 **다양한 메제**

4-42

4-43

4-44

4-45

그림 4-42 **되네르 케밥**
그림 4-43 **파스티르마**
그림 4-44 **다양한 타틀르**
그림 4-45 **아이란**

케밥 종류가 300여 가지가 넘는 케밥kebab에는 숯불 회전구이로 유명한 되네르doner 케밥, 진흙 통구이인 쿠유 케밥, 꼬치구이인 쉬시shisi 케밥 등이 있다. 가장 즐겨 먹는 되네르 케밥은 양고기나 쇠고기를 얇게 잘라서 몇 가지 양념으로 우선 버무린다. 되네르 꼬챙이에 양념한 고기들을 차곡차곡 끼워 올려 숯불 화덕에서 천천히 회전시키면서 요리한다. 알맞게 익으면 길고 가는 칼로 적당한 부분들을 얇게 잘라서 터키빵, 채소와 함께 먹는다.

파스티르마 쇠고기나 양고기에 후춧가루와 향신료 등을 뿌려 소금에 절인 다음 햇볕에 말린 식품을 파스티르마pastirma라고 한다. 우리 음식 가운데 육포와 비슷하여 장기간 보관하기 쉽고 운반하기에도 편리한데 터키민족이 유목생활을 하던 시기에 애용했던 식품으로 추측된다.

타틀르 후식으로 애용되며 터키어로 '달다'라는 의미의 타틀르tatli는 설탕을 많이 사용한다. 푸딩, 과자류, 젤리류 등 종류도 다양한데 단맛이 강한 것이 특징이다. 굽거나 튀긴 후 진한 시럽에 담가 만드는 달콤하고 끈적끈적한 페이스트리를 선호하는데 세케르파레sekerpare, 바크라바baklava 등이 대표적이다. 이것은 케밥을 먹은 후 디저트로 즐겨 먹으며 커피나 차와 함께 먹기도 한다.

아이란 터키인들이 즐겨 마시는 음료로는 아이

터키 음식의 특징

1. 유럽과 아시아를 아우르는 화려한 음식문화

다양한 식재료가 풍부하게 생산되는 자연환경과 동서양의 교차점이라는 지리상의 이점을 살려 다른 나라의 음식문화를 적극적으로 받아들인 터키는 매우 화려한 음식문화를 자랑한다. 그리스, 로마, 페르시아의 영향을 받았으며 오스만튀르크제국이 영토를 확장해 나가며 정복했던 유럽과 아시아, 북부아프리카의 많은 나라와 문화적 교류를 이루었기 때문에 현재 터키의 음식문화에서는 중앙아시아 유목민 음식에서부터 중동과 지중해 음식의 특징을 혼합한 다양한 매력을 찾아 볼 수 있다.

2. 다양한 곡물음식 발달

터키는 고대부터 밀, 보리가 재배되었던 지역으로 호밀, 옥수수, 귀리, 쌀 등도 생산된다. 빵은 매끼 식사에 주식으로 이용되는데 단순히 주 요리를 보조하는 기능이 아니라 한끼를 빵만 먹는 경우도 있을 만큼 의미가 크다.

3. 유목민의 조리법 케밥 발달

케밥(kebab)은 터키어로'구이'라는 의미로 양고기나 닭고기 등을 직화에 굽는 요리법인데 되네르 케밥이나 쉬시 케밥 등은 세계적으로 잘 알려져 있다. 쇠고기, 어린 양고기, 양고기와 가금류 고기, 조수류 고기 등을 이용하는데 주로 먹는 것은 양고기이다. 육류의 조리방법은 수프에 넣어 서서히 끓이거나 굽는 방법을 주로 이용하는데 유목민의 조리법인 구이를 특히 선호하여 터키를 대표하는 음식으로 수백 종의 다양한 케밥 요리가 있다.

4. 양젖을 발효시킨 요구르트와 치즈 선호

터키인에게 요구르트는 가장 선호하는 음료수이자 다양한 용도로 매끼 식사에 함께 하는 중요한 음식이다. 빵과 같이 먹는 요구르트 한잔은 한끼 식사를 대신하고, 수프와 각종 소스로도 다양하게 이용되며 여러 향신료와 함께 터키음식의 맛을 결정하는 조미료이기도 하다. 터키인들은 집에서 요구르트를 만들어 먹는데 주로 양젖을 그대로 이용하며 먹기도 하지만 물에 희석하여 소금으로 간을 한 아이란(ayran) 음료로 만들어 마시기도 한다.

5. 다양한 어패류 사용

지중해, 흑해 등과 접하고 있어 어패류도 풍부하게 생산되지만 육류에 비해서는 많이 먹는 편은 아니다. 여러 가지 생선이 있지만 터키인들이 가장 좋아하는 것은 함시(hamsi)라는 아주 크기가 작은 생선인데 보렉(borek), 필래프(pilav), 튀김에서 디저트까지 무려 40여 종류의 요리로 만들어 먹는다. 홍합 역시 즐겨 먹는 어패류인데 튀김, 돌마(dolma), 필래프 등 다양한 요리에 이용되고, 오징어와 문어도 전채 요리에 많이 등장한다. 철갑상어 알을 비롯하여 각종 알들을 고급스러운 전채 요리(meze)에 이용한다.

6. 풍부한 채소와 과일 사용

구이를 선호하는 습관은 채소도 예외가 아니어서 가지, 토마토, 파프리카 등의 채소 구이를 즐겨 먹는다. 조리가 용이하지 않았던 유목민들이 생 채소를 먹던 습관은 매끼 식사에 신선한 샐러드를 곁들이는 전통으로 남아 있다. 샐러드, 요구르트와 더불어 우리의 김치처럼 식탁에 오르는 채소 음식으로 투루슈가 있다.

또 터키에서는 다양한 기후가 공존하기 때문에 어느 계절이나 다양하고 신선한 과일을 구할 수 있다.

7. 달콤한 디저트 음식 발달

식후에 달콤한 디저트가 필수코스인 터키인들은 오스만제국 시대부터 다양한 디저트를 즐겨 먹었다. 과일 이외에 과자, 케이크, 푸딩 등 다양한 형태의 굉장히 달달한 디저트를 즐기는데 견과류를 많이 이용한다.

란ayran이 대표적이다. 요구르트에 물과 소금을 섞어 만든다. 물과 소금의 비율에 따라 맛이 다르며, 주로 여름에 많이 마신다. 아이란에 오이, 마늘 등 채소를 갈아서 만든 음식으로 자즉cacik이 있다.

2. 유럽의 음식문화

슬라브족이 주를 이루지만 여러 민족이 섞여 있어서 언어, 종교가 다르며 일부 지역은 중부유럽에 가깝다고 할 수 있다. 동부유럽의 역사는 복잡한 민족군의 투쟁사라고 할 수 있으며 유럽문화의 특징이 있는 지역은 폴란드, 체코와 슬로바키아, 슬로베니아, 러시아의 일부, 헝가리의 일부를 말하는데 특히 독일문화의 영향을 많이 받았고, 발칸반도 지역과 러시아, 헝가리의 일부는 터키(중동문화)의 영향이 크다고 할 수 있다.

중부유럽은 신성로마제국(독일), 합스부르크제국(오스트리아), 보헤미아(체코)의 세 지역을 중심으로 화려한 바로크문화를 꽃 피웠던 곳이다. 넓은 지역에 걸쳐 다민족과 다양한 국가를 포함하며 지형은 주로 내륙산악지대이고 거칠고 남성적인 이미지가 강한 곳이다.

남부유럽은 고대 그리스·로마문화가 번창했던 알프스 남쪽에 위치한 지역으로 천혜의 기후와 평야지대로 인해 풍부한 식재료의 생산이 가능한 곳이다. 지중해 연안의 기후는 여름이 덥고 건조하지만, 겨울은 따뜻하고 비가 자주 내려 휴양지로 인기가 좋다. 화려한 음식문화로 유명하다.

1) 동부유럽의 러시아

(1) 러시아 음식문화의 특징

러시아 음식은 각 지역마다 차이가 있지만 일반적인 식단을 나눈다면 전채, 수프, 따뜻한 요리, 후식, 음료수 등이다. 전채에는 각종 차가운 육류, 철갑상어 알인 캐비아, 청어 절임, 야채샐러드가 나오며, 포도주나 보드카와 같은 알코올음료도 함께 곁들어진다. 수프로는 양배추를 넣어서 끓인 쉬, 그 쉬에 빨간무 스뵤클라beet red를 넣어 붉게 물을 들인 보르쉬 그리고 잘게 썬 고기와 야채를 듬뿍 넣은 솔란카, 생선을 우려낸 우하 등이 있다. 따뜻한 요리로는 쇠고기를 크림소스로 끓인 비프 스트로가노프, 양고기를 구워서 만든 샤실리크 등이 있다. 후식으로는 아이스크림이나 각종 파이, 케이크와 잼을 곁들인 홍차 등이 나온다.

(2) 러시아의 대표 음식

그림 4-46 **흑빵**
그림 4-47 **블린느이**

흑빵(홀렙) 빵은 러시아인의 주식인데 호밀이 주 원료이다. 호밀은 러시아의 한랭하고 척박한 땅에서도 잘 자라고 이를 원료로 만든 흑빵Russian black bread은 영양이 많아 러시아인들에게 늘 사랑을 받아왔다. 러시아의 흑빵은 다른 유럽 등지의 흑빵보다 더 찰지고 신맛이 나는 것이 특징이다. 게다가 종류도 다양해서 호밀로만 만든 흑빵과 곡식을 섞은 흑빵, 딱딱한 흑빵, 부드러운 흑빵 등 여러 가지를 맛볼 수 있다. 처음에 약간 시큼한 맛이 입에 안 맞을 수도 있으나 한번 그 맛에 빠지면 다시는 흰 빵을 찾지 않게 된다.

블린느이 러시아식 핫케이크 블린느이блины는 반죽에 특유의 유제품인 케피르를 첨가해서 쫄깃쫄깃한 맛을 낸다. 블린느이는 둥글고 얇은 핫케이크에 연어알, 잼, 치즈, 스메타나, 햄, 고기 등을 넣어서 먹는다. 블린느이는 러시아 사람들이 가장 좋아하는 식품 중에 하나로 길거리에서 간단히 허기를 채우거나 식사 때에 자주 먹는다. 최근에는 블린느이 전문점이 많이 생겨서 성업 중이다.

케피르 러시아 특유의 유제품인 케피르кефир는 떠먹는 요구르트와 비슷하나 더 발효되어 신맛이 강하고 걸쭉하다. 케피르는 소화를 촉진시켜 변비에 특히 좋다. 러시아인들은 케피르를 우유처럼 마시거나 잼과 섞어서 마신다. 딸기 맛, 멜론 맛, 바닐라 맛 등 여러 가지 종류가 판매되고 있다.

마르제노에 러시아의 아이스크림인 마로제노에мороженое는 부드럽고 유지방이 많은 것이 특징이다. 길모퉁이나 키오스크에서 판매한다. 러시아인들은 겨울에도 남녀노소를 불문하고 마로제노에를 즐긴다. 요즘은 외국 브랜드의 아이스크림점이 많이 들어와 러시아 전통 아이스크림이 많이 줄었지만 그래도 전통 상점에서 맛볼 수 있다.

솔란카 토마토소스와 고기를 넣고 끓인 수프가 솔란카солянка이다. 고기로 국물을 내거나 혹은 생선으로 국물을 내는데, 러시아 특유의 향료들이 들어가서 독특한 맛이 난다. 대부분 작은 도자기 모양의 그릇에 주는데, 먹는 동안 식지 않고 계속 따뜻한 온도를 유지할 수 있다. 솔란카는 샤실릭과 더불어 한국인들이 가장 즐겨 찾는 러시아 음식이다.

보르쉬 고기 국물에 감자와 당근, 양파를 넣고 스뵤클라(빨간무)로 붉게 색깔을 낸 수프가 보르쉬борщ이다. 취향에 따라 좋아하는 고기로 국물을 낸다. 러시아인들은 겨울에는 따뜻하게, 여름에는 차갑게 하여

4-48

4-49

4-50

4-51

그림 4-48 **케피르**
그림 4-49 **마로제노에**
그림 4-50 **솔란카**
그림 4-51 **보르쉬**

러시아 음식의 특징

1. 추위를 이기기 위한 고열량의 음식

러시아의 혹독한 자연환경은 음식문화에 많은 영향을 미쳤다. 음식 맛은 담백하고, 채소는 익혀서 따뜻하게 먹으며, 추위를 잊기 위해 알코올 함량이 많은 보드카를 마신다. 뿐만 아니라 추위를 이기기 위해서는 열량 소비가 많기 때문에 기름지고 당분 함량이 높은 음식이 많다. 육류도 기름기가 많은 돼지고기를 선호하고 치즈, 버터, 설탕을 많이 사용하며 튀기거나 볶는 등 기름을 이용하는 조리법이 많다.

2. 진한 사워크림, 스메타나

러시아 음식은 재료의 맛을 최대한 살리도록 조리하기 때문에 맛이 담백하고 향신료와 양념의 사용이 적은 것이 특징이다. 그러나 향신료나 양념을 거의 사용하지 않는 러시아 음식에도 절대 빠질 수 없는 조미료가 있는데 우유를 발효시킨 진한 사워크림인 스메타나(smetana)이다. 스메타나는 거의 모든 음식에 넣어 먹는데 종류가 매우 다양하고 각 가정에서 쉽게 만들어 사용한다.

3. 제한적인 식재료 사용(감자와 양배추 위주)

기본적으로 이용되는 채소에는 양배추, 감자, 비트, 버섯, 토마토, 당근 등이 있다. 채소의 종류나 생산량이 많지 않고, 추운 날씨 때문에 신선한 채소를 이용한 샐러드는 거의 찾아보기 어렵고 대부분의 채소는 익혀서 먹는다. 채소는 주로 수프나 캐서롤에 이용하거나 소금에 절이거나 피클로 저장한다. 감자는 1891년 기근 이후 주식으로 이용하게 되었는데 제2의 빵이라고 불릴 정도로 많이 먹는 식품이다.

4. 잡곡을 이용한 죽, 카샤

죽은 최소한의 재료로 만들 수 있으며 배를 최대한 불릴 수 있는 음식이다. 곡물 · 우유 · 소금 등을 이용하여 끓인 죽을 러시아인들은 카샤(kasha)라고 하며, 중요한 자리에서는 항상 죽을 준비하여 대접하는 특징이 있다. 러시아에서 주로 생산되는 곡식은 밀, 호밀, 보리, 수수, 귀리 등인데, 귀리, 보리, 수수는 죽을 끓여 먹는다. 죽은 아침이나 점심식사로 즐겨 먹는다.

5. 호밀빵 홀렙과 블린느이

러시아 빵은 호밀빵이 보편적이다. 곡물 또는 빵을 만드는 재료를 통칭하여 '홀렙(khleb)'이라고 하는데 밀이나 호밀로 빵을 만들었다. 특히 러시아인들은 빵을 신성하게 여겨 소홀히 다루지 않았으며, 빵과 소금은 귀한 손님들에게 가장 먼저 제공하는 환대의 표시였다.
밀가루로 만든 러시아식 팬케이크인 블린느이는 가장 대중적인 전통 음식으로 일요일과 축제에서 빠지지 않는다.

보르쉬를 즐긴다. 스메타나는 반드시 첨가하는데, 스메타나가 빨간 수프에 섞이면 국물이 예쁜 분홍색으로 변한다.

2) 동부유럽의 헝가리

(1) 헝가리 음식문화의 특징

헝가리는 전통적인 농업국으로 유럽 최고 수준의 농산물을 생산하며 음식문화가 잘 발달한 나라이다. 곡식은 주로 밀, 호밀을 이용하며 빵 이외에 덤플링과 국수도 즐겨 먹는다. 양배추, 감자, 고추, 토마토, 오이 등은 스튜나 수프에 이용하기도 하고 피클을 담그기도 한다. 이러한 채소 요리는 주로 삶거나 데친 후 양파, 파프리카, 사워크림, 소스 등을 섞어서 버터 입힌 빵가루를 뿌려서 굽거나 다른 채소를 속으로 채워 넣어 조리하기도 한다. 주로 생산되는 과일은 포도, 사과, 자두, 살구, 복숭아, 멜론 등인데 저장하거나 브랜디를 만든다. 조미료는 파프리카와 딜, 파피시드를 즐겨 사용하며 이외에 라드, 양파, 사워크림 등이 중요한 음식 재료이다.

(2) 헝가리의 대표 음식

굴라시 헝가리 조상들이 유목 생활을 하면서 만들어 먹었던 전통이 남아 있는 고유의 요리가 굴라시gulyas이다.

쇠고기 덩어리에 감자와 양배추 등 채소를 많이 넣고 파프리카로 양념하여

헝가리 음식의 특징

1. 매운맛을 선호하여 다양한 파프리카 사용

매운맛을 좋아하는 헝가리인들이 양념으로 가장 즐겨 먹는 것은 헝가리 고추인 파프리카인데 농촌마을을 지나다보면 고추를 널어 말리는 모습을 쉽게 볼 수 있다. 파프리카는 소시지를 비롯하여 수프, 샐러드 등 대부분의 헝가리 요리에서 빠지지 않는다. 헝가리 파프리카는 50여 종류가 있는데 아주 매운 것에서부터 단맛이 나는 것까지 다양하며 파프리카 가루는 여러 나라로 수출도 한다.

2. 돼지고기를 즐겨 햄, 소시지로 가공

헝가리인들은 원래 아시아의 대평원에서 방목을 하던 유목민들로 과거에는 여러 종류의 육류를 섭취했으나 근래에 주로 돼지고기를 상용한다. 돼지고기는 다양한 방법으로 요리를 해먹기도 하지만 햄이나 소시지로 가공하여 저장해 두고 먹기도 한다. 헝가리 소시지는 독일 소시지 이상으로 명성이 나 있는데 파프리카와 마늘, 양파 등을 넣어 만드는 것이 특징이며 매콤하고 짠맛이 난다.

3. 얼큰한 수프 즐겨 섭취

헝가리인들은 고기나 생선을 넣은 얼큰한 수프를 즐겨 먹는데 굴라시(gulyas)와 헐라스리(halaszle)가 있다. 굴라시는 헝가리 전통 음식으로 쇠고기 덩어리에 감자와 양배추 등 채소를 많이 넣고 파프리카로 양념하여 얼큰하게 끓여 만들고 헐라스리는 민물생선을 넣고 끓인다.

4. 여러 나라의 영향을 받은 음식문화

헝가리 음식은 터키뿐 아니라 오스트리아, 독일, 세르비아, 슬로바키아, 체코, 이탈리아 등 여러 나라의 음식문화를 발전적으로 받아들여 헝가리 고유의 특징과 조화를 이루었다. 이 지역 대부분의 나라가 음식에 사워크림을 주로 사용하는데 헝가리 요리에서 생크림도 함께 사용하는 것은 이탈리아나 프랑스의 영향이며 마늘도 마찬가지이다. 헝가리의 상징처럼 알려진 파프리카는 터키를 통해 전해졌으며, 바크라바라는 껍질이 얇은 페이스트리는 터키인이 그리스에서 조리법을 배워서 전해준 것이다.

얼큰하게 끓여 만들며 빵, 국수, 덤플링 등과 함께 먹는다.

굴라시는 진하고 걸쭉한 맛이 특징인데 겨울에 잘 어울리는 음식으로 오스트리아, 프랑스 등 유럽 전역에 퍼져 어느 나라에서나 맛볼 수 있는 대표적인 헝가리 음식이다.

그림 4-52 **굴라시**
그림 4-53 **헐라스리**

헐라스리 '어부의 수프'라는 뜻으로 강이나 호수에서 잡은 물고기를 재료로 하는데, 물고기에 따라 여러 가지 종류가 있으나 잉어를 주재료로 많이 쓴다. 걸쭉한 국물이 우러나는 매운탕과 비슷한 헐라스리halaszle는 가장 자극적이면서 우리 입맛에 맞는 헝가리 요리이다. 고기맛이 많이 느껴지지 않고 파프리카, 양파, 붉은 토마토를 넣어 맛과 빛깔이 일품이다.

3) 중북부유럽의 독일

(1) 독일 음식문화의 특징

전통적으로 독일인들은 돼지고기와 소시지를 많이 먹고 감자를 제외한 채소의 섭취는 적었으며 물 대신 맥주를 많이 마셨다. 수질이 좋지 않은 탓인지 맥주를 많이 마시는데 아침에는 커피, 저녁에는 주로 맥주 아니면 차를 마신다. 또한 음식은 신맛, 짠맛에 기름지고 게다가 단맛까지 가미한 것으로 알려져 있는데 독일 음식은 주변 국가들에 비해서 훌륭하다거나 특별한 것은 없다. 이는 어쩌면 독특함이 없는 것이 아니라 유럽의 지리적인 특성상 주변국들의 음식이 자연스럽게 유입되어 '유럽의 음식'이라는 단어 속에 독일 음식이 포함되기 때문일 것이다.

독일은 일조량이 풍부하지 않고 나무가 많아 도시가 숲에 둘러싸인 형태라서 다양한 먹을거리가 부족했으며 위도가 높아 여름 3개월을 제외하면 낮이 매우 짧다. 북해에 접해 있기 때문에 여름을 빼면 1년 내내 비가 내리고 비바람이 불어서 점심에만 따뜻한 날씨를 느낄 수 있다. 독일인들은 하루 식사 중 점심을 가장 중시하는데 이런 관습은 산업혁명기의 산물이다. 열심히 일하기 위해 아침 일찍 일어나다보니 자연히 아침식사를 간단히 할 수밖에 없었으며 점심은 따뜻한 요리로 제대로 먹고 저녁에는 간단하게 먹은 다음 쉬려고 했기 때문이다.

(2) 독일의 대표 음식

소시지 독일 소시지sausage는 각 고장마다 개별적으로 발전시켜서 그 종류가 약 1,500가지 정도에 이를 만큼 많다. 소시지의 크기와 모양, 만드는 재료, 먹는 방법 등도 다양하며 돼지고깃살 외에 간으로 만드는 것, 물에 삶아 먹는 것, 오븐에 굽는 것 등이 있고 새끼손가락처럼 가는 것에서부터 어른 팔뚝처럼 굵은 것 등이 있어 독일 음식의 대명사가 되었다. 전통적으로 12월이 되면 각 가정에서 직접 소시지, 햄, 베이컨을 만들었다고 한다.

대표적으로 브라트부르스트brat wurst라는 고기 맛이 많이 나고 쫄깃한 소시지가 있고, 수분 함량이 많은 도메스틱 소시지, 저온에서 수일간 건조하여 훈연한 저장성이 높은 드라이 소시지 등이 있다.

그림 4-54 **소시지**
그림 4-55 **아이스바인**

아이스바인과 슈바인스학세 독일인들은 돼지 족발을 이용한 요리가 있는데, 족발을 맥주에 넣고 삶아서 만든 아이스바인eisbein, 족발에 맥주와 몇 가지 향신료를 발라서 오븐에 구워낸 그릴 학센grill haxen이 대표적이다. 여기에 맥주를 이용하는 것은 돼지고기의 누린내도 없애고, 육질이 부드러워지는 효과가 있기 때문이다.

슈바인스학세schwieinehaxe는 관절을 중심으로 아래위를 잘라낸 돼지 다리를 전기 오븐에 넣고 두 시간을 돌려 기름을 쭉 뺀 다음 소스를 얇게 발라서 으깬 감자

독일 음식의 특징

1. 소박한 음식문화

독일인하면 떠오르는 검소함과 소박함, 그리고 성실함과 실용성은 음식에도 고스란히 드러나는데 식탁이 그리 화려하다거나 푸짐하지는 않다. 버리는 부분이 없게 음식을 조리하고 화려하게 장식을 하는 것도, 코스에 따른 접시를 따로 주는 것도 아니라 그날 식사로 나오는 모든 요리를 한 개의 개인 접시에 덜어 남김없이 깨끗하게 비운다.

2 돼지고기 선호 '세계 최고의 소시지와 햄'

독일인들이 즐겨 먹는 대표적인 육류는 돼지고기이다. 독일은 산림이 많고 땅이 척박하며 강수량이 적어 농사가 잘 되지 않았다. 돼지는 사육기간이 짧고 돼지의 먹이가 부족해지는 겨울이 오면 여러 종류의 소시지와 햄, 베이컨 등으로 가공하여 봄이 올 때까지 겨울을 대비하는 보존식량으로 이용할 수 있으니, 곡류의 생산량이 부족한 독일에서는 이보다 더 좋은 음식 재료가 없었을 것이다.

과거에는 12월이 되면 각 가정에서 직접 소시지, 햄, 베이컨을 만들었는데 돼지고기는 거의 모든 부위를 이용하여 버리는 것이 없었다. 특히 소시지는 독일 음식의 대명사로 각 지역에 따라 독특한 소시지가 개발되었는데 종류만도 1,500여 가지가 된다.

3. 감자와 양배추 주로 섭취

돼지고기와 함께 감자의 섭취 빈도도 높다. 감자는 16세기말에 전래되었는데 초기에는 꽃을 보기 위한 장식용이었다가 18세기에 프리드리히 대왕이 기근을 해소하려고 주식으로 장려한 것이 지금까지 전해졌으며 곁들이는 음식뿐만 아니라 빵 대용의 탄수화물 공급원이자 주식으로 먹기도 한다. 감자 요리는 통으로 구워낸 통감자나 얇게 썬 감자 부침 등 다양하다.

양배추를 이용한 사워크라우트는 동양에서 전래된 것이나 오늘날 독일하면 자동으로 연상될 정도로 독일인들이 즐기는 음식이다. 감자와 더불어 양배추는 독일인들이 가장 즐겨 먹는 채소로 여러 가지 방법으로 조리하여 수십 종의 음식을 만든다.

4. 독일인의 국민 음료, 맥주

독일사회에서 맥주는 단순히 즐겨 마시는 음료 이상의 의미를 가진다. 수질이 좋지 않아 물 대신 마셨기 때문에 노동자는 도시락과 함께 맥주 한 병을 가지고 출근하고, 낮 시간에 마셔도 아무런 문제가 되지 않는 국민음료였다. 더불어 맥주는 열량이 높은 음료이므로 독일인에게는 빵과 같은 존재였다. 전통적으로 독일 맥주는 수도원을 통해 이어지고 발달했는데 수도원마다 양조장을 가지고 있어 지역에 따라 무려 4,000종류의 맥주가 있다. 독일은 세계 제일의 맥주 소비국가로 새로운 맥주가 나오는 계절에는 전국 각지에서 맥주의 제전이 벌어지는데 뮌헨의 옥토버페스트는 세계적으로 유명하다.

와 사워크라우트를 곁들여 먹는다.

4-56

4-57

그림 4-56 **사워크라우트**
그림 4-57 **아인토프**

사워크라우트 소시지와 최고의 궁합 음식은 사워크라우트sauerkraut로 샐러드 대용으로 먹는 음식이다. 이것은 양배추를 아주 잘게 썰어서 식초에 절인 일종의 피클인데 캐러웨이 같은 향신료를 쓰며 첫맛은 굉장히 시큼한 것이 소시지를 먹을 때 느껴지는 더부룩함을 일거에 날려주어 족발과도 궁합이 잘 맞는다. 사워크라우트는 주요 채소 공급원으로 우리나라의 김치처럼 독일 식사에서는 절대 빠지지 않는다.

아인토프 독일 서민들이 즐기는 아주 평범한 음식 중 하나인 아인토프eintopf는 제2차 세계대전 때 히틀러가 장려한 요리인데, 커다란 냄비에 야채, 콩, 감자, 고기 부스러기 등을 넣고 끓인 수프soup의 일종으로 조리가 간편하면서도 영양가가 높다. 나치 정부는 이 음식이 근면하고 검소한 독일인을 상징한다고 생각하여 적극 권장했다. 현재도 전날에 남은 재료를 모두 넣어 만드는 요리를 말하며 일종의 잡탕이다.

4) 중북부유럽의 스웨덴

(1) 스웨덴 음식문화의 특징

뷔페는 여러 가지 음식을 큰 식탁에 차려 놓고 스스로 선택하여 덜어 먹게 하는 식사 형태를 말한다. 이 뷔페를 '바이킹'이라고도 부르는데 바로 뷔페의 유래가 바이킹족 후예가 사는 스칸디나비아에서 시작되었기 때문이다. 스칸디나비아인의 선주민은 빙하기가 끝날 무렵 현대의 덴마크나 스웨덴 남부에 모여 살던 게르만족 지파이다. 여러 부족 공동체로 나뉘어 살던 바이킹은 유럽 역사에서 본격적으로 존재를 드러내기 시작하였다. 8세기 말부터 모험심이 강한 스칸디나비아인들은 인구의 증가로 인한 토지 부족, 국가 형성의 시대적 상황, 일찍부터 발달한 조선술과 항해술 등을 바탕으로 해외진출을 도모하였다. 9세기 말에 이미 발트 해를 횡단하고 카스피 해와 북미의 빈란드, 그린란드까지 종횡무진하며 세력을 넓혀갔다. 일부는 영국을 정복하고, 일부는 동쪽으로 가서 슬라브족을 정복하고, 일부는 아이슬란드에 정착하고, 일부는 남아 노르웨이, 스웨덴, 덴마크 왕국을 세웠다.

바이킹의 후예인 스칸디나비아인들은 동등한 문화적 유산을 가지고 있는 동일 민족의 나라들로 옛날에는 국경의 한계가 뚜렷하지 않았다. 또 긴밀히 교류했기 때문에 문화적으로나 가치관에서 유사한 점이 많다. 나라가 달라도 스칸디나비아인들은 음식에 대한 관심이 비슷하고 바이킹이 살던 시대에 먹던 음식, 오랜 전설이 담겨 있는 전통 음식들을 즐겨 먹고 있다.

(2) 스웨덴의 대표 음식

그림 4-58 **수르스트뢰밍**

수르스트뢰밍 발트 해에서 잡힌 청어를 발효한 음식인 수르스트뢰밍surströmming은 북부 스웨덴의 진미로 일컬어진다. 봄에 잡힌 청어를 약 2개월 간 발효시킨 후, 통조림으로 가공하여 보관한다. 캔을 연 직후에는 발효로 인한 강한 냄새가 나기 때문에 수르스트뢰밍은 주로 야외에서 먹는다.

스웨덴 음식의 특징

1. 다양한 유제품 사용

음식 조리 시에 우유, 버터, 크림 등을 많이 사용하며 발효유와 치즈 등을 주로 사용한다. 치즈는 아침식사, 애피타이저, 디저트 등으로 즐겨 먹고 조리용 기름으로는 라드를 주로 사용한다.

2. 생선 음식 풍부

스웨덴인들이 즐기는 청어는 식초나 소금에 절여 먹고, 튀김, 스튜 등으로도 요리해 먹는다. 8~9월경에는 스웨덴인들이 가장 선호하는 가재와 연중 먹는 작은 새우를 일반 식료품점에서 판매한다. 낮이 길어지는 백야기간에는 감자와 청어 초절임이 전형적인 점심이다. 청어는 스칸디나비아의 대표 식사 형태인 스모가스보드에서도 빠질 수 없는 중요한 음식이다.

3. 오픈 샌드위치 거의 매일 섭취

척박한 스웨덴 농토에서 주로 생산되는 곡류는 호밀, 보리, 귀리 등이다. 남부 일부 지방에서 밀이 생산되고 있으나 가장 즐겨 먹는 것은 호밀로 만든 빵이다. 빵 위에 얹는 재료도 고기와 생선 훈제류, 채소로 다양하게 변화를 줄 수 있다.

4. 저장식품 발달

유난히 긴 겨울을 보내야 하기 때문에 생활의 지혜로 고기, 생선 등을 이용한 저장식품을 많이 발달시켰다. 고기류는 주로 얼리거나 절이고, 훈제하는 조리법을 즐겨 사용하는 데 이는 생선뿐 아니라 사슴이나 야생조류 고기 등에도 이용한다.

5. 주로 감자 섭취

호밀빵과 함께 주식으로 이용되는 감자는 빼놓을 수 없는 중요한 식품이다. 특히 6월초에 나오는 햇감자를 이용한 음식은 인기가 많다. 특히 스모랜드 지방의 모래땅에서 육성한 자그만 햇감자는 맛과 향이 좋기 때문에 귀하다. 감자로 만든 술 아쿠아비트(aquavit)는 생명의 물이란 뜻으로 스칸디나비아 지역의 사람들이 차게 해서 즐겨 마시고 스모가스보드와 함께 제공되기도 한다.

그림 4-59 **엘크고기**
그림 4-60 **크넥케브뢰**

엘크고기 스웨덴은 숲이 울창한 추운 내륙인데 19세기 개척시대에 숲속에 많던 늑대가 산지로 쫓겨나면서 천적이 없어지니 사슴이 많아졌다. 스웨덴인에게는 가을의 엘크(북유럽 산의 큰 사슴) 사냥이 가장 중요한 일 중 하나가 되었다. 천천히 익힌 엘크고기는 어린 시절에 맛있게 먹었던 추억을 떠올려주는 향수 음식이다.

크넥케브뢰 납작하고 건조하며 바삭바삭한 전통적인 빵인 크넥케브뢰knäckebröd는 근래에 들어 여러 가지의 형태로 발전했다.

5) 서남부유럽의 영국

(1) 영국 음식문화의 특성

영국 음식문화는 자연스러움을 강조하는 조리방식과 음식 자체의 맛과 향을 중요시하기 때문에 향신료를 많이 쓰지 않는다. 영국의 아침식사는 유럽 중의 최고로 꼽히며, 푸짐한 양으로 유명하다. 또 영국은 감자가 많이 생산되어 다양한 감자 요리가 발달하였는데 이는 서늘한 기후로 인하여 감자 농사가 유리했기 때문이다. 감자로 만든 요리로는 스튜와 파이, 팬케이크, 으깬 감자, 튀김 등이 있다.

영국 음식문화의 두드러진 특징 중 하나는 커피보다 차를 즐긴다는 점이다. 이는 19세기 전반에 인도 식민지의 아삼지역에서 차를 발견한 후 영국의 중·상류층을 중심으로 발달하기 시작한 것에서 유래하며, 주로 마시는 차는 인도산 차와 실론차이다. 최근 상류층에서는 고급 중국산 차를 마시는 경우도 있지만 대개 인도산 차를 주로 마신다.

(2) 영국 지역별 대표 음식

잉글랜드 지역 연합왕국의 중심인 잉글랜드England는 브리튼 섬의 세 지역

영국 음식의 특징

1. 단순하고 자연스러운 맛의 음식

영국의 음식은 한마디로 단순하다(simple)고 할 수 있다. 조리 기구도 단순하여 과거에는 나무 스푼, 믹싱 볼, 파이 팬, 푸딩 볼이 전부였다. 재료 자체의 맛을 강조하여 양념과 소스를 최소한 사용하고 단순하게 조리하는 것이 보편적이다. 신선한 재료를 이용하여 잘 익힌 음식을 좋아하는 편이고 약간 기름진 소박한 음식이 특징이다.

2 육류와 낙농 제품을 즐기는 식습관

농경지의 대부분이 목초지이며 농작물도 반 이상이 사료로 이용되는 영국에서 육류와 낙농제품은 아주 중요한 식재료이다. 한때 고기와 두 가지 채소로 만든 스튜나 수프가 일상적인 식사이던 시절도 있었다. 육류로는 돼지고기, 쇠고기, 양고기, 닭고기 등이 주로 이용되며 꿩이나 뇌조도 많이 먹는다. 여러 종류의 소시지를 만들어 석쇠에 굽거나 팬 프라이한 것도 좋아한다. 달걀 역시 즐겨 먹는 식품 중 하나로 베이컨과 함께 아침식사로 많이 먹으며, 여러 종류의 치즈는 식사 전후에 즐겨 먹는다.

3. 감자를 이용한 다양한 음식 발달

주 재배작물은 보리, 밀과 함께 감자다. 풍부하게 생산되는 감자는 대부분의 음식에 빠지지 않는다. 구운 감자, 으깬 감자, 스튜, 파이, 팬케이크 등 감자를 이용한 요리도 다양하지만 특히 좋아하는 칩(chips, 튀긴 감자)은 가장 좋아하는 스낵이자 많은 음식에 곁들여지는 빵 같은 존재이기도 하다.

4. 신선한 것보다 저장 채소, 과일 사용

서늘한 기후로 인해 과일이나 채소의 생산량이 적으며 많은 양을 수입에 의존해야 한다. 과일은 신선한 것보다는 익히거나 저장한 것, 마멀레이드한 것을 디저트로 이용한다. 흔히 먹는 채소는 무, 양배추, 당근 등으로 샐러드나 스튜에 이용하거나 피클로 저장한다.

5. 단맛 선호, 단맛 후식 즐겨 섭취

영국인들의 단맛에 대한 선호도는 대단하다. 후식으로 먹는 케이크나 타르트, 푸딩은 물론이고 아침이나 티타임에 먹는 빵에도 단 마멀레이드나 잼을 아주 듬뿍 발라 먹으며 아침에 먹는 시리얼에도 설탕을 뿌려 먹는다. 또한 작게 포장하여 사탕을 가지고 다닐 정도로 단단하고 달콤한 사탕을 좋아한다.

6. 홍차 즐기는 차문화 전통

17세기 영국에 도입되어 19세기 인도의 아삼지방에서 다량을 들여오면서 보편화되기 시작한 차는 하나의 전통으로 자리 잡고 있다. 아침에 눈을 뜨면 마시기 시작한 차는 스낵과 함께 먹고, 잠들기 전까지 홍차를 즐긴다. 먼저 차를 우려내고 찻잔에 데운 우유를 따른 후 차를 부은 다음 설탕이나 레몬을 넣는다.

중 가장 넓고 평평한 지역이다. 잉글랜드는 지역에 따라 각기 독특한 지역음식이 발달되었다.

그림 4-61 **로스트비프**

잉글랜드 북서부로 컴브리아와 맨체스터 등은 양고기를 이용한 음식을 즐겨 먹으며 보리를 많이 사용하고 향이 강한 음식도 즐기는 편이다. 북동부 지역은 사슴 요리를 즐겨 먹는 지역인데 스테이크, 스튜, 캐서롤 등으로 사슴고기를 채소와 함께 요리한다. 쇠고기로 만든 노섬벌랜드 파이, 블랙푸딩, 릭푸딩도 유명하다. 요크셔 지방의 대표음식은 역시 로스트비프roast beef와 함께 먹는 요크셔푸딩이다. 로스트비프를 굽고 난 뒤 흘러내린 기름을 부어 푸딩을 구워내는 것인데 전통적으로 고기를 먹기 전에 서브했는데 고기가 귀한 시절 관습으로 인해 지금은 로스트비프와 함께 먹는다. 센트럴 지역은 고기파이가 가장 보편적인 음식인데 쇠고기는 물론 양고기, 비둘기고기, 토끼고기 등을 이용한 다양한 고기파이를 즐기지만 가장 즐겨 먹는 것은 돼지고기파이로 차갑게 해서 먹는다. 잉글랜드 동부 지역은 로마시대부터 게, 청어, 굴, 홍합 등 신선한 해산물이 유명하고 지역 특산의 아스파라거스가 풍부하게 생산되며 겨자의 원산지이기도 하다. 잉글랜드 남서 지방은 돼지고기를 많이 먹는 지역으로 베이컨과 폭찹이 유명한데 폭찹 위에 얇게 썬 사과와 크림을 얹고 세이지, 타임 같은 조미료를 뿌려 서브한다. 잉글랜드 남동 지역은 스테이크, 콩팥푸딩, 체리브랜디 등이 널리 알려져 있다.

그림 4-62 **해기스**

스코틀랜드 지역 브리타니아 섬의 북부에 위치한 스코틀랜드Scotland는 켈트족이 터전을 이룬 지역으로 잉글랜드와는 다른 민족적·문화적 특색을 지닌다. 스코틀랜드는 국토의 2/3가 산림과 황무지인데 춥고 변화가 심한 날씨에 기후의 지역적 차이도 심하다. 사슴과 양, 각종 사냥새와 뇌조를 이용한 요리를 맛볼 수 있으며 송어와 연어 요리는 세계적인 명성을 자랑한다.

스코틀랜드는 농업보다 목축이 발달했다. 방목에 의해 생산되는 소와 양은 물론 붉은 사슴, 뇌조에서 토끼까지 다양한 사냥물들이 식탁에 오른다.

주요 농업생산물이자 식품인 귀리나 보리를 이용한 죽과 오트밀을 즐겨 먹는다. 주로 보리는 유명한 스카치위스키의 원료로 이용되고, 귀리는 음식의 재료로 다양하게 이용된다. 내장 음식인 해기스haggis는 양이나 소의 내장을 다져 소기름과 오트밀, 소금, 후추, 양파 등으로 양념하여 그 동물의 위에 넣고 삶은 것으로 으깬 감자나 순무를 곁들여 먹는데 어디에서나 쉽게 먹을 수 있는 스코틀랜드의 국민 음식이다.

웨일즈 지역 기원전 500년경 브리튼 섬에 들어온 켈트인들이 살던 지역인 웨일즈Wales는 브리튼 섬의 남서부에 위치하며 고대 켈틱의 전통과 관습이 잘 간직되어 있다. 웨일즈는 원래 삼림 지역이었으나 많이 훼손되어 농업과 목축업이 발달했는데 날씨는 변화가 심하고 비가 많이 내린다. 평범한 재료를 이용한 소박하고 일상적인 음식이 많은 것이 특징이다. 삼림이 많던 지역이므로 사냥한 동물고기를 이용한 음식을 좋아하며 타 지역에 비해 돼지고기를 많이 먹는 편이고 18세기부터 주식으로 이용된 감자, 강과 바다에서 잡히는 싱싱하고 다양한 생선도 빼 놓을 수 없다.

그림 4-63 **카울**

채소류 중에 파는 웨일즈 상징의 하나로 많은 음식에 이용된다. 카울cowl은 양고기나 쇠고기에 여러 가지 채소와 파를 넣고 진하게 끓이는 스튜로 먹기 전에 다진 파를 얹어 먹는데 웨일즈의 국민음식이며, 파 모양으로 만드는 리크 페이스티leek pasty는 전채음식이나 사이드디시로 인기 있는 음식이다. 잉글랜드나 스코틀랜드는 차이가 없지만 웨일즈는 독특한 감자 음식이 많은데 파와 감자를 이용한 앵글스 에그angles eggs가 유명하다.

6) 서남부유럽의 프랑스

(1) 프랑스 음식문화의 특성

프랑스 음식의 특징은 재료의 맛을 살리는 뛰어난 조리법으로 섬세한 맛을 내는 데 있다. 맛을 내는 데는 전통적으로 포도주, 향신료, 소스가 많은 역할을 한다. 프랑스 제일의 특산물인 포도주는 마시는 목적 이외에 음식 맛을 돋우기 위한 조미료 성격을 갖고 있다. 다양한 향신료와 수백 종류에 이르는 소스를 요리에 사용하여 미묘한 맛과 풍부한 변화를 창출해 낸다. 또한 프랑스인은 음식에 탐욕스러울 만큼 왕성한 호기심을 가져 단순히 맛있는 음식을 먹는 것보다 요리를 돋보이게 하는 그릇, 서비스, 식사예절까지 포함하는 풍부한 식사를 추구하여 음식을 문화차원으로 끌어 올렸다.

기후와 지형이 다양하여 지방마다 특색 있는 요리가 발달하였다. 북부 지역은 주로 우유, 버터 등의 유제품을 많이 사용하는 반면 남부 지역에서는 올리브유,

매콤한 고추, 토마토 등을 많이 사용한다. 주요 산물인 치즈, 육류, 와인과 밀, 귀리, 옥수수 등의 곡물류를 이용한 다양한 음식과 조리법이 발달하였다. 바다 생선, 굴과 새우, 조개 등의 갑각류가 풍부하여 요리하기에는 더욱 좋은 재료를 포획하고 있으며 농수산물을 거의 자급자족하며 인접국가로 수출도 많이 하고 있다. 특히 북부 지방을 제외하고 포도를 전국적으로 생산하고 있으며 보르도 지방이 중심 지역을 형성하고 있다. 한편 섬세한 조리 기술, 다양한 향신료, 풍성하고 여유로운 식사와 테이블 문화 등의 발달을 통해 프랑스는 유럽의 음식문화를 대표하고 있는 나라로 성장하게 되었다.

(2) 프랑스의 지역별 대표 음식

프랑스 음식 역시 지역마다 요리에 사용하는 주재료나 조리법이 차이가 나기도 하는데 목축업이 발달한 북부 지역은 생크림을 많이 사용하며 이탈리아와 인접한 남부 지역은 토마토와 올리브유, 마늘을 많이 사용하는 편이다.

부르고뉴 지역 세계적으로 유명한 포도주 생산지인 부르고뉴Bourgogne 지역은 백포도주, 적포도주 모두 품질이 좋으며 특히 이 지역에서 생산되는 붉은 포도주 레드 버건디red burgundy는 모든 음식의 주재료로 사용된다. 이 지역은 샤블리, 보졸레, 꼬뜨도르 등 유명한 와인만큼 요리로도 유명한 곳인데 대표적인 요리는 포도잎을 먹고 자란 달팽이로 만든 부르고뉴풍 달팽이 요리 에스카르고escargot, 디종 머스터드, 닭 한마리를 적포도주에 담가 삶은 요리인 코코뱅, 적포도주를 넣고 끓인 비프스튜 등이다. 달팽이 요리는 고대 로마시대부터 미식美食의 하나로 여겨졌고 기원전 50년경에 이미 양식했다는 기록이 있으며, 이것이 전해져 프랑스의 에스카르고 요리가 되었다고 한다. 프랑스에는 20가지 이상의 조리법이 알려져 있다. 또한, 부르고뉴 지역은 프랑스에서 가장 우수한 쇠고기가 생산되는 곳으로 고기조각을 기름에

그림 4-64 **에스카르고**

익혀 먹는 쇠고기 퐁듀도 유명하다.

프로방스 지역 한때 이탈리아 영역이었던 프로방스Provence 지역은 지중해 연안의 여러 다른 지역과 마찬가지로 마늘, 올리브유, 토마토를 많이 이용하여 음식을 만든다. 알로리aloli는 마요네즈와 비슷한 유명한 소스인데 마늘 갈은 것, 난황, 기름, 레몬주스를 섞어서 만든 것으로 주로 생선 요리에 많이 쓰인다. 빵바냐pan bagnat는 이 지역 사람들이 점심식사로 좋아하는 딱딱한 빵에 올리브유를 바르고 안초비와 토마토를 얹어서 먹는 것으로 피자와 비슷하다. 고기수프를 즐겨 먹는데 이 수프는 쌀이나 파스타를 넣어 걸쭉하게 만들고 위에 치즈를 뿌려 먹는다.

그림 4-65 **부이야베스**

이 지역은 지중해로부터 수산물이 풍부하게 수확되는 곳으로 생선 요리가 발달하였다. 대표적인 음식으로 빼놓을 수 없는 것이 항구도시 마르세이유의 명물인 부이야베스bouillabaisse이다. 부이야베스는 원래 어부들이 바닷물에 끓여먹던 일종의 생선 모듬 스튜인데 지금은 생선과 갑각류, 토마토, 양파, 마늘, 펜넬, 사프란 등을 함께 넣어 조리한다.

노르망디 지역 서북쪽에 위치한 노르망디Normandie 지방은 바닷가에 인접한 초원 지역으로 해산물이 풍부하고 곳곳에 목장이 있어 프랑스 최고 양질의 우유, 크림, 버터, 치즈 등 유제품이 생산된다. 따라서 버터, 생크림, 우유와 해산물을 풍부하게 사용한 음식이 많다. 특히 노르만 크림은 프랑스 전역에서 유명하며 이 지역에서 세계적으로 잘 알려진 카망베르치즈가 생산된다.

그림 4-66 **카망베르치즈**

노르망디 지역은 북쪽이기 때문에 포도보다는 사과가 많이 생산되는데, 사과를 이용하여 애플 페이스트리, 애플타르트 등을 만들며

프랑스 음식의 특징

1. 섬세한 조리 기술과 화려한 음식

프랑스 요리는 섬세한 맛을 살리면서 색과 모양에 치중하고 화려함을 내세우는 시각적인 면을 강조하며 요리의 모든 공간에 장식을 하여 아름다움을 추구한다. 신경향의 요리 유형을 통칭하는 '새로운 요리'라는 뜻의 누벨퀴진(nouvelle cuisine)이 등장한 후 간단한 조리법과 가벼운 소스, 예술적으로 음식의 양을 적게 담아내며 시각적인 면을 중시하였다. 현재 그 외에도 부유층의 예술적이고 고전적인 고급 요리로 'high cooking'을 뜻하는 오트퀴진(haute cuisine)과 지방의 특산물을 살린 유명한 요리로 오랜 세월동안 개발된 퀴진 드 테루아(cuisine de terroir) 등이 있다.

2. 풍부한 식재료로 만든 다양한 음식

삼면이 바다로 둘러싸여 농축수산물 등 다양한 식품을 생산하였는데 풍부한 식재료는 다양한 음식을 가능하게 하였다. 특히 포도주와 치즈, 빵, 육류가공품 등이 발달하였다.
포도주는 생산지에 따라 색깔, 향기, 맛이 다르고 요리와 밀접한 관계가 있다.

3. 빵과 포도주 주로 섭취

빵은 프랑스인과 늘 함께 하는 주식으로 딱딱하게 구워 표피가 바삭바삭한 빵 중 특히 바게트가 잘 알려져 있다. 크루아상이나 브리오슈 등은 아침식사용으로 먹는 빵이다. 프랑스인들의 식탁에는 늘 빵이 함께 하여 매 코스의 음식을 더욱 맛있게 즐길 수 있도록 해준다. 특히, 바게트는 식사 중에 포도주를 더욱 즐길 수 있게 해주므로 포도주를 사랑하는 프랑스인의 식탁에서 빼 놓을 수 없는 중요한 음식이다.

4. 다양한 향신료와 독창적인 소스 사용

프랑스 음식 맛의 비결은 다양하고 독창적인 소스에 있으며 수백가지 소스가 있는데 대부분의 소스는 스톡(stock)에서 출발한다. 스톡의 조리에는 채소와 부케가르니를 사용한다. 부케가르니는 여러 종류의 방향성이 강한 허브 묶음으로 수프나 스튜의 조리 시에도 널리 이용된다. 소스 농도 조절을 위해 주로 루(roux)를 많이 이용하는데 루는 밀가루와 버터의 혼합물로 음식을 걸쭉하게 만들 때도 이용되며 흰색, 연갈색, 갈색으로 구분된다.

5. 식탁에서 빠질 수 없는 치즈

바게트, 포도주와 더불어 프랑스인의 식탁에서 빠질 수 없는 것이 바로 치즈이다. 소, 양, 염소 등의 젖으로 400여 종류의 치즈를 생산하는 나라답게 음식에도 많이 이용하지만 식후에 8개월~1년간 숙성한 4~5종류의 치즈를 바게트, 포도주와 함께 즐기는 것은 프랑스의 음식문화에서 일상적인 일이다. 15세기에도 프랑스의 식생활에서 치즈가 차지하는 역할이 사회적인 지위에 의해 좌우되었다고 할 정도이다.
로마시대부터 최고 품질의 치즈를 생산하는 프랑스의 대표적인 노르망디 지방에는 카망베르와 브리, 로크포르, 뮌스터, 콤테, 리바로, 캉탈, 퐁레베크 등이 있다.

사과를 이용하여 만든 술인 시드르cidre와 애플브랜디 calvados가 생산된다.

보르도 지역 세계가 인정한 프랑스 최고의 와인 생산지인 보르도Bordeaux는 브랜디가 유명한 지역이다. 브랜디의 정수인 코냑은 세계적으로 널리 알려져 있다. 이 지역은 와인과 잘 어울리는 음식들이 특히 많은데 양고기 요리와 거위간foie gras 요리가 발달하였다.

지롱드 강과 대서양에서는 해산물도 풍부하게 생산되는데 이 식재료를 이용한 연어 요리와 캐비아가 대표적이다.

푸아그라foie gras는 송로버섯truffle, 캐비아(철갑상어알)와 함께 세계 3대 진미 중의 하나이다. 푸아그라는 운동시키지 않고 사육한 거위의 간을 불에 익혔다가 차갑게 식혀서 조리한 요리이며, 빵과 함께 먹으면 맛이 일품이다.

그림 4-67 **푸아그라**
그림 4-68 **크레이프 브리타니**

브르타뉴 지역 프랑스 북서부 해안지대인 브르타뉴Bretagne는 품질이 좋은 굴과 홍합, 섭조개, 대합, 성게, 가리비 등이 많이 생산되며 다양한 생선이 풍부하다. 생선에 포도주와 후추로 만든 소스를 뿌려 먹는 쿠르부용과 각종 생선에 감자를 넣고 끓이는 스튜cotriade 등이 대표적인 이 지역 요리이다. 브르타뉴 지역은 목축업도 발달하였는데 특히 프레살레 해변에서 기른 양고기가 유명하다. 덤플링과 같이 먹는 삶은 돼지고기 요리도 널리 알려져 있으며 크레이프 브리타니crepes brittany라는 팬케이크도 대표적인 음식이다. 크레이프는 브르타뉴 지방의 음식으로 프랑스 전역에서 즐겨 먹으며 서양식 부침이다. 밀가루 반죽은 한 시간 가량 실내에서 숙성시킨 후 얇게 부치며 여기에 치즈, 햄, 달걀, 그 밖의 다양한 재료들을 속에 넣어서 동그랗게 부쳐 말아 먹는다.

7) 서남부유럽의 이탈리아

(1) 이탈리아 음식문화의 특징

로마제국의 분열 이후 이탈리아는 여러 나라에 의해 점령되어 각국의 영향을 받았는데 그에 따라 음식문화도 지역마다 특유의 요리가 발달하여 향토 요리가 많이 생겨났다. 즉 밀라노, 베네치아를 중심으로 하는 북부 지방은 겨울이 길고 추워서 진한 맛의 요리가 발달했다. 또한 농업이 발달해 쌀이 풍부하며 버터, 크림, 치즈 등의 유제품도 풍부하다. 로마, 피렌체를 중심으로 하는 중부 지방은 북부나 남부의 요리가 혼합되어 소재나 맛이 다양하다. 시칠리아 섬과 나폴리를 중심으로 하는 남부 지방은 올리브와 올리브유, 토마토나 건조 파스타, 모차렐라 치즈 등이 유명하고 해산물이 풍부하여 이를 이용한 요리가 발달했다.

(2) 이탈리아의 지역별 대표 음식

이탈리아는 각 지방의 특색과 풍토, 문화, 역사에 맞게 전통 요리법이 그대로 전해져 각각의 독특한 맛과 향을 고스란히 담고 있다. 이탈리아는 남부와 북부의 기후, 지형, 주요 산물에서도 차이가 있을 뿐만 아니라 로마제국의 멸망 이후 1861년에 통일 국가를 이룰 때까지 여러 왕국으로 나뉘어 있었기 때문에 산업이나 문화, 음식 면에서 지역적 특색이 매우 강하다. 쌀이 많이 생산되고 낙농업이 발달한 북부 지역은 쌀과 버터를 이용한 음식이 많으며, 남부 지역은 파스타와 올리브 오일을 이용한 음식이 발달하였다.

북부 지역 북부 지역은 알프스 산맥과 바다에 인접해 있는 곳으로 자연의 혜택이 풍부한 지역이다. 밀라노가 위치한 롬바르디아 지방, 토리노가 위치한 피에몬테 지방 등이 있는 북서부 지역과 베네치아가 있는 베네토 지방과 트리에스테가 위치한 프리울리 지방이 중심이 되는 북동부 지역으로 구분할 수 있다. 특히, 북서부 지방은 이탈리아 경제의 중심지로서 오늘날 이탈리아 요리의 변화를 주도하고 있으며, 북동부 지역은 베네토 지방의 여러 도시들이 예전에는 도시국가의 형태를 띠고 있었기 때문에 예로부터 다양한 형태의 조리법들이 발달했다. 이 지역은 유제품이 풍부하여 우유와 크림을 많이 사용하고 조리용 기름으로 버터를 이용한다. 일찍이 향신료 무역의 중심지인 베네치아에서 밀라노로 이주한 상인들이 양념을 많이 가지고 왔기 때문에 조리 시 향신료를 많이 사용하는 특징이 있다.

그림 4-69 **버터에 튀긴 송아지 고기**

이 지역의 대표적 음식에는 버터에 튀긴 송아지고기 요리와 리소토, 옥수수가루로 만든 폴렌타가 유명하다. 파스타로는 카넬로니와 라자냐, 수프에는 미네스트로네, 케이크에는 단 이스트 케이크인 파네토네 등이 있다. 파르메산 치즈와 고르곤졸라 치즈는 롬바르디아의 대표적인 치즈이다.

중부 지역 토스카나, 움브리아, 로마가 있는 라치오 등이 중부 지역에 포함된다. 토스카나 지역에 위치한 피렌체는 이탈리아에서도 손꼽히는 미식의 도시로 프랑스 요리의 원조인 메디치가로도 유명하다.

이들 지역은 조리용 기름으로 버터와 올리브유를 모두 사용하며 채소가 풍부하여 콩, 완두, 근채류, 가지, 호박, 아스파라거스 등이 많이 이용된다. 육류는 돼

이탈리아 음식의 특징

1. 이탈리아의 주식 파스타

파스타는 우리의 밥과 같은 이탈리아의 주식이다. 건조한 파스타 중에는 스파게티, 마카로니, 탈리아텔레 등이 있고, 건조하지 않은 파스타에는 라비오리, 토르텔리니, 라자냐, 카넬로니 등이 있다. 파스타는 면의 종류도 다양하지만 어떤 소스를 이용하는지에 따라 요리 명이 달라진다. 소스의 종류는 지방마다 천차만별이다. 토마토소스를 친 나폴리식, 미트소스를 친 볼로냐식, 달걀노른자와 베이컨, 파르메산 치즈를 사용한 카르보나라, 모시조개를 사용한 봉골레, 마늘과 고추, 올리브유만을 쓴 알리오 등 종류가 다양하다.

2. 장작불 화덕에 구운 이탈리아 피자

이탈리아에서는 어디를 가더라도 피체리아(pizzeria)를 볼 수 있다. 피자는 토핑 재료에 따라 이름이 달라질 뿐 도우(dough)는 같다. 이탈리아의 피자는 두 가지로 구분된다. 피자 반죽을 가능한 얇게 밀어 구운 것은 로마식이며, 두툼하게 밀어 펴 토핑을 한 것은 나폴리식이다. 토핑이 진하지 않아 담백한 나폴리가 피자의 원조로 알려져 있으며 토마토가 이탈리아에 유입되면서부터 현재의 피자 형태에 가깝게 만들기 시작했다. 토마토가 이탈리아에 상륙한 것은 신대륙 발견 이후의 일이다. 피자가 역사에 나타나기 시작한 것은 19세기 이후이며, 1830년에는 나폴리에 피체리아가 등장하였다.

3. 이탈리아식 볶음밥 리소토

이탈리아 북부 지역 포강 유역의 평야는 밀과 쌀이 풍부하게 생산되는 곡창지대로 이 지역을 중심으로 쌀 요리가 발달하였는데 대표적인 것이 리소토이다. 리소토는 이탈리아식 볶음밥으로 처음부터 생쌀을 넣고 조리한다. 닭고기, 치즈, 해산물, 샤프란 등 첨가하는 부재료에 따라 여러 가지 맛과 형태의 리소토를 만들 수 있다.

4. 다양한 치즈의 이용

이탈리아인들의 식생활에서 치즈는 매우 중요하고 종류도 다양하다. 산지의 목장에서 생산되는 우유나 양젖을 이용하여 만드는 치즈는 각종 음식에 이용된다. 대표적인 이탈리아 치즈로는 북부 지역의 파르메산 치즈와 중부 지역이 원산인 로마노치즈가 있다. 이는 초경질치즈로 강판에 갈아서 파스타나 수프에 뿌려 먹으며, 또 널리 알려진 모차렐라치즈는 남부 이탈리아가 원산으로 피자를 비롯하여 여러 음식에 이용한다. 이외에 아시아고, 고르곤졸라, 리코타, 벨페세, 프로볼로네 등도 대표적인 이탈리아 치즈들이다.

5. 올리브 과다 사용

이탈리아는 산지나 구릉이 많은 지형적 특성과 지중해성 기후 때문에 수목농업에 적합한 환경을 가지며 고대부터 포도와 올리브가 풍부하게 생산된다. 올리브는 소금이나 오일에 절여 먹기도 하지만 주로 착유하여 기름으로 많이 이용하는데 이탈리아는 올리브오일의 최대 생산국이다. 올리브 오일은 샐러드드레싱에도 사용되고, 뜨거운 수프에 곁들여지기도 하며, 빵이나 고기, 피자에 뿌려 먹기도 하고, 파스타의 소스로도 사용되는 등 요리의 재료로 다양하게 이용된다.

지고기를 선호하는데 주로 신선한 허브로 조리하며 양고기도 즐겨 먹는다. 간으로 만든 소시지와 쌀을 이용한 음식이 많은데 리소네는 까만 밥으로 오징어 먹물로 물을 들여서 요리한 것이다. 다른 지역의 페이스트리와 달리 토스카나 페이스트리는 밀가루 대신 밤가루로 만든다. 치즈와 소시지를 듬뿍 넣은 캐서롤, 튀긴 생선이나 해산물, 구운 돼지고기, 멧돼지, 염소새끼, 메추라기 요리 등을 즐겨 먹으며 생선수프는 마늘빵과 함께 먹곤 한다.

그림 4-70 **리소네(오징어 먹물)**
그림 4-71 **피자**

남부 지역 나폴리가 있는 캄파냐, 칼라브리아, 시칠리아 등이 남부 지역에 포함되는데 풍요로운 자연환경으로 인해 고유의 음식문화가 발달하였다.

연중 온난하여 올리브, 토마토나 오렌지 등의 과일이 다량 산출되며 올리브 오일과 마늘을 조리 시에 많이 쓴다. 육류의 사용이 적고, 토마토와 마늘, 향신료 등을 많이 이용하는 것이 이 지역 음식의 특징이다. 피자와 파스타는 나폴리 지역의 대표적인 음식인데 피자는 나폴리 지역에서 시작된 것으로 알려져 있다. 조리용 기름으로는 거의 올리브유를 이용한다.

남부 지역 사람들은 돼지고기를 많이 먹는 편인데 돼지를 많이 사육하며 다양한 소시지를 즐겨 먹는다. 조미료는 베이즐, 파슬리, 후추, 마저럼, 로즈마리, 타임, 양파 등을 많이 사용하는 편이고 채소는 샐러리와 가지, 시금치 등을 즐겨 먹는다.

시칠리아 지역에서는 여러 가지 어패류를 올리브 오일에 볶아 토마토, 올리브 등과 함께 즐겨 먹으며, 음식에 치즈를 많이 사용하는데 특히 파르메산 치즈를 많이 이용하고, 모차렐라 치즈는 피자뿐 아니라 채소 음식, 샌드위치 등에도 사용한다.

3. 아메리카의 음식문화

북아메리카는 지구의 북반구, 서반구에 위치한다. 북쪽은 북극해, 동쪽은 북대서양, 남동쪽은 카리브 해, 서쪽은 북태평양과 접한다. 남동쪽으로 파나마 지협을 경계로 남아메리카와 연결된다.

남아메리카는 지구 적도의 남쪽에 딸린 곳으로, 대륙이 남극으로 길게 뻗쳐 있을 뿐만 아니라 세계에서 가장 긴 안데스 산맥이 있다. 남대서양 서쪽 지역은 저기압의 발원지를 이루는데 남아메리카의 동해안과 내륙에 비를 많이 내리게 한다.

1) 북아메리카의 미국

(1) 미국 음식문화의 특징

미국에서 가장 대표적인 음식은 햄버거를 첫째로 떠올릴 수밖에 없다. 패스트푸드의 대표적인 음식으로 자리 잡은 햄버거와 핫도그, 피자 등 거의 모든 패스트푸드가 미국 음식의 상징이다. 하지만 햄버거hamburger는 이름에서 볼 수 있듯

미국 음식의 특징

1. 구대륙의 조리법과 신대륙의 식재료 결합

미국 이민자들은 인디언들로부터 신대륙의 작물인 옥수수, 호박, 토마토, 칠면조, 땅콩, 블루베리 등의 식재료를 얻어서 구대륙의 레시피에 적용하여 새로운 미국 요리를 만들어 냈다.

2. 민족 수만큼 다양하게 발달한 음식

미국은 특히 도시, 그 중에서도 뉴욕에서 세계 음식문화를 모두 만나볼 수 있다. 뉴욕을 대표하는 음식인 베이글과 파스트라미(훈제 쇠고기), 렉스(훈제 연어), 크림치즈 등은 유태인의 요리이다. 또 소금에 절인 쇠고기와 양배추, 아일랜드식 스튜 등은 대표적인 아일랜드 요리이다. 20세기 초 이탈리아인들을 통해 파스타가 들어왔으며 제2차 세계대전 후 유럽에 파병나갔던 군인들을 통해 미국에 피자가 널리 퍼졌다. 멕시코 요리는 주로 멕시코와 인접한 텍사스 지역에 많으며 미국식으로 변형되었다. 베트남전 이후 베트남 쌀국수가 인기를 끌었으며, 향이 강하고 야채 중심의 태국 요리 전문점도 증가 추세에 있다.

3. 육류 위주의 식생활

육류를 다량 섭취하고 빵, 감자, 옥수수 등을 조금씩 곁들여 먹기 때문에, 동물성 지방의 섭취가 많아 심혈관질환으로 고생하는 사람이 많다. 음식의 종류가 다양해졌지만 미국은 여전히 육류 소비가 많은 나라다. 미국인들이 저녁 식사용으로 선호하는 음식은 닭고기나 칠면조, 쇠고기 스테이크, 수프, 피자, 파스타, 샌드위치, 햄, 구운 감자, 버거, 그리고 쌀로 만든 요리 등이다. 버거는 미국 남성들이 가장 많은 사먹는 음식이며, 조리된 육류 완제품뿐만 아니라, 정통 바비큐, 스파게티에 많이 들어가는 미트볼(meatball) 등도 인기가 높다.

4. 단맛 강한 후식, 음료 등으로 열량섭취 증가

열량섭취가 많아 고도비만자가 급속히 증가하고 있어 국가적으로 식생활 개선에 신경을 쓰고 있다. 고칼로리의 설탕이나 감미료가 든 음식과 음료의 소비가 기록적으로 높다. 최근 저칼로리 음료나 천연성분 함유, 산소 강화, 중탄산 생수 등 건강 음료의 인기가 높아지고 있다.

5. 간편한 식사 지향으로 패스트푸드 발달

일에 중점을 두고 생활을 하기 때문에 간편하게 먹을 수 있는 즉석식품, 일품 요리, 통조림을 많이 먹는다. 끼니용 음식에 대해 미국인들이 가장 중요하게 여기는 점은 쉽고 빨리 요리를 해 먹을 수 있어야 한다는 것이다. 데워서 즉시 먹을 수 있거나, 별도의 조리 도구가 필요 없이 걸어가면서 먹을 수 있도록 포장된 음식을 좋아한다. 내용물을 듬뿍 넣은 샌드위치, 차에서 쉽게 이용할 수 있는 컵, 이동 중에 먹을 수 있는 음식 등이 미국인들이 선호하는 새로운 형태의 한 접시 식사이다. 과자류의 경우에도 즉시 먹을 수 있는 것을 선호한다.

이 독일 항구도시 함부르크Hamburg의 선원들이 즐겨 먹던 음식이다. 핫도그도 원래 정식 명칭은 프랑크퍼터frankfurter인데 역시 독일 프랑크푸르트Frankfurt에서 기원한 음식이므로 독일 음식이라고도 할 수 있다. 미국인들이 즐겨 먹는 마카로니 앤드 치즈mac and cheese는 마카로니를 토마토소스나 크림소스 대신 치즈소스에 비벼 먹는 음식이다. 이것 역시 유럽에서 큰 인기를 끌던 치즈소스를 곁들인 파스타를 미국식으로 변형한 요리다.

이처럼 미국에는 유럽과 아시아 등 전 세계 인종이 모여서 살고 있기 때문에 자신의 민족 음식을 그대로 계승하거나 나름대로 변형시켜 특유의 복합적 음식 문화를 형성하고 있는 것이 특징이다.

(2) 미국의 지역별 대표 음식

미국의 음식문화는 다양한 민족의 각양각색 음식문화가 담겨 있어 전 미국을 아우르는 전형적인 특징을 짚어보는 것은 매우 어려운 일이다. 미국의 음식문화는 통합적이기보다 시대와 지역에 따라 고유의 특색을 지닌 채 발전하고 있으며 음식의 지역적 특성은 그 지역에 정착한 이주민의 국적에 영향을 많이 받는다.

동부 지역 미국의 동부 지역은 정치, 사회, 경제, 문화 전반에 걸쳐서 큰 영향을 미치는 미국의 두뇌이자 심장부로서 전 세계를 이끌어 가는 중심이다. 뉴욕,

그림 4-72 **팬케이크**

보스턴, 델라웨어, 뉴저지와 펜실베이니아 등 대도시가 있어 인구 밀집지대를 이룬다. 기후는 대륙성 기후의 성격이 짙게 나타난다. 대서양과 인접한 동부 해안 지역에는 독일의 후손들이 주로 자리 잡고 있다. 지역 특산물인 블루베리, 칠면조, 옥수수, 감자, 토마토, 돼지감자, 고추 등을 이용한 전통 음식의 주를 이룬다.

미국인들이 즐겨 먹는 팬케이크, 와플, 도넛과 각종 쿠키 믹스, 덤플링, 족편과 비슷한 아스픽aspic, 사워크라우트와 돼지고기를 섞어 만든 음식, 염장 달걀, 소금에 절인 채소 샐러드 등은 펜실베이니아로 이주해 온 독일 후예들의 음식에서 영향을 받은 것이다.

서부 지역 미국의 서부 지역은 높고 험한 로키 산맥이 뻗어 있고 그 사이에 많은 고원과 분지가 있다. 서쪽으로 갈수록 농사짓기에 적합한 토지가 드물고 비가 적어 초지와 목장이 발달하여 소와 말을 방목한다. 콜로라도, 덴버, 애리조나와 같은 관개시설이 잘된 지역에서는 과일, 채소, 면화를 많이 생산한다. 캘리포니아는 겨울에 비가 많이 오고 여름에 비가 적은 고온 건조한 기후지역이라서 과일과 야채 생산이 주류를 이루며, 특히 포도 생산량은 세계 제일이므로 대중적인 포도주를 많이 제조한다.

미국 남서부 지역의 음식은 원주민 아메리칸 인디언과 멕시코 음식의 영향을 강하게 받았다. 텍사스와 멕시코 접경지역에서 형성된 음식을 텍스-멕스 음식이라고 칭하는데 이 음식은 카우보이 스타일의 멕시코풍 음식으로 육류 특히 쇠고기와 칠리, 콩을 많이 사용한다.

그림 4-73 **캘리포니아롤**

캘리포니아롤California roll은 미국에서 만들어진 일식이다. 미국인들은 김을 먹지 않기 때문에 김을 밥 안에 넣어서 말은 새로운 형태의 스시로 창조되었으며 미국에서 일식의 대명사로 자리 잡았다.

그림 4-74 **칠리 도그**

남부 지역 미국의 남부 지역은 습기가 많은 아열대 지방으로 농업은 대농장 제도에 뿌리를 두고 있다. 멕시코와 아프리카의 요리가 섞인 남부 요리는 지방색이 풍부하며 종류도 많고 맛도 있다. 칠리chili는 미국에서 대표적인 남부음식이다. 칠리 고추와 갈은 고기 등을 사용해 약간 매콤하게 끓이는 스튜의 일종인데 기원은 멕시코라고 한다. 하지만 미국인들은 칠리를 사용하여 자기만의 음식을 창조하였는데 바로 칠리 도그이다. 이 칠리를 핫도그에 뿌려 먹는 것인데 미국에서 처음으로 먹기 시작하였으며 지금은 미국 야구장의 단골음식이다.

남부 지역 음식은 고추나 칠리를 이용하여 매운맛과 향이 강한 음식이 많고 돼지기름으로 맛을 내는 아프리카 스타일의 음식, 두툼한 무쇠냄비를 이용하여 오래도록 삶는 조리법 등이 특징적이다.

중부 지역 루이지애나Louisiana 주를 포함한 중부 지역은 프랑스의 지배를 받던 곳이었는데 미국이 프랑스에 일정한 돈을 지불하고 중부 대부분을 손에 넣었다. 이때 프랑스 음식문화를 고스란히 손에 쥐게 되는데 이것이 바로 미국의 독특한 프랑스 음식인 케이준cajun과 크레올creole이다. 루이지애나 주의 풍부한 해산물을 이용한 케이준과 크레올은 프랑스 음식의 미국식 해석이다.

그림 4-75 **검보(케이준)**

크레올은 남부 지역에 사는 스페인계 미국인을 지칭하는 말로 크레올 요리는 스페인 음식을 기본으로 하여 여기에 원주민 음식이 가미되고 후에 흑인 문화와 프랑스 문화의 영향을 받았다. 케이준 요리는 프랑스 요리에서 시작해 원주민과 흑인 문화에 의해 변형되고 훗날 스페인 음식의 영향을 받았다. 검보gumbo로 대표되는 케이준과 잠발라야jambalaya로 대표되는 크레올은 이젠 미국 남부의 독특한 요리문화로 자리를 잡았다.

주로 유럽에서 추방된 프랑스인들이었던 극빈층 케이준은 각종 재료를 한곳에 섞어서 만드는 음식이 발달하였고 상류층인 크레올은 유럽풍 음식을 현지화시킨 것이다.

2) 남아메리카의 멕시코

(1) 멕시코 음식문화의 특징

멕시코는 원주민들의 토착음식과 스페인의 음식문화가 혼합, 융화되어 이색적이고 독특한 음식문화를 형성하게 되었다. 스페인 정복기에는 스페인의 영향을 받고 스페인으로부터 해방된 후에는 프랑스의 영향을 받아 프랑스빵과 페이스트리를 먹기 시작하였다.

멕시코는 옥수수, 카카오, 고추, 감자, 고구마, 토마토, 아보카도, 선인장 등의 원산지로서 세계의 음식문화에 끼친 영향도 지대하다. 마야 신화에 의하면 인간은 옥수수는 만들어졌으며 아즈텍 시대에도 옥수수신을 숭배할 정도로 옥수수는 주식을 넘어 멕시코 문화에 미치는 영향이 막강하다. 이는 남아메리카의 자연환경이 옥수수 재배에 적합하여 대규모 생산이 가능했기 때문이며, 기원전 7000년경부터 재배한 것으로 알려져 있다.

(2) 멕시코의 대표 음식

그림 4-76 **토띠아**

토띠아 멕시코 음식의 상징인 토띠아tortilla는 옥수수를 알칼리 처리하고 가루를 낸 다음 마사massa라는 옥수수가루 반죽을 만들어 철판에 기름 없이 납작하게 구운 것인데 거의 모든 가정에서 매끼마다 빠지지 않고 먹는다.

토띠아는 고기나 채소를 소스와 함께 싸서 접거나 말은 타코taco로 만들어 먹거나 또는 다양한 방법으로 응용하는데 널리 알려진 멕시코 음식들은 토띠아를 기본으로 하는 것이 많다. 토띠아를 기름에 튀겨 고기나

멕시코 음식의 특징

1. 다양한 고추와 칠리소스 음식

멕시코는 고추를 이용한 매운 음식을 즐기는 나라로 세계적으로 유명하다. 멕시코에서 이용되는 고추는 불같이 매운 것에서부터 단맛이 나는 것까지 90여 종에 이른다. 고추의 원산지답게 고추의 용도도 다양하며 소스로 이용하여 맛을 내는 것은 물론 피클과 고추 속에 채소나 고기, 치즈 등을 넣고 튀기는 칠리 렐레노스라는 음식도 있으며, 각종 음식에 고추가 부재료로 많이 이용된다.

2. 주식으로 먹는 옥수수 음식

멕시코에서는 옥수수가 이미 기원전 7000년부터 재배된 원산지이며 오늘날에도 대다수 멕시코인의 주식이자 멕시코 음식의 가장 기본적인 식품으로 이용되고 있다. 옥수수는 단순히 삶거나 구워 먹는 것 외에도 조리법이 다양하여 먹을 수 있는 방법이 많은데 토띠아(tortilla)를 만들어 먹는 것이 가장 대표적이다.

3. 용설란으로 만든 전통주와 음료 문화

멕시코인들은 다양한 전통 음료와 전통주를 즐긴다. 그 중 테킬라는 세계적으로 유명하며 마야, 아즈텍족에서 그 유래를 찾을 수 있는 전통주다. 테킬라는 8~10년 정도 자란 선인장의 일종인 용설란 밑동을 잘라 푹 익힌 후에 물을 짜내 발효시켜 만든 술이고, 알코올 함유량이 40도에서 60도나 되어 독하지만 냄새가 없고 산뜻하며 마가리타, 피나콜라다, 선라이즈 등 유명 칵테일을 만드는 데 쓰인다. 멕시코인들은 투나(선인장 열매)나 망고와 같은 열대과일들을 갈아서 스무디와 유사한 리쿠아도(licuado)라는 전통음료를 만들어 즐기기도 한다.

4. 초콜릿의 원산지

고급 디저트의 주재료인 초콜릿은 콜럼버스가 4번째 아메리카 항해에서 유카탄 반도로부터 스페인에 들여온 카카오가 전조였다. 그 당시 카카오열매는 피로회복제, 강장영양제 등으로도 사용되었으며 특히 화폐로 통용되는 등 매우 귀중하게 취급되었다. 멕시코의 대표 전통소스인 몰레소스에도 초콜릿이 들어가 음식 맛을 독특하게 돋운다.

5. 콩류의 다양한 활용

콩류는 토띠아와 더불어 멕시코인들의 식탁에서 빼 놓을 수 없는 중요한 식재료로 멕시코 전역에서 즐겨 먹는다. 다양한 콩 요리는 아침식사를 비롯해 모든 식사에 언제든지 먹을 수 있으며 콩은 타코나 부리토, 타말레 같은 요리에도 많이 이용된다.

채소, 구아카몰소스 등을 얹어 먹는 토스타다스, 반으로 접은 토띠아에 닭고기와 치즈 그리고 살사소스가 들어가는 엔칠라다, 토띠아 사이에 치즈, 소시지, 콩 등을 넣고 납작하게 구어 부채꼴 모양으로 자른 퀘사디아, 토띠아를 조개 모양으로 튀겨 각종 채소, 치즈 등을 넣고 칠리소스를 뿌린 타코 샐러드 등 다양한 토띠아 이용 음식이 있다. 스페인들의 상륙 이후 밀가루를 이용한 토띠아 요리도 많아져 구운 고기, 채소를 함께 싸서 먹는 파히타fajita나 밀가루 타코로 알려진 부리토burrito 등도 있다.

4-77

4-78

4-79

그림 4-77 **타코**
그림 4-78 **부리토**
그림 4-79 **몰레소스**

몰레 멕시코에서는 몰레mole를 싫어하면 반역자라는 소리를 들을 정도로 멕시코인들의 사랑을 받는 음식이다. 지방마다 만드는 방법과 재료가 약간씩 다르지만 일반적으로 고추, 초콜릿, 참깨, 아몬드, 건포도, 후추, 계피, 마늘, 양파, 토마토, 바나나 등의 수많은 재료를 갈아 끓여 만든 몰레를 칠면조나 닭고기에 소스처럼 얹어 먹는다. 맛있는 몰레를 만들려면 숙련된 음식솜씨가 필요하다.

17세기, 멕시코시티에서 자동차로 2시간 거리에 있는 푸에블라 지방에 위치한 산타클라라 수녀원의 수녀들은 대주교의 갑작스런 방문을 앞두고 어떻게 하면 더 맛있는 음식을 대접할 수 있을지에 대해 고민하고 있었다. 요리 담당 수녀가 여러 가지 궁리를 해 보았으나 별다른 생각이 떠오르지 않았는데 이 수녀는 당시 어린 수녀를 보조로 두고 있었다. 주교님의 방문이 임박하자 어린 수녀는 너무 다급한 나머지 식품 창고에 있는 여러 재료들을 맷돌에 넣고 갈아대기 시작했다. 담당 수녀가 그것을 보고 무엇을 하는지 묻자 그녀는 그냥 "갈아요mole."라고 대답했는데, 이것이 바로 몰레의 유래가 되었다.

한편, 보조 수녀가 이것저것 갈아 넣고 만든 소스를 먹어본 담당 수녀는 맛이 기가 막히게 좋다는 것을 깨달았다. 마침 그때 커다란 칠면조 한 마리를 삶고 있어서 담당 수녀는 몰레에 칠면조 국물을 섞었다. 마침내 식사시간이 되었을 때, 담당 수녀는 칠면조 고기에 맛있는 몰레를 끼얹어 큰 접시에 내놓았다. 이를 본 주교님은 처음에는 약간 놀란 표정을 지었으나 한번 맛을 본 후에 매우 맛있다는 것을 알게 되었다. 그리하여 푸에블라 지역 몰레의 명성이 멕시코 전국으로 퍼져 온 국민의 사랑을 받는 음식이 되었다.

3) 남아메리카의 브라질

(1) 브라질 음식문화의 특징

인디오 원주민과 흑인, 그리고 유럽 이주민들의 음식문화가 서로 융합되어 발달하였다. 브라질 오지인 북부와 북동부 지역에 거주하는 토착민 인디오의 음식은 자연의 식재료를 그대로 먹거나 또는 삶거나 구워 먹었다. 주로 만디오카(카사바), 옥수수, 열대과일, 감자, 아마존 강 유역의 생선을 즐겨 먹었다. 주로 브라질 남부 지역은 유럽의 음식문화에 영향을 받아 브라질 음식문화는 다양하게 발달하였다.

다양한 음식문화의 영향을 받은 브라질 음식은 지역의 자연환경과 결합하여 고유한 지역 음식을 발달시켰다. 상파울루Sao Paulo는 19세기 후반에 커피 재배가 활발해지면서 대도시로 발전하게 되었다. 주민으로는 포르투갈, 에스파냐, 독일, 이탈리아, 동유럽, 아프리카, 일본 등 세계 각지에서 모여든 인종이 거주하며 다양한 음식문화를 형성하고 있다. 전통 음식으로는 파이의 일종인 엠파나다empanada,

호박파이 및 브라질식 칠면조 요리 등이 있다.

리우데자네이루Rio de Janeiro는 브라질 남동부 대서양 연안에 자리한 도시이며 대구와 새우를 재료로 만드는 요리가 대표적이다. 살바도르Salvador의 옛 이름은 바이아Bahia인데 포르투갈인에 의해 사탕수수가 재배된 곳으로, 다른 지역과는 다르게 노동을 하던 아프리카 흑인문화의 영향을 많이 받고 있다. 밀가루가 귀중했던 당시 마니오카, 코코넛, 해산물 등의 지역산물을 많이 사용하였고, 그러한 이유로 살바도르의 음식은 덴데유red palm oil와 코코넛가루를 이용해 독특한 맛을 낸다. 더불어 넓은 초원의 야생동물로부터 얻는 넉넉한 육류, 각종 채소와 과일 등을 통해 다채로운 음식문화가 잘 발달하였다. 주로 케이크의 일종인 아카라제acaraje와 스튜의 일종인 바타파vatapa를 즐겨 먹는다.

아마조나스Amazonas는 아마존 지역으로 적도 바로 아래의 조밀한 열대우림 지역이다. 유럽인들의 침범을 피해 인디오 원주민들이 지내온 곳으로, 브라질 원주민의 음식문화가 잘 보존되어 있는 곳이다. 야자수 부리티buriti의 열매에서 나오는 기름으로 요리도 하고 사탕을 만들어 먹거나, 발효시켜 술을 만들어 먹기도 한다. 풍부한 식자원을 이용하여 과일 요리와 생선 요리가 발달하였으며, 대표적인 음식으로는 파투누투쿠피pato no tucupi가 있다.

미나스제라이스Minas Gerais 지역은 각종 광물자원이 매우 풍부하다. 따라서 브라질에서 광석을 캐냈던 포르투갈인들의 영향을 받아 브라질의 음식문화와 조화를 이루거나 섞여 있다. 더불어 활짝 트인 넓은 들판에서 목축을 하는 이들이 늘어나게 되어 채소 및 육류 요리가 함께 발달하였다. 대표적인 요리로는 키아부 닭고기 요리를 들 수 있다.

(2) 브라질의 대표 음식

슈하스코 원래 남부 지역의 팜파스에 사는 가우초의 음식이었던 슈하스코churrasco는 오늘날 브라질 전역에서 즐겨 먹는 음식이 되었다. 브라질식 숯불구이로 긴 꼬챙이에 길게 썬 고기를 끼워 굵은 소금을 뿌려가며 숯불에 굽는다. 가금류의 고기는 마늘과 라임주스, 소금 등에 재워 두었다가 익히고 붉은 살코기는

브라질 음식의 특징

1. 만디오카와 원주민 음식

오늘날 브라질 북부에 주로 거주하는 원주민은 과거 조상들이 즐겨 먹던 만디오카와 더불어 얌, 땅콩, 야자 같은 열대 과일, 갓 잡은 생선과 사냥한 동물 등을 먹었다. 대표적인 요리로는 만디오카가루를 생선에 묻혀 튀긴 뒤 고추기름에 발라먹는 피렁과 만디오카가루에 말린 새우와 고추를 넣고 끓이는 타카카와 훈제한 소혀, 돼지머리, 순대, 햄 등을 만디오카 국물에 넣고 장시간에 걸쳐 끓이는 마니소바 등이 있다.

2. 아프리카의 흑인 음식문화 유입

주로 서아프리카에서 브라질로 이주한 흑인들은 식품에 대한 고유의 금기와 식문화를 간직하였다. 바나나, 코코넛, 얌, 각종 두류, 말라구에타라는 작고 매운 고추, 향신료 등 아프리카에서 가져온 식품에 브라질에서 구할 수 있는 식품을 적절하게 배합하거나 이용하며 독특한 음식문화를 유지하였다. 아프리카의 기름야자나무에서 추출하는 덴데유는 향이 강한 진한 황색의 기름으로 음식의 색을 노랗고 향기롭게 만드는데 아프리카 스타일의 음식에 사용되어 특징적인 향과 색을 제공한다.

3. 포르투갈 등 유럽의 음식문화 영향

1500년 포르투갈인에 의해 발견된 브라질은 다른 남미국가와는 달리 공식적인 언어로 포르투갈어를 사용하고 있으며, 인구의 55% 이상이 포르투갈을 비롯하여 이탈리아와 독일 등 유럽계이며 38% 가량은 혼혈이다. 브라질 음식문화는 유럽의 영향을 받아 파스타나 소시지 같은 유럽의 음식이나 버터, 치즈 등 유제품의 이용이 많다. 특히 처음으로 브라질에 이주해 온 포르투갈인들의 영향을 받아 포르투갈의 대표적인 염장하여 말린 대구(bacalhau)를 이용한 요리는 브라질에서도 즐겨 먹는 음식이며, 포도주 문화도 발달했다.

유럽 스타일의 음식은 특히 남부지방에서 많이 찾아볼 수 있다.

4. 육류 음식 선호 경향

브라질은 국토의 20%가 초원지대인데 남부를 중심으로 발달한 축산업은 아르헨티나를 능가한다. 소, 돼지, 양, 닭과 칠면조 등을 사육하지만 특히 선호하는 것은 쇠고기이다. 대표적인 육류 음식은 브라질식 바비큐인 슈하스코(churrasco)이다.

소금양념만 해서 익힌다.

그림 4-80 **슈하스코**
그림 4-81 **쿠스쿠스**
그림 4-82 **페이조아다**

쿠스쿠스 아프리카의 이집트와 모로코에서도 즐겨 먹는 음식으로 밀가루나 보릿가루로 만들어 먹는 음식이다. 그러나 브라질에서는 쿠스쿠스couscous를 옥수수를 찧어 가루를 내어 반죽한 후 소금을 친 다음 삶아서 만들고 야자수 기름을 발라 먹는다.

옛날에는 흑인 노예들이 주로 가정에서 만들어 먹었지만 지금은 브라질 빵공장에서 대량으로 만들어 파는 인기 있는 브라질서민 음식이다. 아침 식사에 커피나 우유와 함께 곁들기도 하며 가벼운 저녁식사에도 많이 먹는다.

페이조아다 사탕수수 농장의 노예로 끌려온 흑인들은 아프리카의 식품과 음식을 브라질로 들여와서 브라질의 산물을 이용한 독특한 음식으로 발전시켰다. 그들은 가난한 노예이므로 백인 농장주들이 먹고 남은 부산물을 이용해 새로운 음식을 만들어 내기도 했다. 페이조아다feijoada completa는 페이조feijo 콩에 고기를 넣어 요리한 것이다. 지역에 따라 조금씩 다르지만 가장 대표적인 것은 페이종 쁘레또라고 하는 팥보다 약간 큰 까만 콩으로 만든다. 이는 보통 흑인들이 먹던 것으로 불린 콩을 삶는 도중에 소와 돼지의 뼈에 붙은 고기, 까르네 세카(소금에 절인 고기), 링귀사, 베이컨 등 기호에 따라 돼지의 코와 귀까지 넣어 푹 끓인 음식으로 밥이나 만디오카가루를 곁들어 먹는다.

염장 대구 요리 유럽의 이민자들이 즐겨 먹던 염장 대구 요리bacalhau는 조

그림 4-83 **염장 대구 요리**
그림 4-84 **엠파나다**

개류 및 각종 해산물에 감자, 양파, 마늘, 당근, 회향풀, 올리브, 포도주 등을 대구와 함께 넣고 찜통에 쪄낸 포르투갈의 전통적인 음식이다.

엠파나다 파이의 일종인 엠파나다empanada는 밀가루 반죽을 익혀 토마토, 야자수열매, 양파, 파슬리, 올리브 등을 넣고 찐 것이다. 토마토 대신 호박을 넣고 만든 호박파이도 즐겨 먹는다.

4. 오세아니아와 아프리카의 음식문화

오세아니아Oceania는 육대주의 하나로 오스트레일리아와 뉴질랜드를 포함하여 남태평양의 육지와 섬 지역을 말한다. 오세아니아에는 큰 바다라는 뜻이 있어서 대양주大洋洲라고도 한다. 오세아니아의 경계는 정의에 따라 다르지만, 대부분 오스트레일리아와 뉴질랜드를 비롯하여 말레이 제도의 전부, 혹은 일부를 포함한다. 민족학상으로 오세아니아는 오스트랄라시아, 멜라네시아, 미크로네시아, 폴리네시아로 나누어진다.

오세아니아의 여러 섬은 근세 이후 유럽인들에게 발견되었고, 스페인, 네덜란드, 영국, 프랑스, 독일 등에 의해 점령되었다가 제2차 세계대전 이후 미국의 신탁통치령이 되었다. 백인이 태평양에 들어오면서부터 오세아니아는 식민지가 된 것이다. 오스트레일리아, 뉴질랜드의 원주민인 아보리지니족이나 마오리족은 소수민족이 되었고, 앵글로색슨계 백인의 나라가 되었다.

아프리카는 동쪽으로는 인도양, 서쪽은 대서양, 북쪽으로는 지중해와 마주하고 있는 두 번째로 넓은 대륙으로 적도를 중앙에 두고 북위 37도와 남위 35도 사이에 걸쳐 있다. 북부의 아틀라스 산맥과 남부의 드라켄버그 산맥을 제외하고는 큰 산맥이 없으며 북반구의 절반 이상이 사막으로 덮여 있고 고원지대가 많은 특징을 지닌다. 전반적으로 열대기후에 속하여 남부와 북부가 대칭적인 기후를 나타낸다. 지형에 따라 사막기후, 사바나 기후, 열대 우림 기후, 아열대 기후, 고원 기후 등 다양한 기후를 보인다.

1) 오세아니아의 호주

(1) 호주 음식문화의 특징

전통적인 호주의 음식문화는 처음으로 호주에 이주하여 국가의 기틀을 다졌던 영국 음식을 토대로 하였다. 영국의 선데이 로스트나 으깬 감자, 콩, 당근 등 세 가지 채소와 함께 먹는 음식, 피시 앤드 칩스 등은 호주에서도 쉽게 볼 수 있는 전통 음식이다. 뿐만 아니라 최근 이주한 유럽인과 아시아인 등의 영향을 받아 다양한 민족의 음식문화가 융합되어 호주만의 독특한 음식문화를 형성하게 되었다. 로스트, 햄, 푸딩 같은 영국식 전통 음식은 가정의 식탁을 중심으로 여전히 전수되고 있으며 어디서나 쉽게 구할 수 있는 다양한 신선 식품에 의해 여러 민족의 음식문화도 함께 발달하고 있다. 전반적으로 고기 요리를 선호하며 화려한 색의 채소를 곁들이는 음식을 좋아한다.

(2) 호주의 대표 음식

베지마이트 소금, 채소즙과 이스트 추출물로 만든 크림 타입의 수프레드가 베지마이트Vegemite이다. 흑갈색을 띠어 초콜릿소스처럼 보이고, 냄새가 특이하며, 짭짤한 맛을 낸다.

베지마이트는 채소를 의미하는 'Vege'와 친구를 의미하는 'Mite'가 합해진 명칭이다. 영국식 베지마이트인 마마이트도 있다.

그림 4-85 **베지마이트**

호주 음식의 특징

1. 육류 위주의 음식문화

호주는 다양한 육류가 식용되는 육류 위주의 식사문화가 발달한 나라이다. 쇠고기와 양고기를 즐겨 먹으며 돼지나 닭 등은 거대한 농장에서 방목하여 키운다. 익숙한 육류 이외에 캥거루, 악어, 에뮤, 칠면조와 꿩, 비둘기, 토끼도 다양한 육류 요리로 만들어서 먹는다.

2. 풍부한 해산물 이용

남태평양에 위치한 섬나라인 호주는 해산물도 풍부하게 생산된다. 연어와 참치, 새우, 가재, 게, 바위굴(rock oyster)과 각종 조개, 전복, 홍합이나 바라문디(barramundi)나 트리벨라(trevalla) 같은 거대한 농어류의 생선 등 다양한 해산물이 호주인들의 식탁을 풍요롭게 해 준다.

3. 원주민의 음식 부시터커

유럽인들이 호주에 이주하기 수만 년 전부터 호주에 살고 있었던 원주민 아보리진(aborigine)은 야생에서 얻을 수 있는 약초, 향신료, 과일과 채소, 호주 고유의 동물과 곤충을 먹을거리로 이용해 왔다. 미개한 원주민 음식으로 외면을 받아온 부시터커(bush tucker)는 호주 고유의 새로운 맛으로 주목을 받으며 다양한 부시터커 식품들이 유럽스타일의 호주 음식에 이용되기 시작하였고 이 음식을 즐기는 사람들도 증가하고 있다. 부시터커 식품에는 캥거루나 악어, 에뮤, 도마뱀과 다양한 자생 생선류, 갑각류, 원시 씨앗들, 너트류, 다양한 야생 과일, 베리류와 야생 곤충 등이 있다.

4. 바비큐 문화 발달

육류 음식 문화가 발달하여 영국식 스테이크, 미트파이, 다양한 꼬치 요리를 즐긴다. 특히 야외에서 먹는 바비큐를 즐겨 호주의 공원이나 해변, 가정의 뜰에는 바비큐시설이나 화덕이 잘 갖추어져 있으며 숯불에 고기나 소시지, 두껍게 썬 양파, 토마토 등을 구워 먹는다.

5. 다양한 열대성 과일과 가공품 발달

열대성 과일이 풍부하여 패션후르츠, 파파야, 구아바, 초코, 타마릴로, 멀베리, 로간베리, 커스타드 애플, 파인애플, 코코넛, 키위, 무화과, 멜론, 리치, 감, 아보카도 등을 즐기며 살구, 배, 자두, 사과, 포도 등은 건과일로 만들어 스낵으로 먹기도 한다.

6. 테이크아웃 문화 발달

야외에서 식사하는 것을 좋아하는 호주인들은 피시 앤 칩이나 샌드위치, 미트파이나 소시지 롤 같은 음식을 사서 공원 등 야외에서 먹곤 한다. 따라서 테이크아웃 음식점이 발달하였다.

미트파이 진한 버터향이 나는 파이껍질 속에 닭고기나 쇠고기 간 것을 듬뿍 넣어 만들며, 완두콩이나 그레비 소스를 뿌려서 먹는다. 미트파이meat pie는 간식으로 먹거나 커피를 곁들여 식사를 대신하기도 한다. 직장인들은 가격이 저렴하므로 미트파이와 함께 잘게 썬 육류와 감자, 그리고 완두콩을 함께 먹는다.

그림 4-86 **미트파이**
그림 4-87 **파블로바**
그림 4-88 **오지바비**

파블로바 호주인들이 즐기는 디저트인 파블로바pavlova는 달걀흰자와 설탕을 섞어서 구운 머랭 과자에 신선한 과일과 휘핑크림을 얹어서 만든다. 1월 26일 호주의 날에는 선호하는 쇠고기나 양고기를 바비큐 요리로 즐기며 샐러드와 호주인의 인기 음식 파플로바를 후식으로 준비한다.

오지바비 '바비'라고도 부르는 호주식 바비큐를 오지바비Aussie barbie라고 한다. 쇠고기, 양고기, 닭고기 등과 소시지, 생선, 새우, 문어 등 여러 가지 재료를 이용하여 오지바비를 만든다.

부시터커 미개한 원주민의 음식이란 뜻의 부시터커bush tucker는 여러 가지 과일, 씨앗, 너트류, 야콘과 같은 근채류, 캥거루고기, 악어고기 등과 같은 육류, 생

그림 4-89 **부시터커**

선류, 도마뱀 등을 이용하여 만든다. 캥거루고기는 1993년에 식품으로 승인하였으며 다른 고기에 비해 지방이 매우 적고 콜레스테롤 함량도 적어서 다이어트식으로 호주 내에서 소비량이 증가하고 있다. 캥거루고기는 스테이크나 꼬리 스튜를 만들어 먹거나 햄버거 패티, 라자냐 등의 재료로 이용한다.

2) 그 외 남태평양 섬 지역

(1) 파푸아뉴기니 음식문화의 특징

파푸아뉴기니Papua New Guinea는 전체 노동 가능 인구의 3/4이 농업에 종사한다. 전체 국토의 2%만이 경작이 가능한 땅이며 주요 농산물은 고구마, 바나나, 감자, 쌀, 사탕수수, 참마, 타로이고 주로 국내 소비하며 자급자족 경제를 이루고 있다. 식품 섭취량의 80% 이상은 각종 서류이며, 이 중 90% 정도가 고구마이다. 고구마는 연중 수확이 가능하며 수확률도 높고 생식도 가능하면서 불에 구워 언제나 먹을 수 있는 이점이 있어 파푸아뉴기니인이 주로 의존하는 식량이다.

고구마 외에 중요한 식품은 돼지고기이다. 이 지역 사람들이 기르는 유일한 가축이자 생활권의 재산, 종교적 상징이 되는 등 아주 귀중하게 취급하고 있다. 또한 교통이 불편한 내륙 습지에서 자라는 사고야자는 이 지역의 주민들에게 주된 식량원이 되고 있다. 하루 3식이 원칙이나 먹는 식품의 가짓수는 극히 간단하여 1~2개 정도의 음식으로 식사를 마친다.

그림 4-90 **파푸아뉴기니**

주 요리법은 두 가지로 나뉜다. 첫째, '석증 요리법'은 일명 무무mumu라고 불리는데 구덩이에 돌과 장작을 가득 채우고 불을 피워 약 2시간가량 빨갛게 달군다. 빨갛게 달군 돌을 웅덩이에 옮기고, 그 위에 바나나 잎이나 야초를 깔고 채소를 넣는다. 나무통에도 역시 마찬가지로 쌓아 올리고 최종적으로 흙으로 덮어 다진 다음 물을 뿌려 증기를 내게 한 후 그 증기로 약 2시간

가량 쪄내는 조리법이다. 둘째, '죽통 요리법'은 일명 리리라고 하며, 큰 대나무 죽통 마디 끝부분의 열린 쪽에 야초, 호박, 고구마, 돼지고기를 넣은 다음 마른 풀로 입구를 막고 직화로 돌려가면서 통째로 굽는 방법이다. 이 두 가지 조리방법이 대표적이긴 하나, 일상의 식사 속에서는 너무 복잡하기 때문에 대부분 생식이나 직화로 굽는 게 고작이다.

(2) 피지 음식문화의 특징

피지Fiji는 섬나라인 만큼 언제나 신선한 생선과 해산물이 풍부해서 피지인들은 해물류와 코코넛을 이용한 다양한 요리가 즐겨 먹는다. 피지인들이 주로 먹는 것은 남태평양 전역에서 주식인데 타로, 다로 등으로 불리는 토란이다.

피지 음식 중 유명한 것은 3가지가 있다. 첫째, 마기티magiti는 달구어진 뜨거운 돌에 근류, 생선, 고기 등을 바나나잎으로 싸서 올려놓고 천천히 조리해 먹는 것이다. 둘째, 만디오카 또는 카사바cassava는 고구마와 비슷하며 순무 형태의 감자 같은 것인데 그때그때 경작해서 먹는다. 비소성분이 있기 때문에 생으로는 먹지 못하고, 조리 과정을 거치면 쉽게 제거되므로 흔히 먹는 식품 중 하나이다. 셋째, 코코다kokoda는 피지식 생선회로, 왈루라는 스페인 생선을 라임 주스에 담갔다가 코코넛밀크, 토마토, 칠리소스 등으로 양념한 것이다.

그림 4-91 **만디오카(카사바)**
그림 4-92 **바누아투**

(3) 바누아투 음식문화의 특징

기본적 수준이지만 바누아투Vanuatu의 음식은 몇몇이 독특하게 발달하였다. 얌, 만디오카(카사바), 타로뿌리는 마을 생활에서 아주 중요한 작물이다. 이 작물을 야생 시금치와 으깬 코코넛과 같이 넣고 라프라프laplap이라는 반죽을 만드는데, 이것이 바누아투의 민족 음식이라고 할 수 있다. 또한 타로, 바나나, 뽕나무를 으깬 코코넛, 물과 섞은 음식인 나롯nalot이 있다.

(4) 솔로몬 제도 음식문화의 특징

솔로몬 제도에는 타로, 토란 등을 주식으로 하는 근제 화전 농경민들이 산다. 전통적으로 솔로몬에서는 주로 석쇠구이를 해서 요리를 한다. 저지대 사람들은 사고야자 열매를 먹으며 껍질 안쪽의 내용물을 녹말로 만들어 푸딩, 팬케이크를 만들어 먹는다. 또한 간단한 토띠아도 있다.

그림 4-93 **얌**

반면 고지대 사람들은 고구마의 일종인 얌yam이 주식이고 돼지고기를 먹기도 한다. 일부 섬 주민들은 다양한 형태의 주술을 믿고 있는데 사람이 죽으면 영혼이 상어, 새, 파충류 등으로 환생한다고 생각하여 이러한 동물은 신성하므로 먹는 것이 금기시된다.

(5) 키리바시 음식문화의 특징

전통 음식은 남태평양 지역이 모두 비슷하다. 키리바시Kiribati에서는 많은 가정에서 타로 뿌리, 빵나무bread fruit 열매, 코코넛, 참마를 주식으로 하고 유럽인들과 접촉 후부터는 옥수수, 고구마, 만디오카(카사바) 등도 중요한 식품이 되었다. 이들의 가장 중요한 단백질원은 생선이다. 키리바시에서 일반적인 음식은 팔루사미palu sami로, 카레가루와 양파를 얹어 코코넛 크림을 바르고 타로 잎사귀에 돌돌 말은 후 미역으로 감싸 땅 속의 화롯불에 구워 구운 고기와 함께 먹는다. 현지에서는 코코넛 야자수로 술을 만들어 먹기도 한다.

그림 4-94 **빵나무**

(6) 통가 음식문화의 특징

통가Tonga는 남태평양 폴리네시아 최서단에 있는 나라로 1차 산업이 중심을 이룬다. 그리고 카바cava라는 후추나무과 식물로 음료를 만들어 먹거나 타파제품tapa을 많이 생산하는 전통문화가 건재하다. 통가 음식은 대부분 타로나 고구마 같은 뿌리채소나 코코넛, 신선한 채소, 새끼 통돼지, 치킨, 생선, 조개 등이 주재료이다. 몇몇 식료품들은 뉴질랜드에서 수입해서 먹기도 한다. 전통 통가 요리는 땅속 오븐에서 조리하거나 움무를 이용해서 만든다. '움무'는 흙가마에서 음식을 구워내서 코코넛잎으로 만든 폴라스라는 용기에 담아 먹는 요리이다.

그림 4-95 **움무**

3) 아프리카

(1) 아프리카 음식문화의 특징

아프리카인은 주변 환경에 맞게 식생활을 영위하고 있다. 아프리카 대륙도 광대하고 여러 기후가 나타나기 때문에 각 부족의 생활방식에 따라 다양한 음식문화가 있다. 예를 들면 빅토리아 호수 연안의 열대우림 지역에 사는 우간다의 바간다족에 주식은 바나나이다. 이 바나나는 우리가 알고 있는 바나나와는 다르다. 마토케matoke 바나나는 삶거나 쪄서 먹어야 하며, 우리가 먹는 바나나와 감자의 중간 맛이다. 보통 양배추, 토마토, 양파 등을 넣고 끓인 수프와 함께 먹는다.

해안 지역에 사는 스와힐리인들은 코코넛 열매를 이용해서 밥을 짓는다. 왈리라는 음식으로 코코넛을 갈아서 즙을 내어 그 물로 밥을 만드는데 뭐라고 말할 수 없을 만큼 고소한 맛이 특징이다. 생선 튀김, 쇠고기 수프 카랑가karanga 등을 왈리와 함께 먹는다. 또한 축제가 벌어지면 삶은 문어, 양고기 꼬치구이 등을 사탕수수 주스와 함께 먹는다.

영국, 인도, 아랍문화의 영향을 받아서 생긴 음식문화도 있는데 동아프리카 지역의 사람들은 차이chai라는 차를 마시기도 한다.

아프리카 음식의 특징

1. 단순한 조리 기구에 의한 조리법

농촌 사람들은 전통적인 조리법인 직화에 직접 굽거나 뜨거운 돌을 이용하여 음식을 조리하는 경우가 많다. 따라서 실내보다는 집 밖에서 조리가 주로 이루어진다. 조리용구로는 맷돌 역할을 하는 곡식 가는 돌(grinding stone), 진흙으로 만든 찜기(clay steamer), 진흙으로 만든 항아리(clay pot), 튀김 바구니(frying basket) 등을 사용한다. 기후 조건 때문에 식품 저장이 어렵고 전통 음식의 조리법은 기록보다는 구전되어 전해온 것이다.

2. 곡물이나 서류에 의존한 식생활

아프리카인들이 주로 이용하는 식품류는 얌(yam), 카사바(cassava), 옥수수, 기장, 코코얌, 쌀 등으로 하루 섭취 열량의 90% 이상을 곡물이나 서류의 전분에 의존한다. 아프리카인들이 곡물이나 서류를 이용하여 주로 조리하여 먹는 것은 푸푸(fufu)인데 지역에 따라 우갈리, 사드자, 밀리팝 등 여러 이름으로 불린다.

3. 풍부한 과일

망고, 바나나, 무화과, 대추야자, 오렌지, 파파야, 파인애플, 아보카도, 코코넛과 멜론 등 다양한 과일이 풍부하게 생산되어 곡물과 함께 주식으로 이용되고 있다. 이외에도 독특한 지역 과일이 많다.

4. 육류 부족

육류는 주로 닭고기와 양고기를 먹으며 쇠고기는 아주 귀하다. 가금류, 염소, 양, 코끼리, 쥐 등을 소금에 절이거나 말리거나, 훈제하여 먹고 쇠고기는 주로 도시인이 먹으며 유즙으로 만든 커드나 유청은 푸딩, 수프, 죽이나 어린이 음식으로 이용된다. 단백질 보충은 육류보다는 주로 생선을 통해 이루어지며 대서양 연안과 내륙 강에서 잡은 물고기는 주로 굽거나 소금에 절여 먹으며 훈제를 하기도 한다.

5. 콩과 땅콩을 이용한 음식 발달

대부분의 국가들이 땅콩을 대량 생산하는데 땅콩은 자체로도 즐겨 먹지만 수프, 스튜, 소스 등 여러 음식을 만들 때에도 많이 이용된다. 땅콩은 지방의 급원으로 많이 이용되며 기름은 대강 짜고 나머지 찌꺼기도 다른 음식에 이용한다. 렌즈콩과 병아리콩 등 콩류 이용도 많은데 스튜를 끓이거나 칠리 등으로 양념하여 샐러드로 먹기도 한다.

다양한 민족과 많은 나라로 구성된 아프리카는 다양함과 복잡함이 혼재하는 대륙인데 지역에 따라 기후나 문화적으로 차이가 있지만 음식문화는 전반적으로 비슷한 면이 많다.

(2) 아프리카의 지역별 대표 음식

서아프리카 아프리카 서부 지역에는 세네갈, 잠비아, 가나, 나이지리아, 가봉, 기니 등이 있다. 날씨가 덥고 습하며 정글이 많은 지역으로 대부분의 나라가 영국과 프랑스, 포르투갈의 오랜 지배를 받았으며 인구의 3/4가 농업에 종사한다.

그림 4-96 **졸로프 라이스**

우기와 건기 외에는 날씨의 변화가 없어 석달동안 거의 비가 오지 않아 곡식들이 잘 자라지 않으므로 만디오카, 얌yam, 고구마, 땅콩 등을 심어 먹는다. 카사바, 얌, 코코얌 등의 곡물로 만든 푸푸fufu는 즐겨 먹는 주식이다. 쌀의 생산이 가능한 지역에서는 쌀을 이용한 음식도 먹는데 특별한 날에만 먹는 졸로프 라이스jollof rice는 갈색으로 익힌 고기에 쌀을 넣고 토마토와 채소를 이용한 소스를 넣어 익힌 후 삶은 달걀, 채소로 장식한 것으로 서아프리카 지역 특유의 요리로 유명하다.

남아프리카 아프리카 남부 지역에는 남아프리카공화국을 비롯하여 앙골라, 보츠와나, 스와질란드 등이 포함된다. 남아프리카의 많은 국가들이 세계 최빈국에 속해 있어 경제적으로 열악한 지역이며 식량 사정도 매우 어려운 나라가 많다.

그림 4-97 **브라이**

남아프리카공화국은 오랫동안 심한 인종차별정책으로 흑백갈등과 혼란을 겪기도 했지만 아열대성과 지중해성 기후로 인해 사시사철 기후가 온화하며 아름다운 자연에 풍부한 지하자원과 비옥한 땅을 지녀 천혜의 자연조건을 가진 나라이면서 아프리카 최대의 경제대국이다.

대다수의 남아프리카공화국 사람들은 손님을 자신의 가정에서 접대한다. 주로 양, 소, 하마, 기린, 악어, 타조, 사슴, 염소, 멧돼지 등의 다양한 고기를 즐기는데 완전히 익혀서 먹는다. 대표적인 육류음식인 브라이braai는 숯불에 양고기나 쇠고기, 닭고기, 소시지 등을 구어 먹는 것이다. 브라이는 백인들의 전통적인 야외음식으로 여러 종류의 채소와 샐러드, 밀리팝과 함께 먹는다.

북아프리카 아프리카 북부 지역에는 지중해 연안에 접해 있는 이집트, 수단, 리비아, 튀니지, 알제리, 모로코와 웨스턴 사하라 등의 나라가 있다. 이 지역은 7세기 이후 이슬람교가 포교한 지역으로 주민도 대부분 아랍민족과 선주민의 혼혈로 구성되어 있으며 음식문화 역시 아랍문화의 영향을 받았고 일부는 유럽 음식문화와도 비슷하다.

이집트 음식은 인종의 다양성과 이집트 역사를 잘 반영해 주고 있다. 이슬람의 영향을 받은 것은 물론 지중해 연안에 위치하여 고대로부터 그리스, 로마 등 지역 음식에 영향을 받기도 했다. 음식들은 주로 천연 과일과 야채, 계절에 따른 신선한 향료로 만들어 대부분 심플한 건강식이다.

그림 4-98 **에이슈**

이집트의 주식은 빵이며 밀가루 반죽으로 만든 납작한 에이슈aysh를 즐겨 먹으며 프랑스식 바게트, 식빵, 롤빵, 크루아상 등 다양하게 먹는다. 기원전 4000년부터 밀을 재배하기 시작한 것으로 알려진 이집트에서 부풀린 발효빵을 맨 처음에 먹기 시작한 것으로 추정한다. 이집트에서 시작된 발효빵은 서양으로 가서 서양인들의 주식이 되었다. 에이슈빵은 희고 고운 밀가루로 만든 샤미보다는 통밀로 만든 납작한 빵인 발라디를 많이 먹는다.

소, 양, 닭, 토끼, 비둘기, 오리 등 다양한 종류의 고기를 먹고 소량의 고기, 야채를 함께 조리하여 밥에 곁들여 먹기도 한다. 야채와 과일이 다양하고 가격도 저렴하며 맛도 좋아 샐러드 요리를 즐겨 먹는다. 겨울에는 오렌지, 여름에는 망고, 멜론, 수박이 많이 나온다. 또한 도미, 농어, 방어, 가자미, 오징어, 낙지, 새우 등 어패류를 이용한 음식도 다양하다. 이렇게 다양한 음식문화가 존재하는 이집트에서는 귀족과 평민의 식생활이 현저하게 달라 귀족들은 다양한 식품으로 양질의 음식을 섭취했으나 평민들은 빵과 야채를 곁들이는 정도로 먹었다.

동아프리카 아프리카 동부 지역에는 탄자니아, 우간다, 케냐 등이 속한다. 덥고 건조한 기후이며 고지대는 춥고 습하기도 하다. 오랫동안 유럽의 지배를 받았고 대부분의 국가가 과거 영국의 보호령이었으므로 영국의 영향을 많이 받았다.

그림 4-99 **수쿠마**

케냐는 기후도 다양하고 인종도 다양하며 관광산업과 농업이 발달한 나라이다. 영양, 톰슨가젤, 일런드영양, 기린, 코끼리, 악어 등의 야생동물의 고기를 숯불에 바비큐해서 먹기도 한다.

동아프리카 및 키쿠유족은 옥수수 가루를 내어 끓는 물에 개어 먹는 우갈리ugali를 즐겨 먹으며, 콩은 삶아 으깬 후에 먹는다. 우갈리는 백설기 맛과 비슷하여 케일을 잘게 썰어 기름에 볶은 수쿠마sukuma와 함께 먹는다. 유목생활을 하는 마사이족은 하루 한 끼 식사를 하고, 소의 젖을 짜서 키브유라는 표주박에 넣어 가지고 다니면서 하루 3~10리터의 우유를 마시는데 이것이 발효되면 요구르트가 된다.

ACTIVITY

1. 에스닉 푸드 음식점(ethnic food restaurant)을 방문하여 각 나라별 민족음식을 체험하고 특징을 발표해 보자.

2. 각 국가별, 민족별 에스닉 푸드(ethnic food)를 알아보고 음식에 얽힌 이야기와 유래를 찾아보자.

3. 각 국가별 대표 음식을 만들어 보고 특징적인 식재료, 조리법 등을 알아보자.

4. 주위 다문화 가족을 방문하여 인터뷰해 보고 스스로 지키고 있는 에스닉 푸드(ethnic food)에는 어떠한 것이 있는지 조사 후에 발표해 보자.

CHAPTER 5

한식의 문화

- 한식의 아이덴티티
- 한국의 문화유산, 한식의 종류
- 한식의 역사

한식은 한민족이 수천 년 동안 먹은 고유한 음식이나 식사를 말한다. 한식은 온 우주를 담고 있는 음식으로, 음식 하나에 여러 가지 색과 다양한 식품재료는 물론이고 형형색색의 고명, 온갖 종류의 갖은 양념들이 다 담겨져 있다. 그리하여 우리 한식문화는 바로 우리 민족의 삶 자체였다. 전 세계가 한마당이 되는 세계화의 물결 속에 자기 땅에서 호흡하고 숨을 쉬는 지역적 생태주의의 중요성에 공감하지 않는 사람은 없을 것이다. 그렇다면 우리는 무엇을 해야 할까?

무엇보다 한국의 음식문화를 알아야 한다. 5장에서는 한식문화를 짧게나마 다루어보고자 하였다. 먼저, 한식의 철학과 건강성, 간추린 역사와 미학을 살펴보고 한식의 아이덴티티, 즉 정체성이 무엇인지를 알아볼 것이다. 다음으로 조선시대 궁중음식문화, 시식과 절식, 통과의례음식 및 향토음식을 문화유산의 관점에서 살펴보았다. 마지막으로 우리 조상들이 남긴 고조리서들을 살펴보고 한식의 역사를 알아보고자 하였다.

1. 한식의 아이덴티티

한식은 온 우주를 담고 있는 음식이다. 한식은 음식 하나에 여러 가지 색과 다양한 식품재료, 형형색색의 고명, 온갖 종류의 갖은 양념 등을 다 담아내고 있기 때문이다. 동양에서는 음양오행설에 의한 우주론이 중요한 철학이었다. 한식은 이러한 음양오행의 원리를 실천하고 있다. 우리 민족이 오랜 세월동안 기본으로 여겨 온 다섯 가지 맛은 오미(신맛酸, 쓴맛苦, 단맛甘, 매운맛辛, 짠맛鹹)인데 이 맛의 조화를 중시하였다.

한식은 아름다움을 중시하였다. 음식을 만들 때 오방색(적赤, 청靑, 황黃, 백白, 흑黑)의 조화를 염두에 두었다. 우리의 오방색은 다섯 가지 색인데도 불구하고 하얀색과 검은색을 중요한 색으로 분류하였다. 그냥 남겨 둔 여백도 하얀색을 칠한 것이나 마찬가지로 보았다. 그래서 음식을 만드는 과정에서도 하얀색과 검은색을 중요한 색감으로 사용하였다.

그리고 식품재료도 다섯 가지 곡식을 상징하는 오곡(쌀, 보리, 콩, 조, 기장), 다섯 가지 과일인 오과(복숭아, 자두, 살구, 밤, 대추), 다섯 가지 동물인 오축(사람이 집에서 기르는 다섯 마리 짐승, 소, 양, 돼지, 개, 닭)을 다양하게 사용하면서 어느 쪽에도 기울어지지 않는 총체적 맛의 조화미를 최우선으로 하였다. 보통 차고 더운 두 개의 온도 질서 체계를 중시하는 서양과 달리 우리는 차고, 덥고, 따뜻하고, 서늘하고, 평온한 다섯 가지 성질(한寒, 열熱, 온溫, 량凉, 평平)을 다 구분하여 이를 맛에 응용하였다.

또한 맛과 계절의 조화까지 고려하여 봄에는 신맛이 많아야 하고, 여름에는 쓴맛이 많아야 하고, 가을에는 매운맛이 많아야 하고 겨울에는 짠맛이 많아야 한다고 하였다. 겨울을 지나고 난 후 봄에는 우리 몸이 나른해지면서 비타민이 필요해진다. 이때 새콤하게 무쳐 낸 봄나물이 우리 몸에 가장 좋은 보약이라고 생각하였다. 너무 더워 입맛이 떨어지는 여름에는 인삼, 당귀, 쑥 같은 여러 약재의 쓴맛을 통해 몸의 기를 보하려고 했다. 가을에는 겨우살이를 위한 채비로 미리 매운맛으로 열기를 더해 우리 몸에 따뜻한 기운을 주려고 했다. 건조하고 혹독한 날씨의 겨울에 접어들면 수분증발량이 늘어나므로 수분보충을 위하여 짠맛을 선호했던 것이다.

1) 한식의 철학

(1) 오신채의 철학

우리 민족이 긴 겨울을 지나고 봄이 오면 반드시 먹었던 음식은 오신반 혹은 오신채(혹은 오훈채)였다. 입춘立春날 오신채五辛菜 또는 오신반五辛盤이라는 나물을 먹었는데, 다섯 가지 색과 매운맛이 나는 햇나물의 모둠 음식이다. 이는 파, 마늘, 달래, 부추, 염교(혹은 흥거)이다. 영양학적으로 햇나물 무침을 먹는 이유를 살펴보면 겨우내 결핍된 신선한 야채를 보충하기 위해서였다. 이후 민간에서도 이를 본받아 입춘절식立春節食을 먹는 풍습이 생겼다. 여러 가지 나물 가운데 노랗고 붉고 파랗고 검고 하얀 다섯 가지 나물을 골라 무쳤다. 오행의 철학을 밥상에서 실천하여 온 우주의 기를 받아들이는 경건한 의식을 치른 셈이다.

노란 싹을 중앙에 무쳐놓고 동서남북에 청, 적, 흑, 백의 사방색四方色의 나물을 놓았는데 임금을 중심으로 하여 사색당쟁을 초월하라는 정치 화합의 의미가 있었다. 오신채의 또 다른 의미는 맵고, 쓰고, 시고, 쏘고, 짠 오신채를 먹고 험한 세상을 살아가면서 느껴지는 인생의 다섯 가지 고통과 괴로움人生五苦을 참으라는 처세의 교훈도 담겨져 있다.

일반 백성들도 이런 나물 모둠을 만들어 먹으면서 가장을 중심으로 형제자매, 일가친척들이 함께 가족의 화목을 이루고 자손들을 키우라는 교훈적 의미가 있으며 인仁(비장, 청색), 의義(간, 백색), 예禮(폐, 적색), 신信(심장, 황색), 지志(폐, 흑색)를 상징하고 이를 증진하는 것을 중시하였다.

(2) 고명의 음양오행론

한식의 마무리는 고명으로 이루어진다. 고명은 아름답게 꾸며 식욕을 돋우려는 목적으로, 음식 위에 뿌리거나 얹는 장식을 말한다. 다른 나라 어떤 음식에서도 아름다운 고명으로 마지막을 장식하는 음식은 없었다. 전 세계인들이 달걀을 먹고 있지만 달걀을 노른자와 흰자로 구분하여 노른자는 오방색의 노란색을, 흰자는 오방색의 백색을 상징하는 기호로 사용하여 마지막에 조리된 음식의 생명을 불어 넣는 일은 없다.

달걀뿐 아니라 다양한 식품들이 고명으로 사용된다. 우리의 고명은 원칙적으로 식품들이 가지고 있는 자연의 색조를 이용하는데, 예로부터 음양오행설陰陽五行說의 흰색, 노란색, 파란색, 빨간색, 검정색의 다섯 가지를 이용하였다. 물론 오색을 모두 갖추는 것이 좋으나 때로는 1~2가지만을 쓰는 경우도 있다. 고명에는 어떤 식품재료들이 쓰였을지 살펴본다. 즉, 흰색으로는 달걀흰자로 만든 지단, 껍질을 벗겨 하얗게 볶은 실깨와 실백, 흰파 등이 쓰이고, 노란색으로는 달걀노른자로 만든 지단이 쓰인다. 파란색은 미나리, 호박, 오이채 등의 채소가 쓰이고, 빨간색은 실고추, 고춧가루 등이 쓰이며, 검은색은 석이·표고·목이버섯 등이 쓰인다.

(3) 약념(藥念)의 철학

한식의 기본으로는 파와 마늘 등과 같은 양념이 있다. 기본적으로 한식에서 빼놓을 수 없는 것들이지만 너무 오랜 세월 우리와 함께 해 왔기 때문에 그동안 오히려 별 다른 주목도 관심도 받지 못했다. 그러나 '약념'의 글자를 잘 살펴보면 그 속에서 우리 조상의 음식에 대한 철학을 읽을 수 있다. 약藥 자에 생각할 념念 자를 썼으니 그야말로 약을 짓는다는 생각으로 음식에 양념을 사용하였던 것이다.

양념은 음식의 맛을 돕기 위하여 쓰이는 중요한 식재료였다. 음식을 만들 때 재료가 가지고 있는 좋은 향기와 맛은 그대로 살리고, 좋지 않은 맛은 상쇄시키기 위하여 양념을 사용하여 왔다. 즉, 누린내나 비린내는 좋은 냄새가 아니므로 이 냄새를 없애거나 약하게 하기 위하여 파, 마늘, 생강, 산초, 후추, 계피 등 향이 특이한 것을 적당량을 넣어 왔지만 이는 다 몸을 보해주는 중요한 약재들이다. 우리가 일반적으로 많이 쓰는 양념으로는 우선 소금이 있고 간장, 된장, 고추장과 같은 콩을 발효시켜 얻은 '장류'를 기본적으로 주요 양념으로 썼다. 그리고 서양에서는 주로 음식을 튀기거나 볶는데 사용하는 식물성 기름을 주요한 맛을 내는 재료로 사용하여 왔는데 참기름과 들기름 같은 것이다. 고소한 맛을 주면서 몸에 꼭 필요한 필수지방산을 공급해 주는 역할을 한다.

그 외에도 단맛을 주는 꿀과 설탕이 있고, 맵고 자극적인 맛을 위하여 실고추, 고춧가루와 계피가루, 겨자 등을 효율적으로 사용하여 왔다.

(4) 밥과 반찬의 조화, 이중성의 음식문화

한식의 기본 구성은 밥과 반찬으로 모든 음식은 밥에 곁들이는 반찬으로 간주한다. 밥과 반찬이 어울려야 비로소 한 끼의 식사가 된다. 다양한 음식으로 구성되는 서양의 메인 요리와는 다른 식사체계이다. 심지어 우리나라와 비슷한 식사체계를 가진 중국과도 다소 다르다. 중식의 기본 구성은 판飯과 차이菜이다. 판은 주식이라고도 하며 밥이나 국수와 같이 곡류로 만든 음식을 뜻한다. 차이는 육류, 채소 등 다양한 재료로 만든 요리를 뜻한다. 그러나 판과 차이는 서로 독립적이며 종속적인 관계가 아니다. 각각 그것만으로도 한 끼 식사가 될 수도 있다.

물론 최근 한식은 놀랍게 변하고 있다. 서양식이나 중국식처럼 한식을 코스로 접대하는 상차림법이 일반화되고 있다. 당연한 시대의 추세라고 생각한다. 아시아의 다른 나라들도 각자의 상차림문화를 가지고 있지만 자국 음식을 세계로 내어놓고 접대하는 과정에서 대부분 이러한 코스형 상차림문화로 바뀌었다. 코스식은 접대의 문화에서 가장 효율적인 방법이다. 실제로 우리가 음식을 먹을 때는 접대하는 것보다 자신과 가족들을 위하여 상차림을 한다. 그렇다면 주식인 밥과 같이 먹기 위한 반찬을 함께 차려서 먹는 것이 여러모로 편하고 좋다. 영양적으로 보아도 대개 탄수화물 성분이 많은 곡류음식인 식물성 식품과 동물성 식품으로 이루어지는 반찬 2~3가지 종류로 구색을 맞추면 과잉의 문제가 없으면서 5대 영양소의 균형을 맞추기가 수월하다. 항상 상대적인 밥과 반찬이 균형감각을 가지는 이중적인 음식문화가 효율적이다. 그리고 접대 음식문화보다는 우리의 일상생활에서 밥과 반찬을 차려내는 식사 때에 한식이 가장 빛을 발한다.

이러한 이중적인 음식문화는 우리 음식문화의 중요한 특징이다. 우리는 현재 세계적으로 매운맛을 즐기는 민족으로 알려져 있다. 그러나 우리의 음식 중 대부분은 맵지 않은 음식이다. 특히 반가음식 맛의 중요성은 매우 담백한 맛에서 나온다.

조화미도 한식의 중요한 맛 중의 하나인데 우리는 이 맛을 매우 즐겼다. 조화미는 다양한 식품재료들이 함께 어우러져서 누구의 맛도 아닌 전체의 맛을 내는 것을 의미한다. '섞음의 철학'으로 만드는 비빔밥이나 구절판, 잡채 같은 음식이 좋은 예이다. 어떤 한 가지 특성을 강조하기보다는 여러 특성을 함께 보여 주었다.

역사적으로 보아도 지리적인 조건 때문에 농경문화가 발달하였고 삼면이 바다이므로 독특한 수산물문화가 발달하였다. 그래서 이로 인한 이중적인 음식문화가 존재한다. 음식문화는 상부 계층에서 하부 계층으로 전파되는 특성을 가지는데 우리나라에서는 상층민과 하층민 식생활의 이중구조가 과거로부터 계속 전해졌다. 이는 음식이 권력 상징 기호로서 작용하는 것을 반증하지만 아무래도 먹을거리가 풍부해지면서 격차가 과거에 비해 줄어들기도 했다. 그러나 최근 들어 상류층에서는 고급 재료로 조리하여 자신들만의 독특하고 배타적인 문화를 형성하는 것을 볼 수 있기도 하다. 이러한 우리 음식문화 특유의 이중성은 근래에는 서양식과 한식의 공존 형태로 나타나기도 한다.

2) 한식의 건강성과 우수성

세계적으로 볼 때 선진국에서는 지금 심혈관계질환, 당뇨, 암, 고혈압 등과 같은 생활습관병과 전쟁 중에 있다. 또한 비만이 만병의 근원이라는 것도 잘 알려져 있다. 여기에는 여러 가지 원인이 있겠지만 주요한 원인은 과도한 지방 섭취에 있다. 서양인의 식사가 육류를 기본으로 하는 육식문화에 의거하여 형성되었다는 것을 우리는 이제 상식처럼 알고 있다.

더 구체적인 예를 들어보자. 1977년에 발표된 미국 상원 영양문제 특별위원회의 보고서를 보면 아래와 같다.

> 아무도 깨닫지 못하고 있는 사이에 현대인의 식생활은 비자연적인 것으로 전락하였다. 암, 당뇨병, 심장병은 물론이고 심지어는 정신분열증까지도 잘못된 식생활에 기인하는 식원병食原病이라 할 수 있다. 현대인들이 겪고 있는 성인병의 다수는 잘못된

식사, 즉 비자연적인 식사로부터 기인한다는 결론을 내릴 수밖에 없다.

30여 년 전에 이 보고서가 발표되었을 때 당시 많은 생활습관병에 시달리는 미국인들은 큰 충격을 받게 된다. 그러나 이것은 이제 결코 남의 이야기가 아니다. 우리나라는 거의 같은 상황에 처해 있고 최근 성인병이 지속적으로 증가하고 있기 때문이다. 이 보고서는 우리의 전통 음식문화가 사라지고 서구형 음식문화가 횡행하는 한국 사회에 경고를 울려주고 있다. 그런데 이 보고서에서 권장하는 식사형태나 식사지침이 한국형 전통 식사에서 모토로 삼고 있는 것과 크게 다르지 않다.

그 지침은 다음과 같다.

- 현재 섭취하고 있는 총 칼로리 중 전분질의 양을 40~50%에서 55~60%까지 높일 것
- 마찬가지로 지방의 양을 40%에서 30%로 낮출 것
- 지방과 콜레스테롤 섭취량을 낮출 것
- 설탕소비량을 40% 감소시켜 15% 수준으로 내릴 것
- 소금 섭취도 감소시킬 것

(1) 세계적인 건강식인 지중해식에 비견되는 한식

전 세계적으로 탁월한 건강식으로 인정받고 있는 지중해식 식사와 비교하는 식이로 우리의 전통 음식을 살펴보자. 전 세계적으로 지중해식 식사가 건강식으로 인정을 받고 있는 것은 이 식사를 하는 사람들의 심장병 발병률이 현저히 낮을 뿐만 아니라 서구에서 장수하는 사람들의 식사를 분석해 본 결과 지중해식 식사를 하는 사람이 많다는 조사결과가 나왔기 때문이다.

지중해식은 아주 간단하게 말하면 올리브유를 듬뿍 뿌린 샐러드와 파스타를 먹고 항상 과일로 식사를 마치는 것을 말한다. 또 식사 중간에 포도주로 자주 목을 축여야 하며 육류 중에서 양고기나 닭고기를 매주 한 번 정도 먹고 생선을 매

주 두 번 정도 먹는다. 이것을 정리하면 다음과 같다.

- 불포화지방(올리브유, 카놀라유, 생선, 씨앗, 견과류 등)을 즐겨 먹고 포화지방(육류, 육가공 식품)의 섭취량이 적다.
- 적절한 양의 적포도주를 즐긴다.
- 콩을 많이 먹는다.
- 가공되지 않은 전곡류(곡물류)를 즐긴다.
- 과일, 채소 섭취량이 많다.
- 우유와 낙농제품을 소량 즐긴다.

한국의 전통식사는 지중해식과 비교해보면 공통점이 많다. 우선 우리는 전통적으로 참기름이나 들기름, 콩기름 같은 식물성 기름을 주로 이용하여 음식을 만들어 먹었다. 우리 식탁에는 온갖 종류의 나물 요리가 즐비하다. 또 주식으로 많은 종류의 곡류식품을 먹는다. 우리는 전통적으로 술을 즐기는 반주문화가 많이 발달되어 있다. 뿐만 아니라 김치나 간장, 고추장과 같은 발효식품들을 매우 즐겼으며 육류의 섭취는 극히 제한적이다. 그래서 우리 음식은 자연에 가까운 건강식이다. 이러한 한식의 특징을 지중해식처럼 정리하면 이렇다.

- 불포화지방(참기름, 들기름 등)을 즐겨 먹고 포화지방(육류, 육가공 식품)의 섭취량이 적다.
- 적절한 양의 전통 술을 즐긴다.
- 콩(두부, 된장, 간장류 등)을 많이 먹는다.
- 전곡류(밥, 잡곡밥, 오곡류)를 즐긴다.
- 채소(김치, 나물 등) 섭취량이 많다.
- 우유와 낙농제품을 소량 즐긴다.

(2) 채식과 육식의 이상적인 비율

이런 까닭에 전통 한식은 기본적으로 채식에 근거한 식사이다. 채소는 사람들이 기르거나 저절로 난 온갖 나물을 지칭하는 푸성귀나 남새 등을 의미한다. 남새는 무, 배추 따위와 같이 심어서 가꾸는 나물을 말하는 반면 나물은 먹을 수 있는 풀이나 나뭇잎을 지칭하기도 하고 그걸 조미해서 무친 것을 말하기도 한다. 우리 조상들은 나물을 많이 먹었다.

그런데 우리 전통 음식은 이렇게 채식에 기반하면서도 동물성 단백질을 소량 포함시켜 영양상의 이익을 극대화하는 채식과 육식의 가장 조화로운 혼합 비율을 보이고 있다. 건강 면에서 유익한 채식에 기반하며 적절한 양의 동물성 식품을 포함하는 한국의 전통 음식은 영양학적으로도 매우 우수한 음식이기 때문이다. 우리의 전통 음식에는 식물성 식품과 동물성 식품의 비가 대략 8 : 2로 나타나는데 이것을 건강성을 지향하는 식사가 추구하는 황금 비율로 간주하고 있다. 한식의 건강성은 바로 이 황금 비율에서 나오는 것이다.

이 황금 비율은 영양적인 것뿐만 아니라 한식을 다채롭게 만드는 데에도 공헌한다. 왜냐하면 건강성에 못지않게 한식이 지닌 아름다움과 특유한 맛도 채식과 육식의 조화로운 만남에서 오기 때문이다. 육류를 제한하고 주로 채식에만 의존했다면 그렇게 다양한 음식문화를 만들어낼 수 없었다. 다양한 재료를 사용하여 다양한 맛을 추구하는 것이 음식문화 발달에는 기본이기 때문이다. 그동안 우리 선조들이 육식의 유혹에 빠지지 않고 건강유지를 위해 최선을 다하여 채식과 육식의 황금 비율을 지켜낸 점, 이것이 바로 한식의 지혜이다.

그러나 건강식인 한식이 채·육식의 황금 비율을 지킬 수 있었던 데에는 바로 콩으로부터 단백질을 섭취할 수 있었기 때문이다. 우리 음식의 대표 선수인 발효식품은 훌륭한 음식이다. 채소를 한 겨울 내내 신선하게 먹을 수 있는 김치나 콩을 가공한 간장, 고추장 등은 엄청난 식품인데 우리는 이 식품 덕분에 어려움 속에서도 한식의 황금 비율 8:2를 지킬 수 있었던 것이다.

3) 한식의 간추린 역사

한국인의 식생활 역사는 한반도에 우리 민족이 정착한 구석기시대로까지 소급된다. 그러나 현재와 같이 곡류로 지은 밥을 주식으로 하고 기타 식품들을 반찬으로 하는 주·부식형의 식사 형태가 태동된 것은 신석기 후기에 농경이 시작되면서였다. 농경이 정착되면서 가축을 길러 식용하기 시작하였고 어로 기술의 발달에 따라 식용 어패류의 종류도 증가하였다. 삼국시대에는 농경의 발달과 함께 여러 가지 채소류의 재배도 이루어졌다. 통일신라시대에는 곡물, 어물, 수조육류, 채소류, 과실, 장류, 술, 포, 염, 기름, 꿀 등의 기본 식품을 일단 구비하였다. 따라서 고려 후기에 곡물로 밥을 지어 주식으로 하고 기타 식품들을 부식饌으로 하는 식사 유형이 일단 정립된다. 조선시대에 이르면 이를 토대로 식생활의 전통적인 정비기를 맞게 된다. 조선 전기는 한식의 발달 시대로, 그리고 조선 후기를 한식이 완성되는 시기로 본다. 즉, 조선시대는 우리 식생활의 전통이 비로소 정비되어 음식문화의 꽃을 피우는 중요한 시기가 된다. 그 후 개항기와 일제강점기 그리고 근대화과정을 거쳐 현대의 식생활문화를 이루게 된다.

(1) 고대의 식생활

한국인의 밥 문화 한식의 가장 큰 특징은 밥을 주식主食으로 하고 그 외의 국이나 반찬들을 부식副食으로 하는 주·부식형의 식사 관습이다. 그런데 이때 밥이라고 해서 쌀만을 지칭하는 것은 아니다. 기장이나 조, 보리 같은 곡식 전체를 밥이라고 지칭하는 것이다. 과거에 일반 서민들이 쌀밥을 먹을 기회는 드물었다. 그래서 삼국시대를 지역으로 나누어 보면 한반도 북쪽에 사는 서민들은 주로 조나 기장밥을 먹었고, 남부의 서민층은 보리밥을 먹었다. 남부의 귀족층 정도가 쌀밥을 먹었다고 할 수 있다. 대체로 이런 패턴으로 곡물의 식용분포가 이루어졌다.

한국 곡식 농사의 역사 그동안 우리나라에서 벼농사가 시작된 시기를 신석기시대로 생각하여 왔다. 1991년 6월 경기도 고양군 일산읍 가와지 유적지의 신석기시대 토층에서 기원전 2300년경의 자포니카 볍씨 4개가 발굴되고, 1991년 5월

경기도 김포군 통진면 가현리의 지하에 퇴적된 이탄층에서 신석기시대인 기원전 2100년경의 자포니카 볍씨가 발굴되어 우리나라 벼농사는 4000여 년 전에 이미 시작된 것으로 추정하였기 때문이다.

그런데 1988년 충북 청원군 소로리 구석기 유적지에서 볍씨가 발견되었는데 놀랍게도 이 볍씨는 세계 최초의 볍씨로 판명나게 된다. 즉 이로 인해 우리나라 쌀농사의 기원은 기존 학설인 신석기시대보다 먼저 시작된 것으로 추정하기도 한다. 이는 중국에서 출토된 기존의 가장 오래된 볍씨 기록을 갱신하였다. 서울대와 미국 지오크론연구소Geochron Laboratories의 과학적 연대추정결과 약 13000~15000년 전 볍씨로 확인하였다.

우리가 먹는 쌀 종자는 학명으로 '자포니카japonica'라고 불린다. 우리의 식생활 패턴이 주·부식으로 나뉘는 것은 이 벼를 재배한 다음부터였을 것으로 추정된다. 물론 벼가 들어오기 전에도 이미 다른 곡물들이 있었다. 기장과 조가 제일 먼저 우리나라에 들어오고 그 다음에 보리, 그리고 벼가 들어오게 된다. 그 다음에 우리의 식습관을 정립했다는 의미에서 매우 중요한 위치를 차지하고 있는 것은 콩이다. 콩에 의해 한국의 장 문화가 생겨난 것이다.

한국인에게 밥은 많은 의미가 있다. 가령 동학의 2대 교주였던 해월 최시형 선생의 "밥이 하늘(한울님)이다."라는 말에서 우리가 과거에 밥을 얼마나 소중하게 여겼는지를 알 수 있다. 뿐만 아니라 밥이 보약이라는 믿음도 우리에게는 아주 익숙한 것이다. 그리고 쌀이 동남아시아나 동북아시아 사람들의 주식인 것을 보면 쌀은 오늘날 가장 많은 인류가 먹는 음식이 되었다.

한국의 육식 전통 한국인들의 이동 경로는 시베리아와 같은 북방에서 만주를 거쳐서 한반도로 들어왔다. 이런 우리 조상들을 가리켜 중국인들은 맥족貊族이라 불렀다. 이 맥족은 원래 유목생활을 하던 사람들이라서 식생활도 가축과 큰 관계가 있을 것으로 추정한다. 이것은 맥족의 벼슬만 보아도 알 수 있다. 《삼국지三國志》 위지·동이전을 보면 부여의 관직명이 모두 동물 이름으로 되어 있는 것을 알 수 있다. 최고의 관직명이 마가馬加, 우가牛加, 저가豬加, 구가狗加 등과 같다.

그림 5-1 **맥적**

육당 최남선에 의하면 《수신기搜神記》같은 중국의 고서에 바로 우리의 조상인 맥족이 즐기던 음식이 나온다. 이 책의 저자는 중국의 진晉나라 사람들이 맥적貊炙이라는 이민족(고구려)의 음식을 지나치게 즐겨서 문제라는 식으로 서술을 해놓고 있다. 이 맥적은 바로 맥족, 즉 고구려 사람들이 즐겨 먹던 불고기의 일종이었는데 고기를 꼬챙이에 꽂아 불 위에서 굽는 것을 적이라고 한다는 기록이 있다.

그런데 이 적은 중국식 불고기와 조리 방식이 다르다. 전통적인 중국식 고기 요리는 미리 양념을 하지 않는다. 고기를 그냥 굽거나 삶은 다음에 양념에 무쳐 먹기 때문이다. 반면 우리는 고기 구울 때 무장無醬으로 했다고 표현하는데 이것은 구운 다음에 장을 더 이상 쓰지 않는다는 뜻으로 해석된다. 그렇다면 지금 우리가 먹는 불고기와도 비슷하다. 우리 불고기가 일본 음식이라고 주장하는 학자도 있는데 단지 양념으로 들어가는 재료들이나 양념하는 방식이 일본풍처럼 보이지만 미리 양념을 해서 구어 먹는 것은 과거의 전통을 따르고 있다. 즉, 우리의 육식 전통이 오래되었다는 것을 알 수 있다. 이 육식 전통은 이후에도 큰 변화를 겪게 된다. 삼국시대 이후 불교의 영향으로 채식이 정착되는 과정을 겪게 되면서, 우리 음식의 가장 큰 특징인 채식 위주의 식습관이 정착하게 되는 배경이 된다.

채식의 정착 시대적으로 보면 채식의 정착은 삼국시대에 이루어진다. 삼국시대에는 식생활에 많은 변화가 있었다. 우선 벼농사가 정착되면서 어느 정도 식생활이 안정되었다. 이것은 주식으로 쌀밥이 정착되었다는 것을 말한다. 물론 벼농사가 안정되었다고 해서 일반 서민들까지 쌀을 먹었다는 것은 아니다. 이때는 고대 국가체제가 시작된 후라서 신분제도가 정착된다. 따라서 식생활도 귀족식과 서민식으로 나뉘게 된다. 고구려를 비롯해 상류층의 주식으로 쌀의 위치가 굳어진 게 바로 이 시대이다. 게다가 이전에는 쌀을 조리할 때 죽을 쒀서 먹거나 쪄서 먹었는데 이때부터는 현재와 비슷하게 쌀을 솥에다 넣고 끓여 먹은 것으로 보인다. 이는 그 시대의 벽화에서 세 발 달린 '냄비'정鼎과 가마솥 부釜가 발견되었기 때문이다.

그 다음에 나타난 변화로는 귀족들이 다소 여유 있는 생활을 하다보니 음식들을 조리하고 가공하며 저장하는 방법들이 발달하게 된다. 가공하고 저장하는 방법 가운데 가장 특이한 것으로 메주를 발효시켜 장을 담그는 방법이 개발된다. 우리 음식에는 발효음식이 많은데 그 중에서도 가장 대표적인 간장, 된장을 이때부터 만들기 시작한 것이다.

현재의 우리 음식이 채식 위주인 것에 대해서는 삼국시대 이후에 채식위주의 식단으로 바뀐 것에서 원인을 찾을 수 있다. 물론 언제부터 한국인의 식단이 채식으로 바뀌었는지에 대해서도 명확하지 않다. 그러나 우리나라의 기후나 풍토를 볼 때 한반도는 목축이 아니라 농경에 적합한 환경이기 때문에 조상들도 자연히 채식을 하게 되었을 것이다. 그러나 우리나라가 삼국시대부터 고려시대까지 불교국가였다는 사실도 잊어서는 안 된다. 잘 알려진 것처럼 불교에서는 살생 금지는 물론 육식도 금지한다. 실제로 고대에는 왕이 아예 살생을 금지하는 법령을 선포한다. 신라에서는 법흥왕(529년)이 살생금지 법령을 선포하고 백제에서는 법왕(599년)이 살생을 금지하고 민가에서 기르는 매를 놓아주라는 법령을 발한 적이 있다. 그것뿐만이 아니다. 고기 잡는 도구도 불태우게 해 어업 자체를 일절 금지시켰다. 고려시대에는 살생금지 법령 때문에 어민들은 전직轉職을 하여 그 결과 어촌이 없어지는 일도 있었다고 한다.

콩의 종주국, 한국 우리 선조들이 주로 채식만 했음에도 불구하고 영양 상태를 그런 대로 유지할 수 있었던 것은 대체로 콩을 요리해 여러 가지 식품을 만들어 먹었기 때문이라고 보고 있다. 콩을 '밭에서 나는 고기'라고 하는 것도 이 때문이다. 콩으로 만든 두부에서 단백질을 섭취할 수 있고 간장이나 된장에서도 훌륭한 영양소를 섭취할 수 있었다.

그림 5-2 **시래기 된장국**

콩의 원산지는 우리나라, 정확히 말하면 만주 지방이다. 중국의 기록을 보면 《시경詩經》에서 처음으로 콩에 대해서 언급하고 있는데 여기에서도 콩을 자체적으로 생산한 것이 아니라 만주지방에서 중국으로 수입된 것으로 기록하고 있다. 우리 조상들은 이 콩을 가지고 여러 가지 변형 음식을 만들어낸다. 두부나 장이 그것이고 여기에 콩나물도 포함시킬 수 있다. 콩나물은 우리나라에서만 만들어 먹는다고 알려져 있는데 우리 민족에게는 중요한 식품이다. 왜냐하면 콩 자체에는 비타민 C가 없지만 발아하여 콩나물이 되면 많은 양의 비타민 C가 생겨난다.

콩의 또 다른 가공품인 두부도 그렇다. 두부는 보통 중국 전한시대에 만들어진 것이라고 전해져 내려오는데 중국 문헌에는 언급이 계속 없다가 당나라 말기나 송나라 초기가 되어서야 나타난다. 만일 두부가 전한시대에 만들어진 것이 사실이라면 왜 당이나 송대까지 문헌에서 언급이 없던 것일까? 더 연구를 해봐야겠지만 그때까지 콩의 원산지에 살고 있던 우리 조상들이 두부를 만들었는지 만들지 않았는지를 확실하게 알려주는 자료가 없는 것이 안타깝다. 아마도 당시 우리 조상들이 콩을 항용하고 있었으니 두부도 만들었을 거라고 추측해 볼 수 있다.

장도 마찬가지이다. 콩으로 만든 장이야말로 우리의 발명품인 게 틀림없다. 중국에서 '장醬'이란 글자가 가장 처음 나오는 것은 주나라의 이야기를 적은 《주례周禮》인데 이때 말하는 장은 고기를 말려서 가루로 만들고 이것을 술에 넣은 다음 누룩이나 소금을 넣어 만드는 육장肉醬을 말한다. 이것을 해醢나 혜醯라고 불렀는데 우리가 먹는 식해의 원조로 보기도 한다. 메주는 한국이 시조라고 볼 수 있다. 통일신라 초기의 신문왕이 부인이 될 사람의 집에 보낸 예물에 장醬과 '시豉'가 동시에 포함되어 있었다.

국의 등장 통일신라시대에 처음으로 국에 대한 기록이 보인다. 우리 음식의 중요한 특징은 주·부식으로 나뉜다는 것이다. 그런데 이 부식 가운데에서 가장 중요한 것이 국(혹은 찌개)이라고 볼 수 있다. 우리는 밥 먹을 때 국이 없는 밥상은 생각할 수 없을 정도로 국을 중요하게 생각했으며 국이 없으면 하다못해 찌개라도 있어야 했다. 요사이 매운탕과 같은 새로운 음식명까지 만드는 것을 보면 우리나라 사람들이 국이나 찌개를 얼마나 좋아하는 국물민족인지를 알 수 있다. 그런데 사실은 이 때문에 우리 음식의 심대한 약점이 노출되기도 한다. 한식이 갖는 큰 약점은 음식물쓰레기를 너무 많이 만들어낸다는 것인데 그 주범 중에 하나가 바로 국이다. 국물이나 그 안에 들어있는 여러 음식들을 깨끗하게 먹지 못하는 경우가 많기 때문이다. 이 점은 우리 음식이 세계화하려면 반드시 극복해야 할 문제로 생각된다.

차의 성행과 쇠퇴 음식문화사를 살펴보면 우리가 지금 마시고 있는 차가 신라시대에도 유행했다는 것을 알 수 있다. 사실 차는 요즘에 와서 조금 마시기 시작했으며 몇 십년 전만 해도 차를 마시는 사람들은 별로 없었다. 최근에 와서 전통에 관한 관심이 생기면서 차문화도 많이 보급된 것 같다. 《삼국유사三國遺事》같은 책을 보면 스님들이 차를 마시는 이야기가 많이 나오는데 차는 불교와 관계가 깊다. 절에서는 부처님께 술을 공양할 수 없으므로 차를 올렸고 그 영향으로 지금도 조상들께 드리는 제사를 '차례'라고 한다. 차례라는 말이 여기에서 나온 것인데 말은 차례라고 하지만 차는 올리지 않고 술만 올리고 있다. 그러나 이렇게 말이 아직도 남아있는 것을 보면 이전에 차가 얼마나 유행했는지를 알 수 있다.

그런데 성행하던 차문화가 조선시대를 넘어오면서 쇠퇴하게 된다. 조선은 불교를 억압한 국가인데, 조선시대 성리학자들이 불교를 꺼려하여 불교에 관계된 모든 것들이 억압받게 되면서 당연히 차문화도 예외 없이 서서히 쇠퇴하게 된다. 그 결과 세계의 거의 모든 인종들이 습관적으로 섭취하는 기호음료가 있는데 한국인만 그런 문화가 없는 기이한 상황에 처하게 되었다. 일본인이나 중국인은 말할 것도 없고 서양인들도 커피나 홍차 등을 마시고 다른 민족들도 다 나름대로 기호음료가 있는데 한국인들에게는 그런 음료가 없다. 우리의 차문화는 일본으로 수출되어 만개했다. 이러한 역사를 보면 많이 아쉬운데 우리는 좋은 것을 버리고 그들은 취했다. 수많은 외화를 써가면서 커피를 수입해 마시는 것을 볼 때 좀 더 우리의 차 맛을 알고 익숙했더라면 커피를 상용하는 습관을 갖지 않았을 거라는 생각을 해본다.

(2) 고려시대의 음식문화

음식 전통과 관련해 고려시대에 일어난 일 가운데 가장 획기적인 것은 육식 전통의 부활이다. 우리나라가 유목목축민인 몽골의 지배를 받으면서 영향을 받아 다시금 육식을 하게 된다.

그림 5-3 **소주**

또한 몽골의 지배에 있을 때 소주가 전래됐다. 현재 우리나라 사람들, 특히 서민들이 가장 많이 마시는 술은 소주이다. 그런데 대부분의 사람들이 소주를 우리나라 전통술로 생각하는데 그것은 사실이 아니다. 물론 만드는 방법이 조금 다르지만 지금 우리가 먹는 소주는 분명 원나라 지배 때에 받아들인 것이다.

고려시대의 전반적인 음식문화는 신라와 마찬가지로 채식위주의 식단이 주류를 이루고 있었는데 범위가 그다지 넓지 않았다. 당시의 채식 분위기를 알 수 있는 좋은 예가 지금까지 남아 있다. 일본의 사찰에 가면 정진 요리精進料理가 있는데 이것이 채식 요리의 표본이라고 할 수 있다.

그 외에 고려시대 초엽에 일어난 음식전통의 변화를 꼽는다면 조미료의 발달과 기호식품의 보급이다. 그 맥락에서 소금을 국가가 전매하는 일도 생긴다. 소금의 보급은 식품의 조리나 저장과 같은 면에서 획기적인 변화를 가져온다. 또 주막이 바로 이 시기에 생겼는데 이것은 그만큼 사람들이 많이 왕래하게 되었다는 것을 보여준다.

송나라의 사신인 서긍이 쓴 《고려도경高麗圖經》에 재미있는 내용이 있다. 이 책을 보면 고려인들이 손님을 접대할 때 상에 고기포나 생선, 채소 등을 잡다하게 많이 차려놓고 말로는 별로 많이 차려놓지 않았다고 이야기를 한다고 나온다. 뿐만 아니라 음식을 많이 권하는 것을 예절로 알고 술 먹는 데에 절도가 없다는 지적도 하고 있다. 이런 모습들은 지금과 그다지 다르지 않다. 지금도 손님을 초대해놓고 차린 것은 변변치 않지만 많이 드시라고 한다. 이런 관습의 기원이 적어도 고려시대 때까지 올라간다는 이야기다.

고려의 음식문화 가운데 지금까지 계속되는 것이 또 있다. 바로 국이 발달하여 오늘날과 같은 식단이 만들어졌다는 사실이다. 국은 앞에서 본 것처럼 통일신라대에 처음으로 기록에 언급되는데 부식 중에서 국이 가장 중요한 위치를 차지하는 것은 이때(고려시대)의 일로 보는 것이다. 그러니까 우리네 식생활의 기본적인 상차림인 밥과 국(그리고 김치)의 이원적 구조가 이 시대에 확정되었다는 뜻이다. 이 시대에는 조미료도 발달하여 국을 끓일 때에도 소금만 사용하는 게 아니라 다시마나 된장, 후추, 파 같은 다양한 양념을 했다.

(3) 조선시대의 식생활

조선시대의 음식문화사를 논할 때 임진왜란을 기준으로 왜란 전을 한식의 발달시대라 보고 임진왜란 후를 한식의 완성시대라고 본다. 전기와 후기의 이 시기를 기점으로 외래 작물의 수입이 증가하여 이에 따라 음식문화가 나뉘는 경향이 있다. 김치의 발달 외에도 조선 후기가 한식사에서 전환점이 되는 이유가 또 있다. 강인희 교수(1980)는 이 시기를 한식의 완성 시기라고 주장하는데 그것은 후기에 와서 각 계층의 음식들이 섞이게 되기 때문이다. 전기는 신분질서가 엄격해 왕실과 양반, 그리고 서민들의 식습관이 섞이지 못했다. 그러나 임진왜란 후 신분질서가 요동치면서 평민들의 지위가 높아지자 음식문화도 달라지기 시작한다. 궁중식이 양반식에 영향을 주고(봉송), 양반식은 다시 평민식에 영향을 주게(꾸러미) 된다. 이와 같이 양반과 평민들의 식습관이 하나로 통일되면서 한식이 완성됐다는 것이다.

이때가 되면 외국에서 많은 식품이 수입되고 서서히 정착이 된다. 고추의 수입은 말할 것도 없고 후추, 호박, 고구마, 감자, 옥수수, 낙화생, 완두 등의 다양한 식품들이 대량 유입된다. 또 수박이나 사과, 토마토 등도 들어오게 되어 당시에 다양한 식품들이 수입되었다. 이런 상황에 힘입어 우리 음식도 다양해지고 조리법도 많이 늘어나게 된다.

김치가 완전히 새롭게 등장하는 것 하나만 가지고도 충분히 크나큰 변환이라고 할 수 있다. 이런 맥락에서 강인희 교수(1980)는 '고추의 전래는 담백미를 즐기던 전기시대 식생활과는 달리, 후기시대 식생활 조리법을 조화미로 변화시켰다.'고 한다. 고추가 없을 때는 담백하게 먹다가 고추로 양념을 하면서 매우 다양한 맛을 즐기게 됐다.

그래서 조선 후기는 한식의 완성 시대로 보는데 지금 같은 형태의 한식이 완성된다. 이와 관련해 주목할 점은 바로 이 시기에 간행되었던 음식 관련 서적이다. 이 시기에는 한식이 점차 발전되는 시기로 그것을 방증이라도 하듯 많은 음식 관련서적들이 나온다. 책이 많이 나온다는 것은 그만큼 그 책이 다루는 주제에 대해 관심이 많아졌다는 뜻으로 한식의 발달사를 두고 볼 때도 이 책들은 중요하다.

(4) 근대의 식생활

'근대성modernity'은 국민국가의 체제아래에서 서구의 근대가 제시한 합리성, 과학성, 도시화 등이 실행되는 과정에서 발생하는 사유와 실천이 어떻게 이루어지는 것인지에 대한 문제와 직결된다. 1990년대 이후 한국 사회는 '한국의 근대성'에 대해 활발한 논의를 전개하고 있다. 그러나 그 주제를 보면 주로 근대적 도시의 탄생과 산업화, 혹은 신여성의 등장, 종교의 근대성 등 매우 다양하지만 우리의 식생활이 어떻게 근대적 과정을 거쳐 오늘에 이르게 되었는지에 대한 논의는 별로 없다. 특히 우리들이 영위하는 현재 음식문화의 형태는 도시화와 산업화를 거치는 근대의 영향을 많이 받았다고 생각된다.

19세기 말에 시작된 서구화로 인해서 이전 생활문화의 양상이 소멸과 지속, 그리고 변용의 과정을 거치게 된다. 개항기 이후 한국에 들어 온 외국인들은 식생활의 근대화에 다소 영향을 미치게 된다. 그리고 일제 강점기에 산미증산계획, 토지조사사업에 의해 근대화가 진행되는 듯이 보이지만 실제 식민지 조선인들의 식생활은 매우 곤궁하였다. 즉, 개항기, 일제강점기, 해방 이후 미군정기를 거치면서 외국의 식생활에 영향을 받고 우리 전통 식생활은 근대화라는 이름으로 서구화의 과정을 거치게 된다.

(5) 현대의 식생활

광복 이후 한국은 현대사회에 접어들게 된다. 현대사회 초기의 식생활은 광복 이후 최악의 극빈상태에서 6·25전쟁이 발발하여 굶주림을 면하기 어려운 상황이었다. 이러한 상황에서 한국 정부는 기아를 해결하기 위하여 미국으로부터의 농산물 원조, 보리 혼식, 분식장려 등으로 식량난을 해결하고자 노력하였다. 1960년대가 되면 식량난을 해결하면서 영양에 대한 관심도 증대하여 식생활 개선이 촉진된다. 그러나 이때의 식생활 개선은 서구식 식습관을 무비판적으로 받아들이는 식으로 진행되어 많은 문제를 양산한다.

1960년대 후기부터 시작된 현대 중기의 식생활은 1970년대에 이루어진 공업화의 양상으로 식생활도 공업화 내지 산업화의 과정을 밟는다. 이에 따라 식품공장에서 생산된 즉석 가공식품들이 식생활의 중요한 일부를 차지하게 된다. 1970년대 후기 이후부터 시작된 현대 후기의 식생활은 동물성식품 섭취량이 증가하고 지방의 과잉섭취로 인한 만성질환의 발병률이 증가한다. 이로 인해 동물성 지방섭취 위주의 서구 식생활에 대한 반성이 일어난다. 또한 가공식품의 문제점에 대한 논란도 증가되기 시작한다. 이로 인해 가공식품에 대한 반작용으로 건강식품, 무공해 유기농식품, 자연식품에 대한 관심과 함께 합리적인 식생활에 대한 진지한 모색이 이루어진다.

미래 한국 식생활의 전망 한국의 현대 식생활 형태는 개항 후 지난 1세기 동안 특히 해방 이후 지난 50여 년간 새로운 식품 수용 폭이 현저히 넓어지면서 많은 변화를 거쳤다. 이러한 변화에 영향을 미친 요인으로는 인구 및 경제력의 변화, 농업기술의 혁신, 식품산업 분야의 발달, 외식산업의 발달, 외래문화의 유입, 의학, 영양학 등 건강관련 분야 발전에 따른 정보량의 증가, 국민의 의식구조 및 가족제도의 변화 등을 꼽을 수 있다. 이러한 외관상의 변화에도 불구하고 한국인의 식생활은 전통적, 비전통적 식생활 사고와 행동이 깊숙이 융합되어 있으며, 문화적 측면에서 보면 한국인의 식생활 행동은 수정의 형식(A→A')으로 진행되어 왔다. 보수적인 식생활의 특성상 앞으로도 전형적인 서구형 식생활양식으로 변화

(A→B)되지는 않을 것으로 보인다. 서구에서 도입된 영양학조차도 서구식 식생활의 위험성을 경고하고 있는 현 시점에서 다시 한 번 우리 고유의 식생활이 가지는 문화적 의미 및 건강상의 의미를 되새기는 것이 필요하다. 5천 년의 식생활 역사가 입증하는 바와 같이, 한식은 우리들에게 가장 최적의 건강식이다. 우리 민족의 건강과 장수를 위해서는 조상들의 식문화 전통을 환경, 건강과 인류복지를 중시하는 현대사회에 알맞게 적응, 발전시키는 지혜가 필요하다.

2. 한국의 문화유산, 한식의 종류

한식은 크게 격식과 법도를 중시하는 궁중음식, 계절과 세시풍속에 따라 달리 먹는 시식과 절식, 관혼상제에 따른 통과의례음식, 지역의 특색을 반영하는 향토음식으로 나눌 수 있다.

1) 궁중음식

한국인의 특성 중 하나는 강한 유교적 전통에 의한 격식과 법도를 중시하는 것이다. 물론 이러한 사상들은 현대에 와서 많이 약화되었지만 유교적 정신은 우리의 일상생활을 지배해 왔다. 궁중음식에서도 이러한 정신이 살아 있음을 볼 수 있다. 대부분 음식을 먹고 즐기는 문화로 생각하여 진기한 것으로 호화로운 상차림을 중시하는 다른 나라와는 달리 음식에도 엄격한 질서를 중시하였다.

그림 5-4 **신선로**

우선, 차리는 음식상을 엄격하게 구분하였다. 먹는 것을 단순히 먹는 것으로만 생각하지 않고 격식과 법도를 매우 중시하여 각 상차림을 하였다. 일반적으로 으상(어상)御床, 수라상水刺床, 큰상, 돌상, 연회상, 제상 및 명절상차림으로 구분하였다. 으상(어상)은 명절이나 경축일에 올리는 임금님 상을 말하였다. 둘째, 수라상은 임금님과 황후마마에게 평소에 올리는 진지상을 일컬으며 이 수라상에는 반드시 흰수라와 팥수라의 두 가지를 놓는 법도를 지켰다. 셋째, 미음상과 응이상이 있는데 이는 미음이나 죽 또는 응이 등을 간단한 낮것點心으로 올리는 것이고 미음상이나 죽상에는 동치미와 포, 꿀, 간장 등을 곁들여 놓게 된다. 넷째, 낮것상(면상)麵床인데 궁에서는 일상시에는 조석朝夕으로 수라상을 차리고 낮것으로는 간단한 응이나 미음, 죽 같은 것을 내오는데 특별한 탄신일이나 명절날 같은 때에는 낮것으로 면상을 차렸다. 다섯째, 큰상은 탄신, 오순절五旬節, 회갑回甲, 진갑進甲, 관혼冠婚 등의 경축일에 큰상을 차리는데 음식을 고여 담는 기명의 수와 고이는 높이는 기수寄數로 하였다. 여섯째, 돌상은 황태자나 공주님의 첫돌에는 돌상을 차려서 축하하고 각색 편을 많이 만들어서 여러 집에 나누어 보냈다. 임금의 기호를 중시하기보다는 격식과 법도를 중시하는 상차림이 서양인에게 흥미롭게 받아들여졌을 것으로 보인다.

음식이 갖는 상징성 중에는 친분관계friendship가 있다. 음식을 함께 나누면서 친분관계를 돈독히 한다는 것이다. 그래서 드라마 '대장금'에서처럼 궁중의 잔치나 연회에서 음식을 한 번에 많이 장만하는 것은 임금 혼자서 잘 먹기 위한 것이 아니라 늘 음식을 신하들에게 내리고 함께 나누는 독특한 문화를 보여 주었던 것이다. 특히, 조선시대 궁중에서 차려지는 상중에 어상御床이 있는데 이 어상에는 여러 가지 음식을 높이 고여서 담고, 임금님이 퇴선退膳하고 나면 여러 신하에게 골고루 나누어 주었다. 특히 이를 '봉송封送'이라고 하였다. 즉 임금이 신하들에게 음식을 나누어 주면서 친분관계를 확인하고 임금에게 더욱 충성하기를 바라는 마음을 담은 형식이었다. 그 외에도 겨울동안 동빙고와 석빙고에 얼음을 저장하였다가 여름에 이용하였는데, 동빙고 얼음은 나라의 제사를 지낼 때 쓰고 석빙고 얼음은 임금이 신하들에게 하사하는데 썼다. 음식을 매개한 친분관계, 즉 충성을 요구한 형태라고 볼 수 있다. 특히 양반가에 전해진 '봉송' 음식에 의해 서울 양반 음식이 궁중음식을 상당수 모방하게 된다. 그래서 조선시대 말기로 갈수록 궁중음식이 반가음식으로 전환되는 계기가 된다.

궁중음식은 일반 반가의 음식과 차별화를 하였다. 임금님이 일상적으로 받는 진지상인 수라상의 내용을 보면 12첩을 기본으로 하고 있다. 12첩은 밥, 국, 김치,

간장 등을 제외한 반찬가지수가 12가지라는 뜻으로 한 사람이 먹을 수 있는 양이라고 볼 수 없다. 그리고 양반층이라도 차릴 수 있는 상이 9첩 이하이었으므로 12첩 반상은 궁중에서만 차리던 것으로 왕의 권위를 상징하고 반가음식과 차별화를 시도하였다. 그러나 여기서도 융통성을 가져서 한 끼 식사로는 양이 지나치다고 생각되는 12첩 반상의 수라상은 아침과 저녁에만 차렸으며 점심은 대개 낮것상麵床으로 간단한 응이나 미음, 죽 같은 것을 먹었고 특별한 탄신일이나 명절날 같은 때에는 낮것으로 면상麵床을 차렸다. 즉 아침저녁의 식사가 지나치게 열량이 높은 경향이 있었다면 점심은 거의 열량가가 없는 식사로 영양의 균형을 꾀한 것이었다고 생각된다. 그리고 수라상 반배법飯配法의 내용을 보면 수라, 탕, 조치, 찜(선, 전골), 구이, 전유아, 채소, 조리개, 젓갈, 장과(장아찌), 마른 찬, 김치, 간장 등으로 동물성 식품과 식물성 식품, 찬 음식과 더운 음식, 국물 음식과 마른 찬, 육조리개와 생선조리개를 차렸는데 조화미의 극치를 이룬 음식이었다고 생각된다.

음식으로 힘, 권위, 권력power을 상징한다고 하는데 궁중음식은 이를 잘 표현

격식을 중시한 한식 상차림

우리 조상들은 음식에도 예의를 가장 중요시 여긴 민족이다. 맛있는 반찬을 죽 늘어 놓고 산해진미를 쌓아 놓고 즐긴 민족이 아니라, 우리가 일상으로 먹는 반상차림에도 3첩, 5첩, 7첩, 9첩 식으로 반찬 수를 때와 경우에 맞추어 규정하고 이에 맞추어 상차림을 한 민족이다. 그리고 민가에서는 아흔 아홉 칸까지의 집만 허락하였듯이 12첩 반상은 궁에서 임금만 받을 수 있는 상차림이었다. 그리고 첩수의 반상에는 동물성 식품과 식물성 식품의 적절한 조화, 주식과 부식의 적절한 조화, 색상(오방색)의 적절한 조화 등을 함께 꾀하였던 것이다.

이러한 한식 상차림을 얼마나 중시하였는지는 1800년대 말의 《시의전서是議全書》 조리서에 자세히 나와 있다. 이는 작자미상의 조리서이지만 음식에 대한 조선시대 말 여성의 열의가 잘 나타나 있다. 각 반상차림의 도식도를 알기 쉽게 손수 그림으로 그려 남겼다. 이 도식도에는 5첩 반상, 7첩 반상, 9첩 반상의 나열을 음식별로 정확히 그려 놓았다. 그리고 입매상의 상차림도 그려 놓고 있는데 이는 주로 고배상으로 차리는 혼례와 회갑 등의 큰상차림을 당사자들이 직접 먹을 수 없으므로 실제 주인공들이 먹을 수 있도록 차린 상차림이며 신선로, 찜, 전, 편육, 회, 냉채, 잡채, 한과, 떡(편), 화채 등 여러 음식을 차린 것이다.

해 내고 있다. 의례에 있는 큰상에서도 반드시 음식을 쌓아 올려서 왕이 갖는 힘의 권위를 상징하였다. 이때 쌓아 올린 정도, 즉 고이는 높이가 대개 5촌寸, 7촌寸, 9촌寸, 1척尺 1촌, 1척 3촌, 1척 5촌을 기수寄數로 하였다. 이러한 음식을 쌓아올려서 음식을 받는 자의 권위 혹은 권력을 상징하였다. 쌓는 높이는 각기 다르게 하였다. 약과·만두가 1자 8치, 강정·다식은 1자 7치, 저냐·편육은 1자 3치, 율란·조란·생란 등은 1자 1치였다고 한다. 그래서 궁중의 행사시에 차렸던 음식을 높이 고여서 위를 꽃으로 장식하는 고배상차림이 등장하는데 이는 다른 나라의 음식 상차림에서는 볼 수 없는 것으로 상당히 인상적일 것으로 기대된다. 보편적으로 전 세계가 비슷해지는 세계화 가운데에서도 우리 음식문화는 각 지역의 독특한 문화가 가지는 지역적 생태주의를 유감없이 보여주며 다른 나라 사람들이 볼 수 없는 독특한 문화의 매력을 느끼게 할 수 있다. 사실 이 고배상차림은 일본에서도 볼 수 있지만 다른 점은 일본에서는 사자死者의 제사에만 남아 있으나 한국은 경사에도 고배 음식을 고이고 있다.

조선시대 궁중음식의 또 다른 특징은 음식을 통한 종교의 상징성이었다. 차문화는 불교의 상징이므로 불교가 국교인 고려시대까지만 해도 매우 중요한 위치를 차지하고 있었지만 조선시대에는 훨씬 약한 형태를 보였다. 고려시대에 차는 팔관제나 공덕제 등의 불교의식에 필수적인 것이었다. 이러한 다식 때에는 의례 임금이 신하에게 차를 내리는 사다식과 신하가 임금에게 차를 올리는 헌다식이 뒤따랐다. 고려시대의 차는 종교적 힘을 나타내는 중요한 상징적 의미로 쓰였으나 불교를 강하게 배척하고 유교를 통치이념으로 내세웠던 조선시대에는 특히 궁중에서 차가 완전히 자취를 감추어 차문화의 쇠퇴를 가져오게 된다. 차를 마시는 문화는 조선시대에 와서 거의 사라졌지만, 고려시대에 차와 함께 먹는 다식茶食은 그대로 이어져서 선조 임금 때의 제사에도 올려지게 되었다. 다식은 떡의 형태를 가진 차, 과자를 칭하는 것으로 이때의 다식은 쌀가루, 밀가루 등을 꿀에 섞어서 다식판에 찍어서 떡으로 만든 것이었다. 나라의 종교정책에 따른 음식법도를 매우 중시하여 지킨 것을 알 수 있다.

조선시대의 궁중음식이 고려시대의 궁중음식을 이어받아 음식을 통한 궁중의

궁중음식 관련문헌

조선시대의 궁중음식에 대한 것은 궁의 큰 행사를 기록한《진찬의궤進饌儀軌》,《진연의궤進宴儀軌》,《이조궁정요리통고李朝宮廷料理通攷》나 이러한 문헌을 해석한 책 등에서 볼 수 있다. 그리고 일상식의 기록은 정조 19년(1795년)의 혜경궁 홍씨의 화성행차 환갑잔치기록인《원행을묘정리의궤園行乙卯整理儀軌》로도 볼 수 있는데 여기에는 진찬기록 뿐 아니라 일상식(수라상), 죽상, 응이상, 고임상, 다소반과茶小盤果가 실려 있다. 그리고 김상보 교수의《조선왕조 궁중의궤음식문화(1995)》,《조선왕조 궁중연회시 의궤음식의 실제(1995)》같은 책은 궁의 행사기록을 재해석한 책이라고 볼 수 있다. 또 조선시대 궁중음식의 종류, 식단, 기명 등을 기록한《이조궁중요리통고(1957)》라는 책도 있다. 이 책은 실제 조선시대 말기에 궁정의 수라간 상궁이었던 한희순 상궁과 궁중요리 무형문화재인 황혜성 선생에 의해서 정리된 책으로 조선시대가 막을 내린지 40년 후에 집필되었다. 책의 머리말에서도 밝혔듯이 자료의 대부분이 소실되었고 기억에 의존한 바가 많았다고 하였으나 조선시대의 궁중 요리를 직접 담당한 사람에 의해 기록된 비교적 생생한 자료이다.

권위, 힘을 상징하고자 화려한 음식문화를 꽃피웠으나 조선시대 말기로 갈수록 식생활에서도 조선왕조의 힘이 약화된 것이 나타난다. 조선시대는 국경일이나 외국 사신 환영 축하 때에 연회상을 차렸는데 조선후기까지에도 수십 명 혹은 수백 명이나 되는 내빈들의 연회상을 일일이 외상으로 차렸다. 그러나 조선시대 말기로 오면서 불편함과 비경제성으로 인해서 외상을 폐지하고 교자상을 차리는 것으로 바뀌게 된다. 즉, 현재 교자상을 연속하여 크게 차려 연회상으로 하는 형태는 이때부터 유래된 것으로 조선말기의 왕정약화와 관계있는 것으로 보인다.

2) 시식과 절식

사계절이 뚜렷한 우리나라의 특성상 계절에 따라 생산되는 식품들이 각기 달랐다. 우리 선조들이 열심히 지켰던 건강과 관련된 보신을 위한 음식이란 제철에 쉽게 구할 수 있는 것을 주재료로 한 '계절 따라 음식 먹기'였다. 예부터 내려오는 민간의료와 민간신앙이 결부된 음식이 또한 보신의 음식으로 계절의 식생활 풍속을 중시하였다. 그래서 계절에 따른 음식을 먹는 것을 건강을 위한 최우선으로 생각하여 거르는 법이 없었다.

이러한 제철의 음식 먹기는 우리나라의 독특한 의례음식의 발달을 가져오게 된다. 즉 세시의례에 따른 의례음식의 발달이다. 세시풍속은 인간의 삶을 위한 연중행사로 형성된 풍속이기 때문에 그 안에 필수적인 의식주의 영위내용을 담게 된다. 내용 중 상당 부분이 음식을 통해 이루어지는데, 음식문화와 관련된 성격을 요약해 보면 다음과 같다.

세시풍속과 음식행사

첫째, 세시풍속 중 상당부분이 음식을 장만해서 즐긴 행사였다. 여러 가지 세시풍속 행사 중 현대에 이르기까지 가장 많이 남아 있는 것이 음식과 관련된 행사로 설과 추석 같은 때의 상차림이다. 지금도 설과 추석이면 음식을 장만해 가족, 친지, 이웃과 나누어 먹는 풍습이 좋은 예이다.

둘째, 세시음식은 제철에 나는 식품재료를 거의 최대한 이용하여 만들어졌다. 시절식은 '식보食補', 즉 몸을 보호하는 약의 의미가 강했는데 예를 들면 복중의 보신탕이나 용봉탕이 예이다. 이는 계절의 변화에 따르는 생리적 변화를 조절하여 건강을 지키는 방편이기도 했다. 또한 '시절약'이라고 할 수 있는 익모초나 수액 등이 시절식과 더불어 식생활의 일부를 구성했는데 이도 건강의 측면에서 매우 유용했다.

셋째, 시절음식은 부족한 영양소 보충의 의미가 있다. 예를 들면 음력 12월말이나 정월 초에 입춘이 오는데 이 날은 봄이 시작되는 좋은 날의 의미가 있으므로 눈 밑에서 갓 돋아난 푸성귀로 오신반五辛盤을 만들어 먹고 긴 겨울 동안의 비타민 부족을 보충하였다. 이것은 움파, 멧갓, 승검초, 순무, 생강 등을 무친 매콤한 나물로서 식욕을 돋우는 효과를 갖는다. 세시의례를 통해서 몸의 성장 발달 및 인체 대사에 필요한 영양을 획득하는 성격이 강하게 나타난다. 그런데 통과의례에서는 육류 등을 통한 단백질 보충의 성격이 강하고 세시의례에서는 떡과 제철 과일 및 채소류 섭취를 통한 탄수화물과 비타민 보충의 성격이 강하다.

넷째, 시절음식은 농경문화권의 산물로 생각된다. 때를 맞추어 씨를 뿌리고, 재배하고 추수 때 농작물을 거두어들이는 농경문화권의 행사에서 파생된 것이다. 세시풍속은 주로 서민층을 위한 위로의 역할이 컸다고 보인다. 주로 평상시에는 곤궁하게 식사를 했지만 명절이 되면 그동안 못 먹었던 음식, 즉 떡, 한과와 같은 별식을 즐길 수 있었기 때문이다. 또한 농경문화권의 행사였기 때문에 그들이 섬기고 있는 신을 모시는 의례로서 음식을 차려서 대접하는 성격도 함께 가지고 있었다.

흥미로운 사실은 계절에 따라 음식을 먹었던 우리의 식생활 풍습은 나중에는 중요한 의례로 발달되면서 남성이 주관하는 경향을 보였다는 점이다. 조선시대의 《경도잡지京都雜志》, 《열양세시기洌陽歲時記》, 《동국세시기東國歲時記》 등은 그 당시 의식주의 풍속을 자세히 보여주고 있는데 남성에 의해 기록되어 있다. 그 동안 음식에 관한 논의는 주로 여성들의 일로 간주되는 경향이 있었으나 오히려 조선시대에는 남성들도 음식의 문화적 측면에 대한 관심이 강했다고 생각된다. 이것은 의례를 중시하는 조선시대 유교의 영향으로 의례를 위한 음식의 상징적 사용이 사대부 남성들의 지식과 권력이 행사되는 중요한 영역이었기 때문으로 생각된다.

다음은 민속 조사 보고서(서울편)와 《경도잡지》, 《열양세시기》, 《동국세시기》에 기록된 것들을 토대로 한 것이다.

조선시대 세시풍속서

- **경도잡지 :** 조선 영조 · 정조 때의 문신 유득공柳得恭이 서울의 세시풍습을 기록한 책
- **열양세시기 :** 조선 순조 때 김매순金邁淳이 열양洌陽, 곧 한양漢陽의 연중행사를 기록한 책
- **동국세시기 :** 조선 순조純祖 때의 학자 홍석모洪錫謨(1849년)가 지은 세시풍속서

(1) 설

설은 원일元日, 원단元旦, 세수歲首, 신일愼日이라고도 하는데 1년의 시작을 뜻한다. 설날에는 차례상과 세배손님을 위해 여러 가지 음식을 준비하는데 이 음식들을 통틀어 '세찬'이라고 하며 차리는 세찬에는 가세에 따라 가지 수와 양이 다르지만 어느 집에서나 만드는 공통음식은 떡국이다. 한편 설전에 어른들께 귀한 음식을 보내는 일, 어른들이 아랫사람에게 보내는 먹을 것들도 세찬이라고 하였으며 대표적인 것으로는 쌀, 술, 담배, 어물, 고기류, 꿩, 달걀, 곶감, 김 등이 있다.

(2) 입춘

입춘은 24절기 중 첫 절기로서 농경세시의 기점이었다. 입춘에는 갓 돋아나는

마늘, 달래, 무릇, 파 등의 푸성귀로 오신반五辛盤 등의 음식을 만들어 먹었다.

(3) 정월대보름

상원이라고도 하며, 행사는 대부분 농사와 관련하여 풍요를 기원한다. 정월대보름의 음식으로는 복쌈, 오곡밥, 약식, 묵은 나물, 귀밝이술, 원소병, 팥죽, 유밀과가 보편적인 음식으로 그 외에도 전유어, 편육, 시루떡, 강정, 식혜, 수정과, 김구이, 두부부침 등이 있다.

그림 5-5 **팥죽**
그림 5-6 **화전**

(4) 삭일

음력 이월 초하루를 예부터 삭일朔日 또는 중화절이라고도 하며 사철의 시작을 의미한다. 이 날 농사일에 수고할 노비에게 송편을 나누어 주어 노비송편이라고 부르며 콩볶음을 먹는 것으로 기록되어 있다.

(5) 삼짇날

음력 3월 3일은 꽃놀이를 하고 새 풀을 밟으며 봄을 즐기면서 노는데 음식으로 진달래화전, 화면, 수면水麵, 탕평채, 진달래화채, 쑥떡, 향애단, 두견화주, 송순주, 과하주, 개피떡 등을 먹었다.

(6) 한식

한식은 동지에서부터 105일째 되는 날로서 이 날은 불을 쓰지 않고 찬 음식을 먹었고, 술, 과일, 포, 식혜, 떡, 국수, 탕, 적 등의 음식으로 성묘를 하고 제사를 지낸다.

(7) 곡우

음력 3월 중에 해당하는 절기로 본격적인 농사에 착수하기 시작한다. 민물고기를 회를 치거나 국을 끓여서 먹고, 음식으로는 조기 맑은탕, 도미찜, 도미면, 도미탕, 북어국, 어채, 대합구이, 증편, 개피떡이 있다.

(8) 사월 초파일

음력 4월 8일로 석가모니의 탄생일을 기념하는 불가의 명절이다. 음식의 종류로는 미나리강회, 볶은 콩, 느티떡, 어채, 화전, 증편, 파강회, 상추떡, 골동면, 시루떡, 백설기, 주악, 석이단자 등이 있다.

(9) 단오

음력 초닷새로써 일년 중에서 가장 양기가 왕성한 날로 풍년을 기원하는 행사가 행해졌다. 수리취떡이 가장 유명하며, 이 밖에도 제호탕, 쑥떡, 앵도화채, 앵두편, 준치국, 준치만두, 붕어찜, 도행병, 어채, 도미찜, 주악, 증편, 수단 등이 있다.

그림 5-7 **보리수단**

(10) 유두

음력 6월 보름날을 유두날이라고 하는데 나쁜 일을 덜어 버리기 위해 동쪽으로 흐르는 물에 머리를 씻었다. 이날은 수단, 유두면, 건단, 연병, 밀쌈, 보리수단, 상화병, 수교위, 증편, 편수, 상추쌈 등을 먹었다.

(11) 삼복

초복, 중복, 말복을 통틀어 삼복이라고 하여 더위의 극치를 이루는 때로 세시 음식으로는 개장국, 삼계탕, 육개장, 팥죽, 임자수탕, 백마자탕, 호박지짐, 민어탕, 미역칼국수, 호박밀전병 등이 있다.

(12) 칠석

음력 7월 7일은 견우와 직녀가 까치와 까마귀가 놓아준 오작교를 통해 만나는 전설이 전해져 온다. 음식으로는 밀전병과 밀국수, 복숭아화채, 취나물 등이 있다.

(13) 중원

음력 7월 보름으로서 이 날 조상의 혼을 천도하는 제사를 지낸다. 음식으로는 햇과일, 산채나물, 떡 게장, 고추부각, 석탄병, 게찜, 멸치젓, 어리굴젓, 새우젓, 두부, 순두부, 다시마튀각, 부각 등이 있다.

(14) 추석

음력 8월 보름으로 큰 명절 중의 하나로 봄부터 여름동안 가꾼 곡식과 과일들이 익으면 수확을 하고 조상께 감사하는 마음으로 술과 송편을 비롯하여 여러 가지 제물을 만들어 제사를 지냈다. 음식으로는 송편, 신도주, 토란탕, 햇과일, 닭찜, 느르미적, 화양적, 햇밤, 토란단자, 밤초, 시루떡, 율란, 조란, 밤단자, 인절미 등이 있다.

(15) 중양절

삼짇날에 왔던 제비가 강남으로 돌아가는 날로 양수가 겹치는 음력 9월 9일로서 가을이 깊어가는 계절에 산에 올라 국화주를 마시고 국화전을 먹으며 즐기는 풍습이 있다. 세시음식으로는 국화전, 유자화채, 국화주, 도루묵찜, 국화화채, 신선로, 밤단자, 어란, 유자정과, 유자차, 전골, 메밀만두, 밀만두 등이 있다.

그림 5-8 **국화차**

(16) 상달과 오일

10월을 상달이라고 하며 오일은 10월 초닷새로 민가에서는 말날이나 길일을 택해서 성주신에게 햇곡식, 술과 떡을 하고 갖가지 과일을 준비하여 제사를 지냈다. 성주신은 가내의 안녕을 관장하는 신이라고 생각했다. 상달의 음식에는 팥시루떡, 열구자탕(신선로), 강정, 변씨만두, 연포탕, 난로회, 무시루떡, 호박고지시루떡, 쑥국, 쑥단자 등이 기록되어 있다.

(17) 동지

11월은 대개 동짓달이라고 많이 부르며 이는 11월에 반드시 동지가 들기 때문인데 낮의 길이가 가장 짧은 날인 동지 이후부터 낮이 길어지기 때문이다. 음식으로는 팥죽, 전약(계피, 후추, 설탕, 꿀 등을 소가죽과 함께 푹 끓여서 만든 것), 냉면, 비웃구이, 동치미, 수정과, 타락죽, 반유반, 식혜 등이 있으며 팥죽을 문에 뿌리면서 사귀를 쫓는다고 했다.

(18) 납일과 섣달그믐

납일은 납향이라고도 하며 납臘이란 사냥한다는 뜻으로 천지만물의 덕에 감사하기 위하여 산짐승을 사냥해서 제물을 드린다는 의미에서 나온 것이다.

섣달그믐은 1년을 보내는 날이다. 골동반이라고도 하며 오늘날의 비빔밥을 의미하는 음식인데 묵은해의 음식을 정리하기 위해 만들어 먹었다. 음식으로는 골동반, 식혜, 수정과, 족편, 돼지고기찜, 내장전, 각전, 설농탕, 모듬전골, 인절미, 주악, 정과 등이 있다.

3) 통과의례음식–삶의 중요한 기점마다 다양한 음식 섭취

한국 사회는 관혼상제와 같은 통과의례를 중시하였는데, 사회의 중요한 생활양식체계로 자리 잡았다고 할 수 있다. 이러한 관혼상제를 통해 이루어지는 음식접대 혹은 음식을 통한 사회적 교환 등 독특한 음식문화가 유난히 발달하였다. 이러한 관습은 현대에도 이어져 음식을 매개하지 않은 관혼상제의 관례를 거의 상상할 수 없는 지경이다.

통과의례는 크게 봐서 넷으로 나눌 수 있다. 사람은 태어나서 결혼하며, 죽고, 제사를 '받아먹는' 중요한 단계를 넘기는데 이때 항상 통과의례를 거치게 된다. 통과의례에는 예외 없이 음식이 나온다. 그러나 지금은 과거의 의례음식 가운데에 제례에서나 그 편린을 조금 엿볼 수 있고 다른 때에 먹던 것들은 자취를 감추었다. 여기서는 간략하게 출생과 혼례 그리고 상례와 제례를 묶어서 살펴본다.

(1) 출생에 관련된 음식

아기를 출산하면 산모에게는 소 미역국(고기를 넣지 않은 미역국)과 흰쌀밥을 대접한다. 이는 현재도 행해지는 일반적인 풍습이다. 그런데 이에 앞서 삼신상三神床이라고 하여 흰쌀밥 세 그릇과 소 미역국 세 그릇을 정갈한 상에 받쳐 산모가 있는 방의 윗목에 놓고 아기의 순산을 기원하는 상차림을 하였다. 이 상은 아이의 수태부터 출산과 양육까지의 전 과정을 관장하는 삼신할머니에게 바치는 것이다.

아기가 태어나 삼칠일, 즉 21일이 되면 금줄을 치우고 축하음식으로 흰밥, 미역국, 백설기를 준비한다. 이때 백설기는 눈같이 흰쌀을 곱게 가루로 빻아 물을 내려서 쪄낸 백옥 같이 흰떡이다. 우리나라에서 떡은 역사가 오랜 음식으로 의례행위에는 반드시 떡이 기본이 된다. 특히 흰색인 백설기는 신의 거룩함을 상징하는 의례음식으로 쓰인다. 그래서 아기의 축하례는 신성한 백설기를 으뜸으로 치는 것이다.

다음 축일은 백일이다. 백일 날의 축하음식은 흰밥, 미역국, 백설기, 붉은 팥고물을 묻힌 차 수수경단을 준비한다. 백설기는 신성을 의미하고, 붉은 팥고물을 묻힌 차 수수경단은 액신이 붉은색을 싫어하여 액을 피할 수 있다는 의미를 지닌다. 오색의 송편은 흰 송편, 쑥 송편, 송기송편, 치자 송편과 분홍색으로 물들인 송편을 말한다. 오행과 오덕을 갖춘 사람으로 성장하기를 염원한다는 뜻이다. 백일에는 친족과 이웃이 모여 축하를 하며 백일 떡은 100집에 나누어 주어야 아기에게 좋다고 생각하였다. 이러한 관행은 백일이 지나 아기가 건강하게 커서 이제부터는 아기가 인간 사회에 참여하여 공동체 안에서 생활하게 되었으니 격려해달라는 의미가 담긴 것이다.

다음으로 중요한 의례가 첫돌이다. 첫돌의 축하음식은 흰밥, 미역국, 푸른 나물, 백설기, 붉은 팥을 묻힌 차 수수경단, 오색 송편을 준비한다. 첫돌에는 축하음식과 돌상을 차려 돌잡이를 한다. 여기서 특이한 것은 푸른 나물인데 미나리를 자르지 않고 긴 상태 그대로 나물로 만든다. 미나리처럼 사철 푸르고 수명이 길기를 바라는 것이다. 백설기, 오색 송편, 차 수수경단 외에도 붉은 실로 맨 생 미나리, 희고 굵은 무명 타래실, 책과 붓, 돈, 흰쌀을 차려 놓고 남아일 때는 활을 놓는다. 실을 먼저 집으면 명이 길고, 책을 먼저 집으면 학문을 잘 할 것이라고 하였으며, 돈을 먼저 집으면 부자가 될 거라고 생각했다.

(2) 혼인과 관련된 음식

혼인은 어느 시대에나 있어 왔으나 시대별로 조금씩 달랐다. 예를 들어 고구려에서는 신부 집에서 남녀가 부부로 결연하면 신랑 집에서 신부 집으로 술과 돼지를 보내어 잔치를 베푼다. 신라에서는 혼가의 예로서 오직 술과 음식이 있을 뿐인데 빈부의 차이에 따라 차림새가 달랐다. 고려시대에서는 혼가에서 재물을 받지 않고 떡을 차리며 일반 백성들은 오직 술과 떡으로 기쁨을 나누었다. 조선시대에도 신부 집에서 신랑에게, 신랑 집에서 신부에게 차려 주는 큰상과 상수床需의 풍습이 있었고 혼례를 하면 반드시 혼인 잔치를 열었다.

혼례의 음식으로는 봉치떡, 합환주, 초례상, 폐백음식 등이 있는데 납폐함을 받을 때의 봉치떡은 부부화합, 혼례상의 합환주는 부부결합, 초례상이나 폐백의 밤, 대추는 자손번창을 의미한다.

봉치시루 봉치 날, 요새 말로 신부 집에 함 들어오는 날, 신랑 집에서 신부 집으로 채단과 예장을 보내는 날에 신랑 집과 신부 집에서 각각 봉치떡을 준비하는데 이 떡은 부부화합을 상징하는 음식이다. 봉치떡은 찹쌀가루와 붉은 팥고물로 두 켜의 떡을 안치고 중앙에다 대추를 얹어 찐 떡시루이다. 신랑 집에서는 봉치함을 이 시루 위에 얹었다가 보내고 신부 집에서도 봉치함을 받아 이 시루 위에 얹어 놓는다. 최근에는 함을 받는 신부 집에서만 팥 시루를 하는 풍습으로 남아 있다.

교배상 혼인에서 가장 중요한 상차림인 교배상은 대례를 치르기 위하여 신랑, 신부 앞에 차리는 상이다. 일생의 중대한 순간을 기념하는 상인만큼 그 차림이 매우 특이했다. 각 지방마다 상차림은 조금씩 다르지만 일반적인 상차림은 다음과 같다.

교배상에 올리는 물건은 대개 한 쌍의 촛대, 송죽가지를 꽂은 화병 두개, 닭 한 쌍, 백미 두 그릇, 술과 잔, 밤, 대추, 은행 등이다.

폐백음식 예전에 결혼식을 친정에서 한 후 시댁으로 올 때 가지고 오는 음식이 폐백음식으로 대추, 밤, 육포 혹은 통닭찜이다. 우리나라에서 가장 보편적으로 얻을 수 있고, 또한 저장해 두었다가 쓸 수 있는 음식이므로 준비한 것으로 보인다. 이렇게 준비한 폐백음식에는 근봉謹封이라고 써서 붙인다. 삼가 봉했다는 뜻이다.

큰상차림 지금은 혼례에서 찾아보기 어려운 전통이 되어버렸지만 폐백을 받은 시부모가 새 며느리를 맞이하는 환영과 감사의 표시로 큰상을 괴여 신부 앞에 차려주었다. 큰상은 밤, 대추, 잣, 호두, 은행, 사과, 배, 곶감, 다식, 약과, 강정, 산자, 마른 전복이나 문어로 오린 화복, 떡, 편육, 전과 같은 여러 가지 음식을 높이 고여 올려서 차린 상차림으로 일명 고배상(고임상)차림이다. 큰상은 먹을 수 없는 바라보는 상이므로 망상望床이라고도 하듯이 의례가 끝날 때까지 헐지 않는다. 그러므로 큰상을 받는 사람이 실제로 먹을 수 있도록 그 앞에 장국상을 차린다. 이것은 입매상이라고도 하는데 큰 상을 받는 사람을 배려하여 고임상 뒤에다 상을 다시 차려주었던 것이다. 입매상은 신선로, 찜, 전, 편육, 회, 냉채, 한과, 떡(편), 화채 등 여러 음식을 차린다.

회혼례 첫 혼례를 치른 지 60주년이 되는 해에 다시 혼례를 치르는 것을 회혼례라고 말한다. 조선시대의 수명이 매우 짧았던 것을 생각하면 흔하게 볼 수 없었던 행사이다. 특히 김홍도가 그린 '모당 홍이상의 평생도'에 이 회혼례 장면이 등장하며 첫 혼례와 같은 형태로 차려진 상을 볼 수 있다. 그리고 다른 풍속도에도 큰상(고배상)을 받고 있는 노부부가 그려져 있는 회혼례 상차림을 볼 수 있다. 또한 손님들에게 수연壽宴을 베풀기를 중시하는 것으로 보아 식사대접을 잘 하였음을 볼 수 있다. 잊혀져가는 행사이지만 혼례 중에서는 가장 아름다운 행사라고 생각하여 여기에 소개한다. 그리고 이는 유교의 효 사상에 입각하여 자식들이 행사를 주관하였다고 한다.

(3) 회갑연 상차림

수명이 길어진 현대에서는 회갑의 의미가 많이 줄었지만 과거에 회갑연은 굉장한 축하의 의미가 있었다. 그래서 실제로도 조선시대의 풍속화에도 가장 많이 등장하는 것이 바로 회갑 상차림이다. 회갑연에는 큰상을 차렸는데 이는 축하와 경사의 뜻을 화려하게 상징한 차림으로 일견 고배상차림으로 불린다. 윤서석 교수에 의하면 큰상차림의 고임새에서 한국인의 과학성과 심미성을 볼 수 있고, 큰상의 고임새에 따라 한식의 기교적인 발달이 촉진되는 일대 동기가 되었다고 하였다. 즉 유밀과, 유과 등의 모양이 잘 고여질 수 있는 형태로 납작하게 되었고 각색 편(백편, 꿀편, 석이편 등)과 같은 만듦새, 단자주악과 같이 웃기로 올려 담은 떡 등이 발달하게 된 것이다. 즉 혼인과 같은 통과의례는 우리의 음식문화가 더 발달하게 된 동기가 되었다.

특히 이러한 행사에서는 복을 함께 나누는 의미를 강조하는데 예를 들어 아기의 백일음식은 반드시 마을 여러 집에 나누는 것이 관행이었으며 이는 아기의 사회화 단계 진입의 의미를 내포한다. 반면 삼칠일 축하음식은 신의 가호 아래에 있다는 의미이며 집밖으로 내보내지 않았다. 따라서 혼례에 차려지는 큰상의 음식은 복福을 나누는 의미로 작용하고 최근의 혼례에서도 결혼식 후 반드시 음식을 함께 먹고 헤어지는 풍습으로 발전한다. 과거에는 이러한 행사가 마을 구성원을 중심으로 행해졌으나 최근에는 친인척 및 직업에 관련된 사회적 친분관계로 확대되고 있다.

(4) 상례와 제례의 음식

장사지낼 때와 제사지낼 때의 음식에 대해 살펴보고자 하는데 장사지낼 때 먹는 음식은 거의 의미가 없어졌다. 제사는 살아 있는 사람이 죽은 사람의 영혼과 만나는 것이며 죽은 이를 대접하는 하나의 관례를 계속하는 것이라 생각하였다. 제사를 통해 효를 표현하고, 죽은 이를 잘 대접하면 살아 있는 사람이 보상을 받는다고 생각했기 때문에 최상의 대접을 하고자 하였다. 최상의 대접은 결국 음식상을 잘 차리는 것으로 나타난다.

이상이 제물의 전체적인 내용이지만 실제로 제물의 가장 큰 특징은 각 가정에서 무리 없이 갖출 수 있는 음식으로 상을 차렸다는 것이다. 제수의 기본 품목은 주酒, 과果, 포脯, 혜醯로서 술은 집에서 잘 담갔던 가양주를 사용하거나 과일의 기본 품목인 대추, 밤, 곶감은 가장 일반적인 것으로 저장이 용이하고, 조과로서 필수품인 다식도 쌀, 콩과 같은 곡류로 만든 것이라 준비하는데 어려움이 없다. 포脯도 북어포와 같이 보편적인 식품으로 각 고장에서 많이 잡히는 건어물을 쓰는 것이 관행이다. 혜는 밥을 엿기름으로 삭히는 식혜로서 보편적인 음식이다. 단지 적炙은 고기나 생선으로 만드는데 이는 제수의 기본은 희생이라는 생각에서 비롯된 것으로 보인다. 제수음식이 지역마다 차이를 보이는 것도 일단 그 지역에서 손쉽게 구할 수 있는 식품을 기본으로 하였기 때문으로 조상들의 합리적 유연성을 볼 수 있다. 예를 들어 동해안 해안에서는 어혜, 산촌에서는 청포묵 무침, 해안에서는 김구이 등을 제물로 올리는 것을 알 수 있다.

제수음식의 기본은 고인을 추모하는 마음으로 고인의 생존 시 음식을 올리는 것을 관행으로 한다. 이 관행은 오랜 역사를 거듭하다 보니 상고尙古성을 내재하게 되었다. 예를 들어 종묘 제의의 제물을 보면 잡곡과 쌀, 고기를 날것으로 진설하고 현주玄酒라고 하여 맹물을 반드시 올린다. 먼 옛날 화식火食을 하기 이전 시대를 상고하는 의미를 담은 것이라고 볼 수 있다.

그런데 우리가 제상에서 어렵게 느끼는 것은 제를 올리는 순서이다. 대개 음식 놓은 법을 가지고 다투는 경우까지 있어서 어렵다. 제수는 우선 과일부터 놓는다. 여기에서 유명한 홍동백서紅東白西의 원리가 나온다. 오행설에 의하면 붉은색은 동쪽을 상징하기 때문에 붉은 과일은 동쪽에 놓고 서쪽을 상징하는 흰 과일들은 왼쪽에 놓는다는 것이다. 그리고 약과 같은 조과造菓는 이 과일들의 사이에 놓는다. 다음에는 좌포우해左脯右醢라고 해서 왼쪽에는 포를, 오른쪽에는 식해를 놓고 그 사이에는 김치나 나물 같은 것을 놓는다. 이렇게 차려 놓은 다음에 해야 하는 순서는 조상신들이 내려오는 강신降神과정이다. 그리고 오신 조상들이 식사를 하시라는 의미에서 탕이나, 어육, 밥, 국 등을 올린다. 이때도 또 음식을 놓는 원리가 있다. 즉, 어탕은 오른쪽에, 육탕은 왼쪽에 놓고 소탕은 가운데에 놓아야 한다.

제상에 올라가는 제물들

제상에 올리는 음식들은 술, 과果, 포脯, 해醢, 밥, 편, 적炙, 탕, 갈랍, 나물, 김치 등이다. 술 가운데 가장 좋은 것은 집에서 담근 가양주家釀酒이다. 그리고 과果는 주로 과일을 뜻하지만 약과나 다식도 들어간다. 과일에는 밤이나 곶감 같은 마른 과일과 사과나 배 같은 생과일이 포함된다. 그런데 과일 중에 복숭아는 귀신을 물리친다고 해서 쓰이지 않는다. 포脯는 육포나 어포 혹은 마른 문어 등을 말하며 해醢는 젓갈을 의미한다. 밥은 보통 흰쌀밥을 말하고 편은 떡을 칭한다.

적에는 육적과 어적이 있는데 육적이 쇠고기를 넓고 두껍게 저며 양념한 것이라면 어적은 생선을 통째로 쪄서 양념을 하고 고명을 얹어 놓은 것이다. 탕은 갱과 구분이 잘 안되는데 육탕과 어탕, 소탕으로 보면 된다. 육탕은 고깃국을, 어탕은 생선국을 말하며 소탕은 고기나 생선 따위를 전혀 안 넣고 끓인 국을 말한다. 그 다음에 나오는 갈랍은 고기와 채소를 한 10cm 두께로 썰어 꼬챙이로 꽂아 밀가루에 무치고 달걀을 적셔 다시 기름에 부쳐서 만든 음식이다.

이와 같이 제사에는 동물성 식품들이 많이 등장하는 것을 알 수 있다. 이것은 이전에 큰 제를 지낼 때 동물을 희생제물로 바치던 관습이 그대로 남아서 생긴 현상으로 생각된다.

4) 향토음식의 발달

우리나라는 좁은 영토이지만 지역의 산세가 각기 다르고 이에 따라 산출되는 음식 재료가 다르다 보니 다양한 향토음식이 발달되어 왔다. 우리나라 향토음식의 발달은 역사가 깊다. 우리가 잘 알고 있는 홍길동전을 지은 조선시대 학자 허균許筠은 바닷가로 유배되어 거친 음식을 먹게 되자 가슴에 걸려서 먹기 힘들어진다. 그래서 전에 먹어 본 맛있는 음식 134종의 이름을 나열해 놓고 도살장문을 바라보며 크게 씹는 흉내나 내어 본다는《도문대작屠門大嚼》이라는 책을 남겼다. 전국 각 도를 구분해 놓고 전국 각 도의 식품재료와 각종 유명한 요리를 기록해 놓았다. 이미 광해군 시대 이전에 우리나라 음식의 특징 중 하나인 각 지역의 독특한 요리들이 발달했다는 것을 알게 해주는 대목이다.

(1) 서울 요리

서울 요리는 조선시대 초기부터 형성되었다. 서울은 전국에 갖가지 요리 재료가 모여드는 곳이라서 이것을 다양하게 활용하여 고급스럽고 사치스러운 음식이 만들어졌다. 그리고 보통 우리가 알고 있는 대표적인 한식은 서울 음식이 대부분이라고 볼 수 있다. 그래서 오히려 특색 없는 것이 서울 음식이기도 하다.

그리고 서울 요리는 짜지도 맵지도 않은 중간 맛인데 이는 한반도에서 중간에 위치한 영향이라고도 한다. 궁중의 풍습을 많이 따른 것이 양반음식이며 중인의 음식과는 차이를 보인다. 음식차림은 격식을 따져 복잡한 편이며 가짓수가 많고 한 가지 음식을 조금씩 차린다. 또 요리법에서는 후추 이외의 양념은 겉에 드러나지 않도록 한다. 파, 마늘이 음식 속에서 형태가 보이면 품위가 없다고 하였으므로 격식을 중시하였다. 그리고 자극적인 것도 천스럽다고 하여 맵고 짠 강한 맛은 멀리하였다.

대표적인 요리로는 신선로, 구절판 등이 있으며, 장국밥, 설렁탕, 약밥 등이 자랑거리이고, 육포, 어포, 홍합초 등 깔끔한 밑반찬이 유명하다.

서울 요리의 종류

신선로, 장국밥, 설렁탕, 육개장, 잣죽, 떡국, 추어탕, 육포, 어포, 홍합초, 흑임자죽, 비빔국수, 국수장국, 메밀만두, 편수, 국화전, 도미찜

(2) 경기도 요리

경기도는 서울 근처의 한반도 중간 지역인데 전체적으로 음식이 소박하고 평

범하다. 양념도 수수하게 써서 중용의 맛을 띤다. 강원도, 충청도, 황해도와 접해 있어서 서로 공통되는 것이 많고 음식명도 같은 경향이 있다. 그러나 경기도에 위치하며 고려시대의 도읍지였던 개성은 서울, 전주와 더불어 음식이 사치스러운 곳으로 유명하다. 개성음식은 사실 특별히 연구할 가치가 있는 향토 요리이다. 개성의 전통 요리는 고려의 맛을 간직한 것으로 사치스럽기가 궁중 요리에 비길 만하며, 다양하고 정성을 다하는 면에서는 전라도 요리와 비슷하다. 그리하여 개성사람들은 개성 요리가 으뜸이라는 자부심을 갖고 집집마다 음식에 대하여 극진히 신경을 쓴다.

개성을 상징하는 요리는 조랭이떡국이고, 편수도 서울편수처럼 모지게 싼 것이 아니고 둥글게 모자 모양으로 싸서 매우 부드럽고 매끈하다. 그리고 서울 요리에는 돼지고기를 별로 쓰지 않는데 비하여 개성 요리에는 돼지고기를 많이 쓴다. 개성에서는 뒷마당에 돼지우리를 짓고 쌀겨만 먹여서 키워서 고기에 비계가 없는데 이 돼지고기로 순대나 만두를 만들어 맛이 일품이다.

경기도 요리의 종류

개성편수, 개성닭전국, 개성경단, 개성보쌈김치, 개성홍해삼, 개성무찜, 개성설리적, 개성순대, 개성조랭이떡국, 개성만두, 개성소갈비, 수원천어탕, 광주해장국, 제물국수, 오곡밥, 팥죽, 냉콩국수, 칼싹두기, 종갈비찜(돼지갈비찜), 파래튀김, 감동젓찌개(곤쟁이젓), 꽁치된장찌개, 두릅선, 미나리강회, 선지국, 생치만두, 양주메밀국수, 오이선, 오징어회, 옥수수범벅, 탕평채, 호박선, 호박범벅 등

(3) 충청도 요리

이 지방의 사람들은 일반적으로 순박하고 온유한 기질이므로 식생활 또한 검소한 편이다. 그래서 음식차림은 호화롭지 않으나, 흔한 재료를 꾸밈없이 요리한 것으로 그 지역의 인심을 잘 드러내고 있다.

일반적으로 충남은 수산물이 많으나 내륙에 위치한 충북은 그렇지 못하여 자

반 젓갈이 고작이지만 산과 들에서 채취한 향기로운 산채와 버섯이 좋다. 백마강의 웅어회, 공주의 장국밥, 간월도의 어리굴젓, 게젓, 소라젓 등이 유명하고 단호박으로 쑨 호박죽과 호박고지, 호박범벅도 유명하다. 충청도에서는 추수 후에 논이나 방축에서 잡히는 민물새우와 싱싱한 무를 곁들여 요리한 구수한 무지짐이를 즐긴다.

그림 5-9 **웅어회**

충청도 요리의 종류

콩나물밥, 녹두죽, 고추젓, 굴냉국, 홍어어시육, 공주장국밥, 호박지, 칼국수, 호박범벅, 청국장, 깻잎장아찌, 무지짐이, 게장, 김자반, 아욱국, 늙은 호박 나물, 호박고지, 말린 묵 볶음, 명태볶음, 모시조개냉이국, 미꾸라지회, 시래기국, 콩국, 가죽나물, 청포묵국, 콩김치국, 호박고지적, 웅어회, 쑥범벅, 상어찜, 충주내장탕

(4) 경상도 요리

동해와 남해 바다에서는 싱싱한 생선, 해초를 얻고 산지에서는 향기로운 산채를 손쉽게 얻을 수 있다. 이들 다양한 재료로 만든 요리는 혀가 얼얼하도록 맵고 짜다. 그러나 이 속에는 감칠맛이 감돌게 마련이다.

젓갈은 멸치젓을 많이 쓰는데 그 종류가 전라도 다음으로 많을 정도이다. 또 이곳에서는 국수를 즐기는데 날콩가루를 섞어서 손으로 밀어 칼로 써는 칼국수를 제일로 치고 장국국수에는 쇠고기보다 멸치나 조개를 많이 쓴다.

그리고 진주비빔밥에는 선짓국이 따르고 동래파전은 햇파, 미나리, 생굴, 고동, 조개무리 등으로 만든다. 경상도추어탕은 삶은 미꾸라지를 굵은 체에 담아 나무주걱으로 으깨어 국물을 받아내어 쓰는 것이 서울 추어탕과 다른 점이고 된장 한 숟가락을 넣어 미꾸라지의 비린내를 가시게 한다.

경상도 요리의 종류

진주비빔밥, 닭칼국수, 애호박죽, 부산재첩국, 경상도추어탕, 마산미더덕찜, 우렁찜, 단풍콩잎장아찌, 동래파전, 통영비빔밥, 안동건진국수, 대구육개장, 닭백숙, 우모포牛毛泡, 가죽감자고추부각, 깨집국, 경북단술, 경상도잡채, 고등어회, 꼴뚜기튀김, 관메기, 꿩만두, 김부치개, 나물국, 대구탕, 대합구이, 마른 대구찌개, 마른 문어쌈, 메뚜기볶음, 무밥, 무두부생채, 미나리찜, 미역홍합국, 민물고기국, 사어구이, 생해삼무침, 안동식해, 큰게게장국, 우엉잎자반, 조개찜, 청어구이, 통영돔찜, 풍장어국(뱀장어국)

(5) 전라도 요리

서해와 남해의 풍요한 해산물, 기름진 평야의 오곡, 각종 산나물을 재료로 하여 사치스럽게 요리하는 것이 특징이다. 부유한 토반들이 대를 이어 좋은 음식 만드는 법을 전수하여 이곳은 풍류와 더불어 맛의 고장이라고 불렸다. 맵고 짜지만 씹을수록 단맛이 나고 익혀서 먹는 젓갈 종류가 많고 밑반찬이 다양하다. 그리고 반찬의 종류가 매우 많아서 요릿집에 가면 30가지 이상의 요리가 접시를 포개야 할 정도로 나오니 음식의 이름과 가짓수를 외지 못할 정도이고 각 반찬 한 젓가락씩 시식하는 동안에 밥 한 그릇이 거뜬히 비워진다.

이북지방의 음식은 싱겁지만 인심은 짜고, 전라도 지방의 음식은 짜지만 인심은 싱겁다는 말이 있는데 음식 맛으로 인심과 비교하고 있다. 그리고 이곳은 콩나물을 기르는 방법이 특이하며 여러 가지 죽이 보양식으로 애용된다.

전라도 요리의 종류

전주비빔밥, 콩나물국밥, 전라도애저, 전남 광산의 용봉탕(자라와 닭), 두루치기붕어조림, 보릿국(이른 봄의 보리순과 흑산도의 홍어내장으로 끓인 해장국), 삼합, 꼬막무침, 꼴뚜기무생채, 콩나물냉국, 깨죽, 밤죽, 김치잎쌈, 겨자잡채, 추탕, 갈분의이, 꼬막무침, 광주애저, 김치느르미, 김치잎쌈, 두루치기, 못김무침, 뱀장어구이, 뱅어회, 생미역탕, 우렁죽, 조갯살전유어, 죽순채, 전주천어탕, 토란탕, 김자반, 꽃게장, 목포생낙지

(6) 강원도 요리

강원도의 고원지대에는 찰옥수수, 메밀, 감자가, 해안에서는 오징어, 명태, 해초가, 산악지방에서는 두릅, 곰취 등의 향기로운 산채와 석청 등이 많이 생산된다. 이곳의 인심처럼 소박하고 토속적인 간단한 요리법으로 천연의 향미를 충분히 살리고 있다.

차가운 동치미국에 도토리묵을 곁들여 부들부들 떨면서 먹는 것은 강원도 지방 겨울철의 정경이며 감자바위라고 일컬을 정도로 많이 생산되는 감자를 재료로 하여 감자묵을 만든다. 그리고 이곳은 메밀의 산지인데 메밀국수집은 별로 없고 메밀전병을 즐긴다. 또 옥수수를 갈아서 끓는 물에 넣으면 올챙이 모양으로 굳어지면서 익는다. 이것을 고춧가루, 다진 파와 마늘, 식초로 양념한 간장으로 간을 하여 먹으면 쫄깃쫄깃하고 구수한데 이것을 올갱이묵죽이라고 한다. 또 진달래 화전을 금강산 석청에 재워 먹는 것도 이곳의 별미이고 토란아욱죽은 여름철의 별미이다. 지누아리(해초의 일종)의 장아찌, 미역쌈도 이 지역의 명물이다.

강원도 요리의 종류

메밀막국수, 감자수제비, 강원도어죽, 더덕생채, 메밀전병, 주문진정어리찜, 감자떡, 감자부침, 북어식해, 도토리묵, 올갱이묵죽, 강냉이범벅, 차수수밥, 강릉방풍죽, 오징어불고기, 취쌈, 감자범벅, 강원도산채, 고구마범벅, 다시마튀각, 동태구이, 미역냉국, 석이볶음, 섭죽, 오징어무침, 오징어회, 올챙이묵(옥수수), 곰취쌈, 콩나물잡채, 콩죽, 토장아욱 국수, 팥국수, 호박범벅, 지누아리장아찌, 감자묵, 토란아욱죽

(7) 제주도 요리

사면이 바다인 제주도에는 수산물, 한라산의 산채 등 재료가 다양하지만 섬인 관계로 본토와는 다른 요리들이 많다. 요리법이 간단하고 양념을 많이 하지 않으나 재료마다 자연의 독특한 향기로움이 그대로 입속에 감도는 것이 특색이다.

쌀이 귀한 관계로 잡고기가 주식을 이루고 고기로는 돼지고기, 닭고기를 많이

쓰고 귤과 오미자의 생산이 많다. 한라산의 고사리와 버섯은 전을 부쳐 먹으며 제주도에서만 잡히는 자리돔으로 자리회, 자리젓갈을 만든다. 해산물이나 닭으로 죽을 끓이기도 하고 배추, 콩잎, 무, 파, 호박, 미역, 생선 등으로 만든 토장국이 별미이다.

또 제주도 명물 요리의 하나로 방떡이 있다. 이것은 기름 두른 번철에 반죽한 메밀을 얇고 둥그렇게 지져내어 식기 전에 무채소를 넣고 김밥 말듯이 말아 모양 있게 두 귀퉁이를 꾹 눌러 내 놓은 것으로 양념장에 찍어 먹는다.

제주도 요리의 종류

옥돔죽, 전복죽, 계란전, 꿩마농(달래, 마늘, 파의 장국), 돼지새끼죽, 두루치기 바르국(미역, 전복, 생게), 방떡, 우무냉국, 초기죽(쌀, 표고버섯), 전복죽, 메밀저배기, 고사리국, 돼지새끼회, 물망회, 전복소라회, 톨냉국(톳냉국), 톳나물, 버섯전, 양애무침, 자리회, 토장국

(8) 황해도 요리

황해도는 곡물과 가축이 풍부하고 수산물도 풍부하여 생활이 윤택하며 인심도 좋다. 이곳의 음식은 양이 푸짐하고 요리에 기교를 별로 부리지 않으나 은근한 맛과 멋이 풍겨 나름대로 독특한 면을 보여준다. 음식의 간은 짜지도 싱겁지도 않으며 소박하고 구수한 맛을 좋아하는 것이 충청도 음식과 비슷하다. 들깻잎, 부각, 김치밥, 호박김치 등이 이 고장에서 별미로 꼽힌다.

남부지방에서 보리를 많이 먹듯이 이 지방 사람들은 조를 많이 먹고 밀국수나 만두에는 닭고기를 많이 쓴다. 닭은 고기 맛이 좋아 많이 사용되고 있다. 또 조개도 많이 잡혀서 호박김치찌개에는 조개를 넣고 끓이기도 한다. 대합을 밀가루에 묻혀 끓는 물에 살짝 익혀낸 것을 조개으름이라고 한다. 순두부찌개도 조개 요리의 하나이다.

그림 5-10 **부각**

청포묵을 가는 국수 모양으로 길게 채 썰어 육수국물

을 붓는데 고명으로 곶감, 대추를 잘게 썰어 얹는다. 《음식디미방》이나 동국세시기의 창면에 나오는 음식으로 이 지방의 별미식이다.

황해도 요리의 종류

김치밥, 김치적, 비지밥, 밀낭화(칼국수), 청포묵, 호박김치찌개, 숭어회밥, 순두부찌개, 잡곡밥, 냉콩국, 밀범벅, 되비지탕, 되비지장, 닭고기, 조개으름비빔밥, 김치국, 수수죽, 냉콩국, 조기국, 해주 숭가기, 해주교반, 연안탕, 고기전, 개구리구이, 갱국(갱은 소라와 같은 조개), 김치국, 김치순두부, 남매죽(국수), 들깻잎자반, 잡곡전, 황해도고기전

(9) 평안도 요리

산세가 험하고 옛날부터 중국과의 교류가 많아서 평안도 사람은 성격이 진취적이고 실질적이다. 음식은 대체로 간은 슴슴하며 맵고 짜게 먹는 일이 적으며 맵시는 둘째이고 한 가지 음식을 만복이 차도록 많이 먹어야 직성이 풀린다는 사람도 있다. 따라서 풍성한 것을 즐겼고 먹음직스럽고 소담한 것을 으뜸으로 친다.

서울 음식이 일반적으로 조그만 하고 지나치게 기교를 부려 만들어서 오히려 얄미울 정도인 것과 대조적이다. 이를테면 서울 송편이 골무만한데 비하여 이 지방의 송편은 손바닥만하고 돼지다리도 통째로 삶아 그대로 갖다 놓으니 남성적이다. 그리고 날씨가 추워서 기름기 있는 고기를 좋아하고 밭이 많아서 콩과 녹두를 이용한 음식이 많다. 가장 대표적인 음식은 역시 냉면과 어복쟁반, 빈대떡이다. 특히 냉면을 얼마나 좋아하는지 평안도에는 집집마다 큰 솥에 국수틀이 걸쳐 있을 정도이다.

죽은 닭죽과 어죽이 별미이고 서울의 만두보다 크기가 갑절이나 되는 만둣국, 꿩으로 구이와 국을 요리하며 찹쌀가루와 차조가루를 번철에 지져낸 '노티', 비지와 돼지갈비를 푹 고아서 만든 '콩비지'도 대표 요리이다.

평안도 요리의 종류

온반(장국밥), 평양냉면, 내포중탕(돼지내장과 김치로 끓인 것으로 동탕이라고도 함), 순대, 전어된장국, 노티, 콩비지(되비지), 닭죽, 어죽, 어복쟁반(어복장국), 강량국수, 굴린만두, 도리탕(桃李湯, 닭곰), 홍미반, 꿩 만두국, 녹두부침, 도라지산적, 돼지머리편육, 두부회, 메밀국수, 비지밥, 무청 곰, 원반 죽(통닭), 콩국, 평안도만두국, 평안도순대, 호박만두, 빈대떡, 강냉이국수

(10) 함경도 요리

험한 산골과 동해바다가 있어서 산해의 진미를 맛볼 수 있으며 음식의 모양이 큼직하고 대륙풍으로 기교를 부리지 않으면서 간은 짜지 않아 담백하나 마늘, 고추 등 양념을 강하게 써서 야성적이다.

함흥냉면은 회국수로서 홍어회, 가자미회를 써서 맵지만 함경북도에서는 맵지 않고 시원한 국수국물을 쓴다. 그리고 가릿국이 별미이고 돼지순대는 가자미식해와 더불어서 함경도 사람이 맛보는 강한 향수의 맛이다. 또 일반 잡곡이 많고 감자, 고구마의 품질이 좋아서 감자녹말로 냉면과 국수를 만들기도 한다.

함경도 요리의 종류

가릿국, 회냉면, 동태순대, 두부회, 콩부침, 원산잡채, 세끼미국수(녹말, 돼지고기, 배, 육수, 잣, 메밀가루, 오이, 무, 달걀), 감자막가리만두, 삼수갑산돌배말국, 도루묵구이, 고등어회, 감자지짐, 다시마냉국, 동태매운탕, 두부장, 두부전, 북어전, 비웃구기, 수수죽, 이면수구이, 이면수찌개, 처녑국, 행적, 닭튀각, 동태내장찌개, 돼지순대, 닭섭산적, 가자미식해, 홍어회

3. 한식의 역사

우리의 음식문화는 다른 나라 음식들과 비교해 보아도 뛰어난 점이 많다. 사람이 살아가는 데에 있어 음식을 중요한 것으로 인식해 끊임없이 이에 대해 공부하고 이를 기록해 남긴 우리들 선조의 노력이 있었기 때문이다. 가장 가까운 조선시대에도 음식은 적어도 학자들의 관심 영역 안이었다. 그러한 사실은 이미 이때에도 유학자, 궁중 내 의관, 실학자들에 의해서 쓰인 다양한 음식 관련서적들로 알 수 있다. 수없이 많은 고조리서 중에서도 특히 남성학자들에 의해 쓰인 고조리서 《산가요록》, 《수운잡방》, 《도문대작》를 중심으로 살펴보자. 그리고 아시아 최고의 식경으로 인정되는 《음식디미방》과 여성 실학자의 저술인 《규합총서》와 근대의 조리서인 《조선요리제법》만을 골라서 우리의 음식문화에 대해 조금이라도 공부해 보자. 우리나라 음식의 영양학적 우수성은 선조들의 수천 년 역사 속에서 형성되어 온 것이다. 바로 고조리서 안에 현대 식품과학의 핵심을 이루는 과학적 지식이 그 속에 용해되어 있기 때문이다. 즉 세계적으로 건강한 음식인 한식의 지혜가 고스란히 녹아 있는 책이다.

1) 남성이 쓴 고조리서들

조선시대에는 음식에 관련된 조리서를 쓴 남성학자가 꽤 있다. 특히 조선시대 후기로 가면 실학자들이 농서와 관련하여 쓴 음식관련서적들이 많이 편찬한다.

여기서는 좀 더 음식의 자세한 조리법을 설명하고 있는 조선시대 궁중 내 의관 전순의가 쓴 《산가요록》과 공자와 맹자에 충실한 유학자인 김유 공에 의해 쓰인 《수운잡방》을 살펴보자. 그리고 소설가이기도 했던 허균의 《도문대작》을 살펴보려고 한다. 이 책은 앞의 두 책과는 달리 팔도 미각여행의 기록 같은 책이라고 보면 된다.

(1) 의관(醫官) 전순의의 《산가요록》

우리나라의 최초의 조리서로는 1500년대 초 김유에 의해 쓰인 《수운잡방》이라는 책이 거론되어 왔다. 그런데 그보다 더 앞선 것으로 2001년에야 발견된《산가요록山家要錄》이란 책이다. 이 책은 15세기 중반 의관醫官으로 봉직한 전순의全循義가 쓴 생활과학서이기 때문에 발간연도가 1400년대 중반으로 추정되기 때문이다. 그렇다면《수운잡방》보다 50년에서 100년은 앞서는 것으로 보인다.《산가요록》은 당시의 농업기술과 함께 술 빚는 법, 음식 조리법, 식품 저장법 등 생활에 관한 많은 정보를 전해주고 있다.

《산가요록》은 산가山家에서 생활하는데 필요한 여러 가지 부분들을 기록해 놓은 것이라는 뜻이다. 여가서 '산가'란 산에 있는 집이라는 의미로 알기 쉬우나 왕후 공경의 사치스러운 집이 아니라 일반인들이 사는 평범한 서민의 집이란 뜻이다.

그러나 이 책의 주방酒方 이하의 부분은《농상집요農桑輯要》에 없는 독창적인 부분으로 66종의 술빚기를 비롯해 총 230여종의 음식이 소개되어 있다. 대부분의 초기 조리서가 주방(술 만드는 법)을 다루고 있다면《산가요록》은 술을 포함하여 장, 김치 등 다양한 음식의 조리법을 다루고 있다. 특히 최초의 조리서로 알려진《수운잡방(1500년대 초)》의 내용과 비교해 볼 때 조선 초기, 중기의 대표적인 음식으로 꼽는 어육류의 발효저장식인 식해와 채소류의 발효저장식인 침채의 내용이 훨씬 많이 수록되어 있고《수운잡방》에 없는 음식까지 들어 있다.《산가요록》은 현존하는 고조리서 중에서 최고最古의 책이자 조선시대 초기의 음식을 연구할 수 있는 귀중한 자료이다.

《산가요록》의 내용과 구성 조리 부분에는 200여 가지의 조리법과 27가지 채소, 과일, 생선, 육류의 보관법이 기록돼 있다. 그동안 조리서로는 16세기 초 중종대에 간행된《수운잡방》이나 17세기 중반 장씨부인이 한글로 남긴《음식디미방》이 전해졌는데《산가요록》은 술 제조방법만 63가지에 이르는 등 내용이 풍부하여 15세기에 편찬된 조리서로서 의미가 있다.

표 5-1 **《산가요록》에 수록된 조리법**

분류	조리법
주방(양조법)	소주 2종류, 청주, 탁주, 감주 등 60종류, 누룩 2종류 총 66종류
장류(醬類)	시(豉) 1종류, 메주 쑤는 법(末醬燻造) 1종류, 합장법(合醬法) 1종, 조장법(造醬法) 4종, 장맛 고치는 법 4종 총 19종
초(食醋)	식초 17종, 식해 7종류
기타	김치류 37종, 과일 및 채소의 갈무리법 17종류, 어육 갈무리법 10종류, 죽제법 6종류, 떡 10종류, 국수 6종류, 만두 2종류, 수제비 1종류, 과자류 10종류, 좌반 4종류, 두부 1종류, 탕류 7종류, 계란 삶는 법 1종류, 닭 삶는 법 1종류, 소머리 삶는 법 1종류

(2) 조선시대 유학자, 김유의 《수운잡방》

조선시대에 남성 유학자가 지은 또 하나의 뛰어난 조리서 《수운잡방需雲雜方》이 있다. 여기서 '수운需雲'은 격조를 지닌 음식문화를 뜻한다. 중국의 고전인 《역경》에는 '구름 위 하늘나라에서는 먹고 마시게 하며 잔치와 풍류로 군자를 대접한다'라는 표현이 있다. 또한 '잡방雜方'이란 갖가지 방법을 뜻한다. 그러니까 《수운잡방》이란 풍류를 아는 사람들에 걸맞은 요리 만드는 방법을 가리키는 것이다. 이 시대 사대부들의 음식관을 알게 해 주는 제목이기도 하다. 물론 내용은 우리나라의 전통 요리법을 기록해 놓은 책이다. 《수운잡방》은 탁청공 김유(1481~1552년)에 의해 지어진 것으로 상하 두 권에 술 담는 법을 비롯하여 108가지 음식 만드는 법을 기록해 놓고 있어 500년 전 안동 사림계층의 식생활을 엿볼 수 있다.

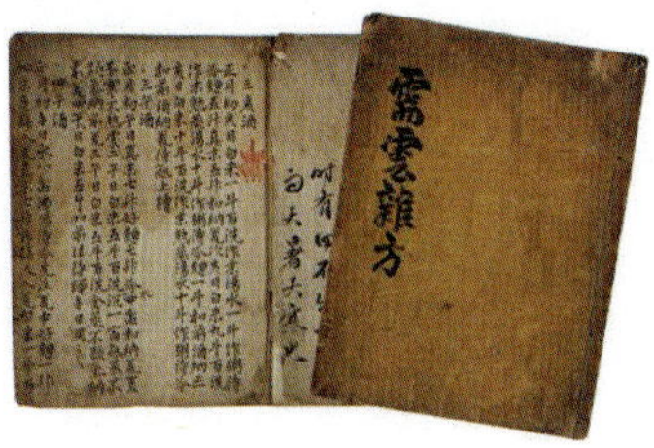

그림 5-11 **《수운잡방》**

《수운잡방》의 구성과 내용 이 책에는 술 빚기 60항목을 비롯하여 장류 10여 항목, 김치 15항목, 식초류 6항목, 채소저장하기 2항목 등의 식품가공법이 상술되어 있고 이외에 조과 만들기, 탕 끓이기 및 기타 조리법이 15항목에 이른다. 각 항목의 서술 내용이 재료의 사용에서부터 조리 가공법에 이르기까지 구체적이고 상세하므로 이 책은 김유가 살았던 안동 주변지역의 식생활형태를 알 수 있게 하고 나아가 우리나라 전체의 식생활을 추정할 수 있게 해 준다.

(3) 허균의 《도문대작》

광해군 시대에 살았던 허균(1569~1618년)은 당파에 휩싸여 바닷가로 귀양을 가게 되었다. 그 곳에서 거친 음식만 먹게 되자 전에 먹던 여러 가지 음식들이 생각이 났다고 한다. 허균이 어릴 때는 전국에서 맛 좋은 음식들이 그의 집에 선물로 들어 왔다. 임진왜란 때에는 강릉의 외가로 피난 가서 그 지방의 여러 음식도 맛보았고, 과거에 급제한 후에는 전국의 고을에서 벼슬살이를 하였기 때문에 그의 음식 편력은 유난한 것이었다. 그래서 맛있는 134종의 음식 이름이나마 나열해 놓고 '도살장문을 바라보면서 크게 씹는 흉내나 내어 본다'는 뜻의 《도문대작屠門大嚼(1611년)》을 남겼다.

물론 조리 방법을 쓴 요리책이라기보다는 허균이 귀양을 가서 자신이 그동안 먹었던 맛있고 다양한 음식들을 그리워하면서 그것을 지역별로 분류하고 정리해 기록으로 남긴 책이다.

그런데 이 책은 단행본이 아니라 원래 43권 12책으로 구성된 《성소부부고惺所覆瓿藁》의 일부이다. 제목부터 너무 어려워 보이는 이 책은 물론 조리서로 쓰인 것이 아닌데 사대부들이 그런 책까지 쓰지는 않았다. 그래서인지 허균 자신도 조선시대 남성학자들이 식생활에 관한 논의 자체가 적은 것이 문제라고 서문에서 밝히고 있다.

> "곧, 색식色食은 성품이고 더욱이 먹는 것은 몸과 생명에 관계되는 것이므로 선현들도 음식을 가지고 말하는 것을 천하게 여겨 왔다. 먹는 것을 가리켜 이利에 따른 것이라고 하여 좋지 않게 말해 온 전통이 뿌리 깊었다."

즉, 조선시대는 남여 차별이 심했던 유교사회이므로 남자들이 음식에 관심이 없었다고 생각하기 쉽지만 오히려 남자들의 주요 관심사가 음식인 것을 보여주는 예는 여러 가지가 있다. 물론 맛있는 음식을 즐기는 본능적인 욕구에 충실했다고도 보이고 특히 권력 있는 사람들일수록 이 욕구가 더 강하다고 볼 수 있다.

《도문대작》의 구성과 내용 전체적으로 보면, 이 책은 당시의 식품들을 병이지류餠餌之類, 과실지류果實之類, 비주지류飛走之類(날짐승의 통칭), 해수족지류海水族之類, 소채지류蔬菜之類 등으로 분류하여 식품의 특징과 명산지를 기록하였으며 마지막에는 떡과 한과류를 중심으로 서울의 시식時食을 소개하였다. 그 외에 차, 술, 꿀, 기름,

표 5-2 **《도문대작》에 수록된 식품과 음식명**

분류		식품	음식
병이류			들쭉죽, 방풍죽, 석이병, 백산자, 다식, 밤다식, 차수, 엿, 대만두, 두부, 웅지정과
과실류		배, 귤, 석류, 감, 밤, 죽실, 대추, 앵두, 살구, 자두, 복숭아, 포도, 수박, 모과, 산딸기	
비주류(날짐승류)		웅장, 표태, 녹설, 녹미, 꿩, 거위, 돼지, 노루, 닭	
해수족류	해수어	숭어, 웅어, 황석어, 청어, 복어, 방어, 연어, 송어, 가자미, 광어, 대구, 정어리, 도루묵, 고등어, 민어, 조기, 밴댕이, 준치, 병어	
	담수어	붕어, 뱅어, 은어, 열목어, 쏘가리, 눌치, 궐어, 황어	
	패류	맛조개, 소라, 대전복, 화복, 홍합, 작은 조개, 꼬막, 자합(紫蛤), 석화(石花, 굴), 윤화(輪花)	
	갑각류	게, 언게, 왕새우, 곤쟁이, 도하	
	연체동물	오징어, 낙지, 해양, 문어, 해삼	
소채류	채소류	황화채, 순채, 석순, 무, 거여목, 여뀌, 동아, 토란, 생강, 겨자, 파, 마늘, 고사리, 아욱, 콩잎, 부추, 달래, 고수, 미나리, 배추, 가지, 외, 박	죽순절임, 초시(椒豉), 삼포(蔘脯), 산갓김치
	버섯류	송이버섯, 표고버섯, 참버섯	
	해조류	홍채, 황각, 청각, 참가사리, 우뭇가사리, 다시마, 올미역(早藿), 감태(甘苔, 김), 김	
서울의 시식	봄		쑥떡, 느티떡, 두견전, 이화전
	여름		장미전, 수단, 쌍화(雙花), 소만두
	가을		두텁떡, 국화병, 시율나병
	겨울		떡국
	사시사철		증편, 달떡, 삼병(蔘餠), 송기떡, 밀병, 개피떡, 자병(煮餠)
밀병		꿀, 기름	약과, 대계(大桂), 중박계(中朴桂), 백산자, 홍산자, 빙과, 과과(瓜果), 봉접과(蜂蝶果), 만두과
기타			차, 술, 약반, 소면

두부 등에 대해서도 기록하고 있는데 이것을 다 합치면 이 책에서 언급하고 있는 음식종류가 134개나 된다. 이 책은 옛 조리서가 아주 귀한 현 상황에서 볼 때 매우 귀중한 참고서이다.

2) 한국 최고의 식경 《음식디미방》

《음식디미방》은 조선시대에 가장 오래된 최고 수준의 한글조리서이다. 이 책의 저자는 정부인 장계향張桂香으로 안동 서후면 금계리에서 1598년(선조 31년)에 태어났다. 아버지는 경당敬堂 장흥효로 참봉을 지내고 향리에서 후학을 가르쳤던 성리학자였고, 어머니는 첨지 권사온의 딸이다. 19세에 영양군의 재령 이씨 집안의 석계 이시명의 계실로 출가하였다.

장계향은 여러 면에서 훌륭한 여성이었다. 자애로움과 엄격함으로 자녀들을 훈도하였으며, 서화와 문자에 뛰어나 훌륭한 필적을 남기기도 하였다. 흉년, 기근으로 민생이 참혹할 때 기민의 구휼에 정성을 다하니 사방에서 모여든 행인이 집 안팎을 메워 솥을 밖에 걸어 놓고 죽과 밥을 지어 사람들을 먹이기도 하였다. 의지 없는 늙은이를 돌보아 먹이고 고아들을 데려다가 가르치고 길러 성취시키는 등 인덕과 명망이 자자하였다. 부인은 1680년(숙종 6년)에 향년 83세를 일기로 생을 마쳤다.

(1) 《음식디미방》의 내용과 구성

이 책에는 총 146가지의 조리법이 나오는데, 저자는 다음 세 가지 면병뉴(18개 항목), 어육뉴(74개 항목), 쥬국방문(54개 항목)으로 나누어 놓고 있다.

이를 살펴보면 분류가 제대로 되어 있지 않은 항목은 어육뉴편으로, 어육류 외에 면류, 병과류, 채소류라고 할 수 있는 것들이 포함되어 있다. 먼저 어육류 조리법을 쓰다가 따로 분류 없이 면류, 병과류, 채소류들을 첨가해서 썼기 때문으로 보인다. 그렇지만 전체적으로 우리가 조리법의 분류에서 흔히 쓰는 방법인 음식의 재료를 위주로 한 분류체계를 따라 정리되어 있다. 그리고 술에 관한 항목이 매우 많아 이 시대 사대부가에서는 가양주를 잘 담그는 일이 매우 중요했다고 추

표 5-3 **《음식디미방》에 수록된 음식명과 조리법**

분류	식품	음식
주식	국수(4)	메밀국수, 녹말국수, 면, 난면
	만두류(6)	메밀만두, 수교의, 석류탕, 만두, 숭어만두, 어만두
부식	국(11)	족탕, 말린 고기탕, 쑥탕, 천어순어탕, 붕어순갱, 와각탕, 난탕법, 계란탕법, 양숙편, 전복탕, 자라갱
	찜(7)	붕어찜, 해삼찜, 개장찜, 개장, 수증계, 가지찜, 외찜
	숙편(2)	양숙, 별미 닭대구편
	선(1)	동아선
	채(5)	연근채, 동아돈채, 잡채, 대구껍질채, 외화채
	누르미(6)	가지누르미, 개장꼬지누르미, 동아누르미, 대구껍질누르미, 개장누르미, 해삼누르미
	구이(4)	닭구이, 가제육, 웅장, 대합구이
	볶이(3)	양볶이, 꿩지히, 꿩짠지히
	적(2)	동아적, 연근적
	전(1)	어전법
	회(2)	회, 대합회
	침채	꿩침채, 산갓침채, 마늘 담는 법
	젓(4)	게젓, 약게젓, 청어 염해법, 방어 염장법
초	식초(3)	초법(1, 2), 매자초,
떡 및 한과	떡(9)	상화, 상화편, 증편, 석이편, 잡과편, 밤설기, 전화법, 빈자법, 인절미 굽는 법
	한과(10)	연약과, 약과, 박산, 중박계, 빙사과, 강정 앵도편, 순정과, 죽순정과, 섭산삼
	화채(5)	토장법 녹두나화, 챡면(오미자), 별챡면, 차면, 싀면(오미자)
저장 및 조리	채소(8)	수박, 동화 간수법, 동화 담는 법, 가지 간수법, 고사리 담는 법, 비시(非時)나물 쓰는 법, 건강법
	과일(1)	복숭아 간수법
	고기(2)	고기 말리는 법, 고기 말려 오래 두는 법, 참새 말리는 법
	생선(4)	생선 말리는 법, 전복 말리기, 해삼 말리기, 생복 간수법, 연어란
	삶는 법(8)	질긴 고기 삶는 법, 누렁개 삶는 법, 웅장 손질법, 개장 고는 법, 해삼 다루는 법, 국에 타는 법
주류	단양주(11)	정감청주, 점감주, 하절 삼일주(1, 2), 일일주, 하절주, 이화주(1, 2, 3, 4), 사급주
	이양주(23)	감향주, 하향주, 벽향주, 유화주, 향온주, 소곡주, 황금주, 사시주, 칠일주, 백화주, 동양주, 점주, 적주, 남성주, 녹화주, 칠일주, 죽엽주, 별주, 행화춘주
	삼양주(6)	삼해주(1, 2, 3, 4), 삼오주(1), 순향주법
	사양주(1)	삼오주(2)
	약용주(3)	차주법, 송화주, 오가피주
	혼양주(1)	과하주
	소주(4)	소주(1, 2), 밀소주, 참쌀소주
	누룩(2)	주국방법, 이화주 누룩법

측된다.

우리의 이해를 돕기 위해 《음식디미방》에 소개된 음식들을 현대어로 바꾸고 다시 현대적인 음식의 조리법에 따라 분류해 보면 다음과 같다. 지금과 비교했을 때 거의 손색이 없는 음식들의 다양한 조리법을 가지고 있었다는 것을 알 수 있다.

3) 한글판 가정백과사전 《규합총서》

《규합총서閨閤叢書》는 1809년에 빙허각 이씨가 썼으며 조선시대 최고의 한글판 '가정대백과전서'라고 할 수 있다. 빙허각 이씨는 서유본의 아내로 《임원십육지林園十六志》를 쓴 명망 있는 실학자 서유구徐有榘의 형수이다. 당시 서씨徐氏와 이씨李氏 양가에서는 쟁쟁한 실학자가 많았다고 하며 이 책도 실학의 영향을 받았다고 생각된다. 부인은 본래 총명함이 남보다 뛰어나 15세에 벌써 저술에 능하였고 한문학에서도 뛰어나 서유구가 초년에 형수인 부인에게서 글을 배웠다고 한다. 빙허각 이씨는 1759년(영조 35년)에 서울에서 태어나 향년 68세로 세상을 떠났는데 이보다 2년 먼저 부군이 졸한 후부터 부인은 절명사를 짓고 인사를 사절한 다음 머리 빗기, 낯 씻기, 쌀밥을 폐하고 누워 지낸지 19개월 만에 부군의 뒤를 따라갔다고 한다.

(1) 《규합총서》의 구성과 내용

이 책은 전체적으로 총 5편의 내용으로 구성되어 있다. 첫째, 주식의酒食議, 둘째, 봉임측縫任則, 셋째, 산가락山家樂, 넷째, 청낭결青囊訣, 다섯째, 술수략術數略으로 되어 있다.

음식과 관계되는 부분은 첫째 장으로, 장제목은 주식의酒食議로 되어 있다. 여기에서는 장 담그기, 술 빚기, 밥, 떡, 과줄, 반찬 등 많은 음식을 다루고 있다. 앞에서 본 《음식디미방》과 비슷하게 많은 음식 종류를 나열하고 있는데 대강을 살펴보면 다음과 같다. 술이 제일 처음에 나오고 다음에 장醬제품, 초醋, 밥과 죽, 차류, 김치류, 생선류, 고기류, 조류와 어류, 채소류, 과자류, 기름 짜는 법과 그 외에

표 5-4 **《규합총서》의 수록된 음식명**

분류	식품
약주류	도화주(桃花酒), 연엽주(蓮葉酒), 소국주(素麴酒), 과하주(過夏酒), 백화주(百花酒), 감향주(甘香酒), 송절주(松節酒), 한산춘(韓山春), 삼일주(三日酒), 일일주(一日酒), 방문주(方文酒), 녹파주(綠波酒), 오종주방문(五種酒方文)
장류	어육장(魚肉醬), 청태장(青太醬), 고추장, 청육장, 즙지이, 즙장(汁醬)
초류	초(醋)
밥류	팥물밥, 오곡밥, 약밥
죽류	우유죽, 팥죽, 우분죽, 구선왕도고(九仙王道糕)의이, 삼합미음, 개암죽, 의이죽, 호도죽, 갈분의이
차(茶)류	다백희(茶百戲), 계장(桂漿), 귀계장(歸桂漿), 매화차(梅花茶), 포도차(葡萄茶), 매실차(梅實茶), 국화차(菊花茶)
김치류	섞박지, 어육김치, 동가섞박지, 동치미, 동아김치, 동지, 용인 오이지법, 산갓김치, 장짠지, 전복김치
생선류	잉어, 준치, 붕어, 조기, 복어, 숭어, 쏘가리, 은구어, 오징어, 비웃젓, 교침해(交沈醢), 뱅어, 농어, 문어, 송어, 민어, 메기, 가물치, 홍합, 해삼, 생복, 대구, 자라, 웅어, 게 등의 조리법
고기류	편포(片脯), 약포(藥脯), 진주좌반(晋州佐飯), 장복이, 설하멱(雪下覓), 족편, 소곱창찜, 소꼬리찜, 소꼬리곰, 개고기, 개찌는 법, 사슴고기, 양고기, 돼지고기, 찐돼지고기, 돼지가죽, 수정회법(水晶膾法), 돼지새끼집찜, 돼지고기구이법
조류 및 게류	꿩, 봉총찜, 메추라기, 참새, 잣나무새, 연계찜, 열구자탕(悅口子湯), 승기악탕(勝妓樂湯), 변씨만두, 칠향계(七香鷄), 화채, 전유어, 조화계란법
채소류	송이찜, 죽순나물, 승검초(當歸), 동과선, 호박나물, 임자좌반(荏子佐飯), 다시마좌반, 설좌반
병과류	복령조화고(茯苓造化糕), 백설고(白雪糕), 권전병(捲煎餠), 원소병(元宵餠), 승검초단자(當歸團子), 유자단자(柚子團子), 도행병(桃杏餠), 신과병(新果餠), 석탄병(惜呑餠), 혼돈병(餛飩餠), 토란병(土卵餠), 남방감저병(南方甘藷餠), 잡과편(雜果糕), 증편(蒸餠), 석이병(石耳餠), 두텁떡, 백설기, 기단가오, 서여향병, 송기떡, 상화, 무떡, 빙자(餠子), 대추조악, 꽃전, 송편, 인절미, 화면(花麪), 왜면(倭麪), 약과, 강정, 매화산자, 밥풀산자, 묘화산자, 메밀산자, 감사과, 연사, 연사라교, 계강과(桂薑果), 생강과(生薑果), 건시단자(乾柹團子), 밤조악, 황률다식, 흑임자다식, 용안(龍眼)다식, 녹말다식, 산자편, 산자쪽정이, 앵도편, 복분자딸기편, 모과 거른정과, 모과쪽정과, 살구편, 벗편, 유자정과, 생강정과, 향설고(香雪膏), 유리류정과(柚梨榴正果)
기름 짜는 법	참깨, 수박씨, 차조기, 봉선화씨, 순무씨, 들기름, 묵은 깨, 아주까리, 수유(茱萸), 면화씨
기타	조청 만드는 법, 광주엿, 연안식해법

조청이나 엿, 식해 만드는 법을 나열했다. 전체적으로 보면 백 수십가지의 요리법을 다루고 있다.

나머지 장에서는 음식 외에 다른 가정사에 대해서도 꼼꼼히 논하고 있다. 둘째 장인 봉임측縫任則에서는 말 그대로 옷 만들고 길쌈하기, 수놓기, 누에치기 등을 다루고 있다. 셋째 장인 산가락山家樂에서는 밭을 갈고 화초를 가꾸는 것이나 짐승들을 키우는 등등 시골살림에 대해 설명하고 있다. 넷째 장인 청낭결靑囊訣에서는 태교나 응급 처치하는 방법 등에 대해 설명하고 있고, 마지막 장인 술수략術數略에서는 주술적인 방법으로 삿된 기운이나 마魔를 내 쫓는 방법을 설명하고 있다. 이렇게 실제적으로 가정생활에 필요한 것을 총망라하고 있어 이 책을 '가정생활대백과사전'이라고 부른다.

4) 조선 후기, 실학에 의한 조리법의 과학화

조선 후기의 17세기로 들어오면 농업기술의 향상에 대한 관심이 커져 농서의 저술이 쏟아져 나온다. 가령, 숙종(1674~1720년) 때 박세당의 《색경穡經》은 과수, 축산, 원예 등에 중점을 둔 농서였다. 같은 시대에 홍만선이 지은 《산림경제山林經濟》는 농업뿐 아니라 식품가공과 저장에 관한 일상적인 주의까지 세심하게 기록하였다. 또 1815년(순조 15년)에 정약전이 지은 《자산어보玆山魚譜》는 특이하게도 어류학서인데 흑산도 근해의 어류를 채집·조사·연구하여 155종의 어류에 대한 명칭과 분포부터 이용 방법에 이르는 내용을 자세하게 기록하였다. 이 밖에 1800년대에 편찬된 것으로 보이는 《군학회동》은 24개의 항목으로 나누어 밥 짓는 법, 국수 끓이는 법, 고기와 어물의 요리법 등 조리법이 정리되어 있다.

이덕무의 문집인 《청장관전서》에도 크고 맛 좋은 수박과 박을 크게 재배하는 방법이 있다. 농업 기술 향상에 대한 실학파의 관심을 실감케 한다. 이 시대의 이러한 과학적 연구의 풍조는 서양의 근대 과학적 지식의 자극에 의한 것이었던 만큼 이 자극이 식생활사에도 서서히 영향을 미쳤다. 앞에서 보아 온 《음식디미방》이나 《규합총서》, 《군학회동》에 보이는 조리 방식의 정리도 이러한 시대적 조류의 산물이다. 이후로 서양 문물의 자극과 중국 요리의 유행 등은 조선 후기 조리법의 과학화를 촉진하는 계기가 되었다.

(1) 실학관련 고조리서 《증보산림경제》

영조 42년인 1766년에 유중림이 홍만선의 《산림경제山林經濟》를 증보한 농서로 농업뿐만 아니라 의식주 전반과 사대부층의 문화생활까지 살펴볼 수 있는 17세기 말의 중요한 고문헌이다. 이 책의 저자인 유중림은 영조의 내의였으며 과학자다운 안목에서 오랜 노력 끝에 《산림경제》를 증보하였는데 특히 농가에 관한 서적이면 고금을 막론하고 수집하여 검토하였다. 이 책을 보면 서문 및 목차에 이어 모두 16권 12책의 방대한 분량이 수록되어 있다. 이 책이 다루고 있는 항목은 복거, 치농, 종수, 양화, 양잠, 목양, 치포, 섭생, 치 선상, 치 선하, 구황, 가정상, 가정 하, 구사상, 구 사하, 구급, 증보 사시찬요, 사가점후, 선택, 잡방, 동구산수록, 남사고십승보, 신지, 동국승구록 등으로 세분되어 있다. 치 선상에서는 총론, 과실저장법, 채소저장법, 밥, 죽 류, 떡, 면류, 다당류, 전유밀과, 전밀과채, 이당류, 채소류, 장류, 장담그는 법, 식초 만드는 법, 고기 요리 만드는 법에 관한 내용이 실려 있다.

(2) 실학관련 고조리서 《임원십유지 정조지》

16부분으로 나뉘어 있어 《임원십육지林園十六志》 또는 《임원경제십육지》라고도 한다. 조선시대의 순조 때의 실학자 풍석楓石 서유구徐有榘가 만년에 저술한 것으로, 일상생활에서 긴요한 일을 살펴보고 이를 알리고자 하여 《산림경제山林經濟》를 토대로 한국과 중국의 저서 900여 종을 참고, 인용하여 엮어낸 농업 위주의 백과전서이다. 그 중 음식에 대한 분야가 《정조지鼎俎志》이다. 정鼎은 발이 세 개 달리고 양쪽에 귀가 있는 솥을 뜻하는 글자로 당시 동물의 모양을 본떠서 만들었으며 음식을 삶고 끓여서 익히는 기구를 말한다. 또 조俎는 제향에 쓰이는 희생물을 담는 제기로써 도마의 뜻으로 쓰인다.

《정조지》는 11권으로 나뉜다. 제1권은 식감촬요, 제2권 취류지류, 전오지류, 구면지류, 제3권은 음청지류와 과정지류, 제4권은 교여지류, 제5권은 할팽지류, 제6권은 미료지류, 제7권은 온배지류와 절식지류 등으로 구성되었다.

(3) 구황식의 연구와 개발

구황은 흉년이나 천재지변으로 굶게 된 백성들의 기근을 구제하는 것을 말한다. 조선시대 내내 기근은 백성들을 괴롭혀 왔지만 조선시대 후기에는 전쟁까지 겹쳐서 이러한 구황식품의 개발이 한층 중요하였다. 구황과 관련된 정책은 이미

세종대왕 때부터 구황청을 두고 전문적으로 담당케 하기도 하였고 《구황본초》라는 책도 단행하였다. 그러나 구황대책과 구황식품에 관한 연구는 18세기 실학파 학자들을 중심으로 활발히 진행되어 이때의 문헌인 《산림경제》나 《목민심서牧民心書》 등에 구체적으로 정리되어 있는 것을 볼 수 있다.

기근을 해결하기 위하여 개발된 이 구황식품들은 날이 가면서 일상식품으로 전환되어 식용식품의 다양화를 가져왔다. 구황식의 발달은 또한 약용식품의 다양화를 발전시켰다. 몇 가지 예를 들면 구황식의 대표적인 식품인 솔잎은 항병력을 생기게 하는데 좋고 느릅나무껍질과 솔잎은 곡식가루에 섞어 먹으면 위와 장을 튼튼하게 한다.

한편, 실학자 이덕무도 《청장관전서青莊館全書》, 《아정유고雅亭遺稿》에서 흉년이 들어 먹을 것이 없을 때 쑥으로 빚은 보리떡, 나물죽, 콩나물로 지진 막장, 배에서 주워 온 물고기 등을 먹었다는 자신의 경험을 기록하고 있다.

현대의 건강식품 구황식품

솔잎, 송진, 잣, 느릅나무껍질, 축백나무잎, 도토리, 칡뿌리, 백복령, 콩, 마, 메뿌리, 둥굴레, 둑대뿌리, 도라지꽃, 백합, 새박뿌리, 연뿌리, 토란, 순무, 새삼씨, 냉이, 소룻밤, 고욤, 대추 건시, 개암, 검은팥, 참깨, 흰 참깨, 들깨, 팽나무잎, 느티잎, 쑥 등

5) 일제강점기의 요리책 《조선요리제법》

일제강점기인 1913년에 이화여자전문학교 교수였던 방신영 선생은 요리제법을 쓰게 된다. 그 후 1964년 《우리나라 음식 만드는 법》으로 나오기까지 무려 16판을 거듭하여 책을 출간하게 된다. 1917년에 처음 발간한 방신영의 《조선요리제법朝鮮料理製法》은 장안의 종이가격을 올렸다는 기사가 나올 정도로 많이 팔린 책이었다. 책이 흔하지 않았을 시절에 한식에 대한 당시 사람들의 지대한 관심을 알게 해주는 대목이다. 당시에는 처음으로 한식을 과학화시켜 요리법을 소개한 책이기도 하였다. 그러나 이 책의 가치는 그 후에도 무려 16판이나 개정판이 나오면서 책을

다시 손보는 과정을 거쳤다는 사실에 있다. 더욱이 1962년의 《음식 만드는 법》과 1964년의 《우리나라 음식 만드는 법》 16판 두 권만을 놓고 보아도 내용이 많이 다르다. 끊임없이 책을 다시 바꾸고 그 내용을 정리한 자세에서 후학으로서 많은 것을 배우게 된다.

또한 일본과 미국 유학까지 다녀온 방신영 선생은 조상 대대로 전해 내려온 어머니의 요리법이 《우리나라 음식 만드는 법》에서 가장 기본이 되었다고 말했는데 우리 음식의 기본이 무엇인지를 새삼 생각하게 한다.

(1) 《조선요리제법》의 구성과 내용

책은 45년간 16판을 낼 정도 증보를 거듭하면서 과학적인 체계를 갖추게 되었다. 우리나라 음식 전반을 체계적으로 정리하고 마지막에는 식단표까지 정리한 과학적인 조리서이다.

표 5-5는 이 책에 소개되어 있는 음식조리법들이다. 현대의 어느 조리 책에도 뒤지지 않는 많은 음식조리법을 가지고 있다.

표 5-5 **《조선요리제법》에 수록된 조리법**

조리법 분류		
1. 고명준비 하는 법(12종류)	11. 장아찌 만드는 법(32종류)	21. 묵 만드는 법(10종류)
2. 고명 넣는 법(5종류)	12. 구이 만드는 법(14종류)	22. 자반 만드는 법(8종류)
3. 밥 짓는 법(18종류)	13. 산적 만드는 법(11종류)	23. 무침 만드는 법(7종류)
4. 국 끓이는 법(45종류)	14. 전유어 만드는 법(28종류)	24. 마른 찬 만드는 법(8종류)
5. 찌개 만드는 법(19종류)	15. 편육 만드는 법(5종류)	25. 포 만드는 법(10종류)
6. 지지미 만드는 법(9종류)	16. 육회 만드는 법(17종류)	26. 보통 때 김치 담그는 법(28종류)
7. 전골 만드는 법(10종류)	17. 나물무치는 법(38종류)	27. 김장김치 담그는 법(19종류)
8. 찜 만드는 법(26종류)	18. 생채 만드는 법(11종류)	28. 젓 담그는 법(16종류)
9. 볶음 만드는 법(16종류)	19. 쌈 준비하는 법(9종류)	28. 젓 담그는 법(16종류)
10. 조림 만드는 법(14종류)	20. 각종 반찬 만드는 법(21종류)	29. 장 담그는 법(25종류)

〈표 계속〉

표 5-5 **《조선요리제법》에 수록된 조리법 (계속)**

조리법 분류		
30. 장국 끓이는 법(24종류)	37. 편 웃기들(13종류)	44. 약식 만드는 법(2종류)
31. 죽 쑤는 법(17종류)	38. 전병 종류 만드는 법(8종류)	45. 숙실과 만드는 법(8종류)
32. 암죽 쑤는 법(4종류)	39. 화채 만드는 법(24종류)	46. 엿 만드는 법(10종류)
33. 미음 쑤는 법(7종류)	40. 정과 만드는 법(12종류)	47. 엿강정 만드는 법(6종류)
34. 육즙 만드는 법(3종류)	41. 강정 만드는 법(3종류)	부록 2. 초, 겨자, 초장, 윤즙, 초고추장 만드는 법
35. 편 만드는 법(40종류)	42. 다식 만드는 법(9종류)	부록 3. 닭 잡는 법
36. 물편(11종류)	43. 유밀과 만드는 법(8종류)	부록 4. 식단표

ACTIVITY

1. 자신의 집안에 대대로 전해지는 '가풍 음식'이 있는지를 조사해 보고 있다면 맛의 비법을 발표해 보자. 혹은 우리 집에서 특히 즐기는 한식은 무엇인지를 조사해서 발표해 보자.

2. 우리의 고조리서에 나와 있는 여러 종류의 음식들 중 한 가지를 골라 직접 만들어 보자. 생각보다 어렵지 않으며 우리 조상들이 과연 이런 음식들을 왜 만들어 먹게 되었는지, 그리고 또 어떤 정성과 마음으로 음식을 대했는지 느끼게 될 것이다.

3. 한국을 방문하거나 한국 식당에서 만나는 외국인들에게 한식에 대해 어떻게 생각하는지, 좋아한다면 어떤 음식을 왜 좋아하는지에 대해 면담 조사해 보자.

CHAPTER 6

현대사회와 식문화

- 식품공급 체계에 변화를 준 중요 사건
- 음식문화에 부는 운동

인간의 지식 · 과학 · 기술은 지금 이 순간도 쉼없이 발전하고 있지만 수백만 년 전 호모니드 출현 이래 태양에너지를 받은 식물과 동물을 섭취한다는 사실은 동일하다. 그에 반해 식물과 동물을 공급받는 시스템에는 몇 번의 큰 변화가 있었다. 농업혁명을 통해 인간은 야생종의 식물을 작물화하였고 야생종의 동물을 사육화였다. 산업혁명을 통해서는 축력이 아닌 기계의 힘으로 대량생산, 대량소비가 가능해졌다. 발전된 과학을 바탕으로 녹색혁명을 통해 곡류의 생산량은 수십배로 증가하였고 증산된 곡류로 더 많은 육류를 섭취할 수 있게 되었다. 그러나 모든 발전은 양면성을 지니고 있다. 몇 번의 식품공급체계 혁명이 인류의 양적 · 질적 번성을 가져온 것은 사실이지만 인류 발전사에 어두운 뒷면을 가져온 사실 또한 부정할 수 없다. 이를 극복하기 위한 흐름 또한 현대 음식문화의 한 축을 이루고 있다. 이번 장에서는 이러한 식량공급시스템 변화과정과 파생된 부정적인 면을 극복하기 위한 여러 흐름에 대해 알아보고자 한다.

1. 식품공급 체계에 변화를 준 중요 사건

2022년 기준 세계 인구는 80억 명에 가깝고 전문가들에 의하면 2050년이면 90억 명을 돌파할 것이라는 예상이다. 이 인구는 수백만 년 전 호모니드 출현 이래 차근차근 점차적으로 증가한 것이 아니다. 몇 계단을 한 번에 뛰어 오르듯 몇 번의 도약기가 있었다. 그리고 도약기마다 이전에 어떠한 사건이 발생하여 곧이어 일어날 인구급증의 도움닫기 역할을 해 주었다. 이번 장에서는 도움닫기 역할을 했던 식품공급 체계 변화와 그 사건이 인간 사회에 미친 영향에 대해 간단히 알아보고자 한다.

1) 농업혁명

선사시대의 녹색혁명이라 할 수 있는 농업혁명은 흔히 신석기혁명이라고도 한다. 인류는 비로소 한곳에 정착하여 안정된 방식으로 식량을 공급받을 수 있게 되었다. 식물을 의도적으로 재배하는 것은 태양에너지를 좀 더 효율적으로 이용할 수 있다는 의미이며 에너지 이용 측면에서 한층 진화된 형태였다. 물론 농경생활이 안정된 식량을 공급할 수 있게 되기까지에는 시행착오와 오랜 경험이 필요했으며 농경생활이 인류에게 100% 긍정적인 면을 제공한 것만은 아니었다. 그러나 불과 농업혁명 수천년 만에 수십만 년 간 수렵채집생활을 하던 때의 인구수를 뛰어넘었으며 인류는 지구 곳곳에서 시간 차를 두고 농경생활에 익숙해졌다. 농업혁명은 논밭, 농장, 마을을 형성시키고 증가된 생산량은 잉여산물 출현과 함께 많이 가진 자와 덜 가진 자의 차이를 만들었다. 이른바 지배계급과 피지배계급이 형성되고 자기가 먹을 식량을 자기가 직접 경작하거나 사육하지 않아도 되는 것이 한 사회의 계급을 말해주는 상징이 되었으며 계급의 가장 가장 상위계층에 절대자가 출현하며 왕권이 성립되었다.

농업혁명은 인구수 변동과도 밀접한 관계가 있는데 그전까지 인류의 식품공급체계였던 수렵채집활동은 주기적으로 동물 무리를 따라 이동해야 하는 생활이었다. 이동할 때마다 영유아, 어린이, 임산부. 노인 등과 함께 최소한의 재산만을 가지고 움직여야 하므로 자연히 인구증가가 쉽지 않은 반면 정착생활는 영유아들에게 이유식이 가능하여 적은 터울로도 아이를 가질 수 있었다. 자연스러운 인구 증가는 식량공급 시스템을 농업체계로 변하도록 더욱 가속화시켰다. 동시에 사육화시키기 적합한 동물을 선택 가축화하여 농업에 축력을 이용할 수 있게 되었다. 이러한 생산방식은 20세기 들어와 축력을 기계가 대신하기까지 큰 변화없이 지속되었다. 인류는 생산량 증가를 위해 좀 더 효율적인 쟁기로 발전시키거나 이포식, 삼포식, 사포식 농업 등을 통해 지력을 회복시키는 등 각자의 주어진 환경에 적응하며 농경, 농경과 목축 병행, 혹은 유목 생활을 영위하며 식품을 공급받았다.

2) 산업혁명

일만년 이상을 넘게 지속해오던 식품공급체계에 서서히 변화가 일어나기 시작한 것은 18세기 산업혁명 후였다. 태양에너지의 또 다른 형태인 석탄 매장량이 월등했던 영국에서 시작된 산업혁명은 유례없는 인구급증과 도시화를 가져왔다. 농업혁명이 수렵채집생활을 경작 정착생활로 전환시켰다면 산업혁명은 인류의 주된 관심사를 농업에서 공업으로 전환시켰다. 1798년 멜서스의 논문에서와 같이 식량증가세보다 인구증가세가 훨씬 높아 언젠가는 식량이 부족하게 될 것이라는 어두운 미래와 함께 대다수의 도시 공장근로자들은 열악한 식생활을 영위할 수 밖에 없었다.

그러나 산업혁명의 혜택으로 증기기관, 철도 등 운송수단, 통조림, 냉장·냉동기술이 발달했고 이로서 타지역 혹은 타대륙에서 식품 공급이 가능해졌다. 또한 주목해야 할 사실은 지식과 기술의 발전, 그리고 그 속도였다. 예를 들어 품질의 유리가 광학 발전과 연결되어 정확한 현미경 제조, 연이어 세균학 발전, 다시 연이어 공중위생학, 식품위생학, 저장학 등 놀라운 발전이 연속하여 일어났고(레이 테너힐 2006) 그 혜택은 온전히 인류에게 돌아갔다.

또한 산업혁명은 농촌의 인구를 도시로 끌어들였을 뿐만 아니라 가정일에 전념하던 여성을 사회로 불러들였다. 성인여성, 어린이까지 노동현장에서 일하는 환경에서 매끼를 가정에서 해결하는 것은 쉽지 않게 되며 음식 준비는 가정에서의 사적인 영역이 아닌 외부에서의 공적인 영역으로 들어섰다.

산업혁명은 연이어 유럽의 일부 국가와 미국에서도 일어났고 19세기에는 유럽과 미국에 공장제 대량생산, 새로운 유통, 판매를 통해 대량소비가 가능해지는 시스템이 자리를 잡았다.

3) 녹색혁명

(1) 지력과 식물

생물은 먹는 행위를 통해 생명이 유지되며 먹을 것의 대부분은 땅, 즉 흙에 기초한다. 초식동물은 물론 육식동물, 인간도 결국은 태양에너지를 받고 흙에서 자란 식물을 먹는 셈이다. 흙은 언뜻 보기에 비슷해 보이더라도 지력이 같지 않으며 지력이 높을수록 비옥도가 높고 수확량이 높아진다. 인삼의 경우 지력이 많이 필요한 대표적 식물로 인삼을 심기 위해서는 수년간 땅의 힘을 비축하여 극도로 지력을 높인 후에 재배를 시작하여 보통 6년 후에 수확을 시작한다. 인삼을 수확한 땅의 지력은 급속도록 떨어져 회복되기까지는 다시 수년이 필요하다. 지력이 회복되기 전까지는 어떤 식물을 재배하여도 수확량이 저조하다. 지력과 수확량은 직접적인 연관성을 보인다고 할 수 있다.

인간은 작물 재배를 통하여 자연으로부터 지력 혜택을 받고 시비를 통해 돌려주기도 한다. 우리가 흔히 말하는 비료를 주는 것은 인위적으로 지력을 키우는 행위이다.

지력을 키우는 방법은 식물이 질소를 사용할 수 있게끔 환경을 만들어 주는 것을 말한다. 화학비료가 개발되기 전까지는 주로 콩과식물을 이용하거나 윤작(돌려짓기), 한해 건너뛰는 방법을 많이 활용하였다. 윤작은 지력을 형성하는데 매우 중요한데 콩과식물의 뿌리에 기생하는 뿌리혹 박테리아가 공기 중 질소를 고정하는 역할을 한다. 연작(이어짓기)을 할 경우 지력의 골격이 무너지고 떨어지게 된다. 유럽에서는 일찍부터 겨울작물의 경우 대맥 후에는 소맥을 재배하고 소맥 수확 후에는 누에콩과 같은 콩과작물을 재배했다. 맥류는 뿌리가 아래를 깊이 뻗어 들어가는 데에 반해 콩과작물은 좌우로 넓게 퍼지는 성질이 있다.

(2) 인류 음식사에 있어 녹색혁명

인류 음식사에 있어 녹색혁명이란 단어를 붙일 수 있는 사건이 몇 가지 있다. 신석기 시대 농업혁명, 10세기 윤작 등 농업기술 발전으로 생산량 증가, 20세기 초 합성비료 제조, 1960년대 중반 미국이 개발도상국 지원을 위해 개발한 난쟁이 밀, 난쟁이벼, 2000년 상업화된 비타민 A를 강화시킨 황금쌀 등 새로운 품종 개발도 모두 녹색혁명에 포함된다. 이들의 공통점은 모두 수확량 증가를 위한 노력이라는 점이다.

산업혁명 이후의 유럽은 식량 생산성 면에서 한계에 도달한 상태였다. 폭발적인 인구 증가는 일어났으나 늘어난 입을 충족시킬 수 있을 만큼 농업 생산량은 그만큼 증가하지 못했기 때문이었다. 폭발적인 인구 증가, 이용가능한 토지 제한 등으로 동물의 배설물, 콩과식물 등의 기본 비료로는 생산량이 답보상태였다. 그에 비해 인구는 1800년 경에 1억 8,800만명이었던 유럽 인구는 단 100여년이 흐른 1910년에 4억 100만명으로 증가된 것으로 추정된다(김택원 2021).

20세기 초에 일어난 사건은 이러한 식량 상황에 일대 변혁을 일으켰는데 이른바 화학비료(합성비료)의 출현이었다. 기존 식량생산 방식 이외에 다른 방법이 강구되어야 할 무렵 암모니아를 인공화학적으로 합성해 낼 수 있게 된 것이다. 암모니아가 함유된 알갱이 형태의 고체 상태의 고정질소는(루스 디프리스 2018) 산업화된 식량 생산량을 급증시켰다. 인공비료를 통하여 농부들은 이전보다 더 많은 질소를 농작물에 공급할 수 있게 되었다. 인구 증가량을 따라잡기도 버거웠던 식량 생산량 증가율은 질소비료를 본격적으로 생산하기 시작한 지 불과 3년 만에 인구증가율의 2배를 기록했다(김택원 2021). 곡물 생산량이 늘자 가축을 더 많이 사육할 수 있게 되었고 사람들은 더 자주 고기, 달걀, 유제품을 먹을 수 있게 되었다(루스 디프리스 2018).

암모니아의 인공화학적 합성 능력, 화학비료에 잘 반응할 수 있도로 특수하게 길러낸 새로운 종류의 대량소출 종자는 더욱더 인구를 증가시키는데 한몫을 하였다.

신석기시대의 녹색혁명이 농업의 시작이라면 20세기의 녹색혁명은 농법개발, 비료, 육종, 농약 등을 통한 수확량 증산이 목표였다. 비료 및 농약, 육종을 통한 우수종자 개발 등이 포함된다.

농업혁명, 산업혁명, 녹색혁명 모두 부작용과 비판이 없는 것은 아니다. 모든 혁명에는 두 가지 얼굴을 가지고 있다. 그러나 이 과정이 있음으로 하여 (분배의 불평등은 차치하고) 수십억이 넘는 인구와 가축의 배를 채우고도 남는 잉여식량이 가능함은 부정하기 어렵다.

4) 4차 산업혁명과 푸드테크

호모니드 출현 이래 수백만년 만에 일어난 농업혁명, 18세기의 1차 산업혁명, 전기에너지를 사용하게 된 20세기 초반의 2차 산업혁명, 1970년대 IT, 컴퓨터 등 기술로 상징되는 3차 산업혁명 그리고 21세기 초반의 사물인터넷, 클라우드, 인공지능, 빅데이터로 대표되는 4차 산업혁명의 흐름을 보면 농업혁명 이래 각기 혁명이 일어난 간극은 약 11700년, 150년, 30년, 30년 등으로 그 차이는 점차 짧아지고 있음이 극명하게 나타난다. 특히 21세기 밀레니엄 세대에 본격적으로 시작된 4차 산업혁명 시대의 과학기술은 모든 산업에 전방위적으로 매우 빠른 변화를 일으키고 있다.

4차 산업혁명과 식품공급 체계 간의 연관성은 높지 않은 듯 생각할 수 있으나 식품 가공·유통·판매·소비·폐기 측면에서 연관성이 매우 높다. 식품, 식품 관련 산업, 농림·축·수산업 등 산업에 4차 ICTInformation and Communication Technology를 접목한 새로운 식품산업을 푸드테크라 한다. 푸드테크는 음식배달서비스, 식재료배송서비스, O2O서비스 등의 주문·배달 서비스와 주문 무인화인 키오스크를 중심으로 발달하였고 이외 대체단백질, 외식업에 푸드로봇 및 서빙로봇, 스마트키친, 스마트팜, 축산스마트팜 등 광범위하다(비피기술거래 2021). 몇 가지 사례를 간단히 소개한다.

(1) 식품 3D 프린팅

식품 3D 프린팅은 첨단 3D 프린팅 기술과 푸드테크의 결합으로 3차원 설계 데이터를 바탕으로 식품을 한층씩 적층하여 조형물을 만드는 기술이다. 불이나 열을 이용한 요리법이 아니라 출력을 통해 음식이 만들어져서 해로운 형태와 질감을 느낄 수 있다(비피기술거래 2021). 이 기술은 3D 프린팅이 부여하는 구조적 특징과 식품 역할을 결합하여 식품 형태와 질감뿐만 아니라 개인 요구에 맞게 식품을 재구성할 수 있는 것이 특징이다(박현진, 김현우 2018). 모델링, 3차원 조형, 후가공 3단계로 이루어지며 액상식품과 분말형 식품을 활용한 기술로 분류된다. 우주비행사들과 같은 특수용도, 고령친화식품, 제과산업, 대체식량 분야에 활용될 수 있다.

(2) 스마트팜 작물생산

스마트팜이란 인터넷과 연결된 컴퓨터나 스마트폰으로 시간과 장소 제약없이 언제 어디서나 농사 환경을 관측하고 원경제어 관리함으로서 편의성이 향상되고 측정된 빅데이터를 분석하고 인공지능의 도움으로 정밀한 생산관리를 통해 품질과 생산성이 향상된 농장을 말한다. 또한 스마트팜은 ICT기술과의 융복합을 기반으로 농작물을 재배하고 가축을 사육하는 생산시스템으로부터 농산물의 유통과 소비, 농촌의 삶의 질 향상에 이르기까지 농업 전 과정의 디지털 과학화를 의미한다. 스마트팜 기술은 유럽이 발전하였고 특히 네덜란드의 농업은 세계 최고 수준으로 시설농업 분야의 ICT 기술 융합을 선도하고 있다.

시설농업, 노지스마트정밀농업, 다목적스마트팜(식물공장, 아쿠아팜)이 있다.

(3) 축산스마트팜

미국, 유럽 등 농업선진국에서는 1990년대부터 지속가능한 농업 및 환경촉진을 위하여 나노, 바이오, 정보, 인공지능 기술 개발 연구를 진행하고 있는데 축산스마트팜도 그 중의 하나이다. 우리나라에서는 2000년 초반부터 ICT 농업 융합에 대한 연구가 시작되었다. 축산스마트팜에 사용되는 기술은 환경관리, 사료에 관련된 사양관리, 건강 및 번식관리 장비, 경영관리 등으로 분류되며 사료자동급여기,

자동착유관리시스템, 출하돈선별기, 계사 내 환경모니터링이 그 예이다.

(4) 수산업

지금까지는 수산물이 주로 개도국에서 선진국으로 수출되는 경향을 보였으나 수산업의 스마트화는 개도국보다는 선진국에서 수산업 경쟁우위를 확보하는 방편으로 활용되고 있다. 그 예로 노르웨이 등 북유럽 국가에서 생산된 연어가 첨단기술 접목을 통해 전 세계시장에 수출되면서 개도국에 비해 경쟁력을 확보하였다(김종모, 마창모 2018). 스마트화 사례로는 수산자원 조사 및 관리, 어선어업, 양식업, 유통 물류에서 활용할 수 있다.

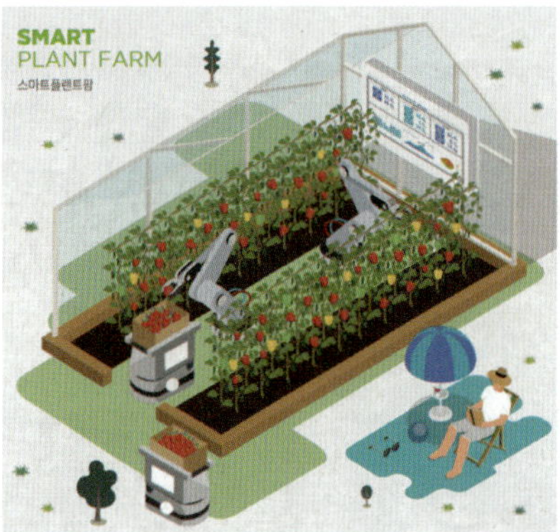

그림 6-1 **스마트온실**
출처 : 농림축산식품부

그림 6-2 **스마트축산**
출처 : 농림축산식품부

2. 음식문화에 부는 운동

두말할 나위 없이 모든 생물체의 생존을 위해 먹는 것은 가장 필수적이고 기본적인 행위이다. 그러나 인류의 역사를 음식과 관련하여 연관지어 볼 때 선사시대부터 역사시대에 접어든 후 1900년대 초반까지도 '먹는 것'에 대한 주된 관심사는 일부의 기득권을 제외하고 대부분의 사람들은 배고프지 않게, 그리고 이때

금은 운이 좋으면 배부르게 먹을 수 있는 것이었다. 식품의 질, 안전, 위생, 적합한 영양 성분을 생각할 여유도 없었고 과학적 뒷받침도 충분하지 못했다.

하지만 현대사회는 다르다. 의학과 과학이 눈부시게 발전하여 현재는 영양소의 특정화학물 성분과 DNA 사이의 관계를 질병 발현 관점에서 연구한 영양유전체학nutrigenomics, 탄수화물, 지방, 단백질의 주요 다량영양소macronutrient의 연구를 넘어서 비타민, 무기질 등에 대한 연구도 분자생물학적, 유전학적 등으로 이루어지고 있다.

또한 정치, 경제, 사회, 문화적으로도 음식은 더 이상 무관하지 않다. 오히려 깊이 연관되어 있다는 표현이 정확할 것이다. 당장 시장이나 슈퍼, 대형마트에서 진열되어 있는 식품을 보더라도 제철이 아닌 식품, 온대지방인 우리나라에서는 전혀 자랄 수 없는 식품들이 즐비하며 3대 곡식인 밀, 쌀, 옥수수 가격은 세계 곡물시장에서 좌우되고 있다. 주식으로 혹은 간식으로 많이 섭취하는 빵의 원재료는 수입산 밀, 유기농 밀, GMO(유전자변형식품) 옥수수 등 생산방식도 생산지도 여러 가지이다.

현대사회의 이러한 복잡한 식품유통체계 내에서 대중매체 및 기타 방법을 통한 캠페인, 시민단체 또는 일부 뜻을 같이 하는 사람들이 모여서 식품관련 운동을 벌이고 있다. 무엇을 어떻게 먹을 것이며, 어떻게 먹어야 하는지에 대해 예를 들어, 패스트푸드 반대운동, 정크푸드 위해성 강조, 유전자 변형(재조합) 찬성 및 반대, 집중 가축사육시설에서 벌어지는 동물학대 반대, 거대농업 식품기업들의 횡포 고발, 세계 식량체제에 대한 반발, 웰빙 추구, 친환경 추구 등이 모두 같은 맥락에서 벌어지고 있는 운동이다. 이들은 사회적인 경각심과 관심을 불러일으키며 때로는 숨겨진 진실을 대중들에게 알려주는 장점도 있으나 지나치게 부정적인 측면을 강조하기도 한다. 모든 현상에는 양면이 있고 장단점이 있기 마련이다. 어느 한 면만을 부각시켜 확대시키는 것은 위험한 발상이다. 이 장에서는 식품관련 여러 흐름에 대하여 중립적인 입장에서 알아보고자 한다.

1) 윤리 개념

(1) 슬로푸드

1986년에 이탈리아 로마의 에스파냐 광장에 맥도널드 매장 개장에 대한 반발로 시작된 운동이다. 서양문명의 출발지라고 할 수 있는 로마에 미국을 대표하는 맥도널드 매장이 들어섰기 때문이다. 카를로 페트리니Carlo Petrini와 몇몇 뜻을 같이 한 사람들이 모여 1989년 슬로푸드 연맹을 설립하였다.

처음 설립 핵심은 속도 경쟁에 찌든 일상생활과 획일화된 음식문화에 반대하여 마을별, 지역별 특성에 맞는 전통적인 식생활 문화를 계승 발전시키고 음식은 농업과 농촌의 문제이며 생물의 다양성을 존중하자는 것이었다. 단순히 특정 음식을 지정하여 먹자는 것이 아니라 역사와 문화를 만들어 온 음식문화를 보존하고 땅에 대한 존경 등 음식과 관련된 사상과 철학까지 내포된 운동이라 할 수 있다.

현재 핵심은 인간 모두에게 좋고 재배하는 사람에게도 좋고 지구에게도 좋은 음식을 접할 수 있게 하기 위함이며 철학은 GOOD, CLEAN, FAIR(좋음, 깨끗함, 공정함)으로 요약된다. 지역 식품이며 감각을 만족시키는 신선하고 품질이 좋은 제철 식단Good, 환경, 동물 복지 또는 건강에 해를 끼치지 않는 식품 생산과 소비Clean, 소비자에게 접근 가능한 가격과 생산자를 위한 공정한 생산조건을 소규모 생산자를 위한 정당한 지불Fair 등의 세 가지 접근방식을 취하고 있다. 음식, 농업, 환경, 정치의 연관성을 강조하며 세계의 농업과 환경운동에 적극 참여, 식량공급에서의 생물종다양성, 미각교육, 고품질 식품생산자와 공동생산자 연결 네트워크 설립을 힘쓰고 있다.

180여개국의 십만명의 넘는 회원이 있으며 국가 차원의 조직 구조를 가지고 있는 나라는 이탈리아, 도일, 스위스, 미국, 일본, 영국, 네덜란드, 오스트리아, 불가리아, 브라질, 케냐, 한국 등이다(슬로푸드 누리집).

그림 6-3 **슬로푸드 상징마크**

(2) 로컬푸드

현대사회의 식품은 산업형 농업, 산업형 축산업으로 생산된 식재료로 만든 식품이나 가공식품이 대부분이다. 예전과 달리 제철음식, 지역 음식보다는 전 세계에서 생산된 원재료로 시간과 공간을 넘어선 식품 섭취가 가능한 것이다. 대부분의 먹을거리가 주변 지역에서 해결되었던 예전과는 무척 다른 양상이라 할 수 있다. 여러 나라의 음식과 제철이 아니라도 식품을 섭취할 수 있다는 장점도 있지만 로컬푸드를 지지하는 사람들은 식재료의 이동경로를 줄이고 누가, 언제, 어디서, 어떻게 만들었는지 알고 있는 음식을 안정적으로 먹으며, 동시에 지역농민을 살리자는 운동을 벌이고 있다.

참먹을거리, 지역식량체계local food system가 이와같은 맥락의 운동이며 세계 식량체계가 내포하고 있는 문제점을 없애는 방법의 하나로 지역의 농민, 가공업자, 유통업자, 소비자를 연결시켜 상호작용을 증대시키고 소비자와 생산자 간에 신뢰를 높이자는 뜻이 담겨 있다.

이와는 약간 다르긴 하지만 대기업 식량체제에 반대하여, 한 나라의 농민들은 그 나라에서 소비되는 식량의 대부분을 생산해야 한다는 무토지노동자운동MST의 핵심과도 비슷하다. MST는 각 국가의 식량 시스템은 국내 시장에 맞춰 국민 건강에 이로운 것을 제공해야 하며 국제적으로 표준화된 정크푸드가 생산·유통되는 것을 막아야 한다고 주장하는데 정치적 색채가 강하고 급진적 전략이 특징이다.

(3) 푸드마일리지

푸드마일리지란 '식품의 생산·유통단계를 거쳐 소비자의 식탁에 오르는 과정에서 소요되는 거리'를 말하며 이와 관련해서는 식량을 멀리까지 수송하는 과정에서 발생하는 이산화탄소로 인한 기후, 환경변화를 감소시키자는 것이 핵심이다. 로컬푸드를 많이 활용할수록 푸드마일리지는 적게 쌓이는 셈이다. 현대 식품유통체계에서 장거리이동 개념이 생겼으며 특정식품이 운반된 거리를 알면 그 식품이 환경에 끼치는 해악도 측정할 수 있으므로 그러한 영향을 최소화하기 위해서는 되도록 로컬푸드를 이용하자는 것이다. 푸드마일리지는 식품의 수송량(t)에 수송거리(km)를 곱하여 산출(t·km)로 구한다.

이산화탄소 배출은 지구 생태계에 변화를 일으키는 주범이며 이에 대한 대안으로 지역 농산물에 대한 소비를 증진하고 생산된 장소에서 운송수단에 의해 이동한 거리가 반경 50km 이내인 농산물을 소비하는 것이 푸드마일리지를 줄일 수 있는 한 방법이다.

농산물 개방화에 따른 수입농산물의 홍수로 푸드마일리지에 대한 관심도 증가되고 있는데 예를 들어 포도의 경우 한국산은 514만 km인 것에 반하여 수입산은 5억 2천499만 km에 달하며 푸드마일리지가 높을수록 지구온난화는 심해진다고 본다.

푸드마일리지나 로컬푸드 운동의 주장은 기본적으로 옳은 것이지만 현실은 이보다 매우 복잡하다. 경우에 따라서는 지역 생산물이 다른 나라의 생산물보다 오히려 환경에 영향을 더 많이 줄 수도 있다. 수많은 식품을 모두 주변에서 재배되는 것으로 충당하는 것은 쉬운 일이 아니며 특히 특정 식품의 경우에는 나라의 자연조건이나 기후 특성상 아예 재배가 불가능한 농산물도 존재한다.

뉴질랜드 링컨대 연구에 의하면 풀을 먹여 키우는 뉴질랜드의 양과 소, 옥수수를 사료로 먹여서 키우는 다른 나라의 양과 소를 비교할 때 뉴질랜드에서 먼 거리에 있는 나라의 수입 쇠고기, 양고기를 섭취하면 당연히 푸드마일리지가 높지만 옥수수로 제조하는 사료 생산과정도 고려한다면 오히려 수입해서 먹는 쪽이 이산화탄소 함량이 적다는 보고도 있다. 여기에 운송하는 수단이 선박, 기차, 승용차에 따라 한 번에 얼만큼의 양을 운반할 수 있는지에 따라 효율성에도 차이가 난다. 또한 지역생산자와 상호이익으로 지역발전은 가져올 수 있으나 국내 여건상 해외 수출에 매달릴 수밖에 없는 일부 개발도상국 농민에게는 불이익이 갈 수 있다는 주장도 있다.

(4) 로하스

건강한 삶을 영위하고 지속가능한 환경을 보존하는 라이프 스타일을 추구하되 단순히 개인적 웰빙이 아닌 모두를 위한 웰빙을 추구하는 삶을 말한다. 예를 들어, 로하스Lifestyles of health and sustainability, LOHAS를 실천하는 사람들은 친환경제품을 선호하고 재활용 원료로 만든 제품을 사용하거나 일회용품 사용을 자제하는 등 공동체 전체의 보다 나은 삶을 위해 노력하는데(박현진, 김현우 2018) 주로 건강과 환경에 영향을 주는 외식분야에서 주목되는 생활 스타일이다(최복용, 전재균 2021).

(5) 공정무역시스템

무역은 나라와 나라 간에 재화와 상품을 교환하는 수단이다. 세계 무역량은 계속 증가하고 있으며 앞으로도 그러할 것이다. 무역은 당연히 양자 간의 조건이 평등한 상태에서 이루어져야 하지만 '공정무역'이라는 단어에서 유추할 수 있듯이 불공정한 무역이 항상 존재한다.

공정무역은 쉽게 말해 가난한 국가의 생산자와 부유한 국가의 소비자를 직접 연결하는 유통체계이다. 1980년대 초 네덜란드의 막스 하벨라르Max Havelaar신부에 의해 시작되었다고 알려져 있으며 전도를 위해 멕시코를 방문하였다가 커피재배 소작농의 비참한 현실을 보고 새로운 유통방법을 고안해 냈다고 알려져 있다.

생산자와 소비자를 직접 연결하여 가난한 나라의 농산물을 실질적인 가격으로 부유한 국가의 소비자가 구매할 수 있게 하는 새로운 무역체계로 일부 다국적 기업과 중개인들에 의해 가격이 결정되는 불합리성을 피하고자 하는 유통체계이다.

생산자들의 노동을 일정하게 유지하고 중간 소매상들의 불합리한 가격변동을 사전에 방지하며 질 좋은 상품을 소비자에게 공급하는 유통경로이다. 공정무역은 사회경제적 관점에서뿐만 아니라 생태학적으로도 의미가 있다. 생산자인 농부는 정당한 대가를 안정적으로 받을 수 있는 시스템이 자리잡히면 무리한 환경파괴 없이 지속가능한 농업이 가능해지기 때문이다(김택원 2021).

커피에서 시작된 공정무역은 카카오(초콜릿), 차, 면화 등의 농산물로 확대되었다. 현재는 사람들의 의식 각성으로 인해 쌀, 설탕, 꿀, 오렌지주스, 신선한 과일, 축구공 등 공정무역 물품이 증가하고는 있지만 아직은 전체 세계 무역에서 차지하는 비중이 매우 적은 편이다. 가장 활발히 거래되고 있는 커피는 2004년 기준으로 전체 600만 톤에서 3만 톤 정도이며 2007년 34억 달러 정도의 매출을 보였다.

공정무역의 투명성 불공정 무역은 이미 오래 전부터 존재하였다. 콜럼버스의 신대륙 발견 이후, 설탕 생산을 위해 유럽 일부 국가는 아프리카 대륙을 이중으로 이용하였다. 신대륙에서 사탕수수를 재배하고 설탕을 제조하여 유럽으로 배송, 유럽 및 아프리카에 수출한 것인데 문제는 설탕 생산에 노동력이 많이 들어간다는 사실이었다. 사탕수수를 길러 수확하고 설탕으로 가공하는 일은 고된 노동이 요구되는 작업이다. 이 고된 작업을 위해 강제로 끌고 온 아프리카인을 수세기 동안 노예 신분으로 고통의 시간을 보내게 하였다.

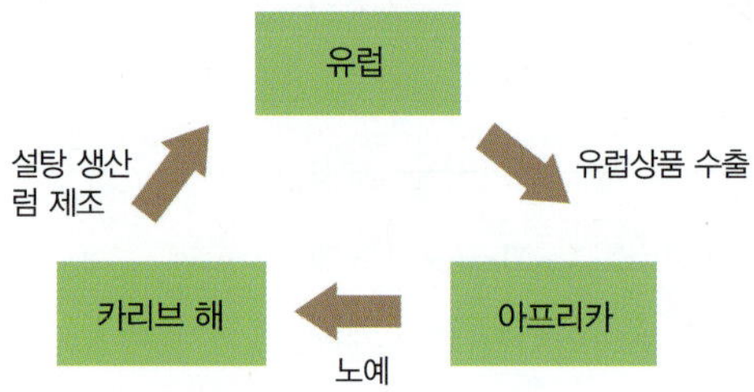

그림 6-4 **19세기의 불공정무역**

공정무역은 앞으로 계속 확대되겠지만 무엇보다 중요한 것은 소비자들이 추가 비용을 지불하되 그 비용이 생산자에게 반드시 돌아갈 수 있도록 과정을 투명하게 밝혀 주어야 한다. 투명한 유통 경로가 보장되어야 하는 것이다.

2) 안정 개념

식품안정Food Security은 개인, 가정, 국가가 항시 안전하고 질적, 양적으로 우수한 식량 공급이 가용하며 접근 가능한 상황을 의미한다. 식량위기Food crisis와 대비되는 개념으로 식량위기란 안전하고 영양있는 식품공급이 부족하거나 총량은 충분해도 접근이 곤란한 상태를 의미한다.

(1) 식량안보, 식품안정성

국제연합 식량농업기구Food and Agriculture Organization of the United Nations, FAO에서는 식량안보를 충분한 수량과 만족할 만한 품질의 식량을 필요한 시기에 필요한 장소에서 입수 가능하고 소비하는 상태를 지속할 수 있는 것이라 정의하였고 유

표 6-1 **식량안보의 3가지 기본요소: 식품의 가용성, 접근성, 이용성**

가용성	먹을 것이 얼마나 있느냐의 문제로 식량생산과 공급력에 의해 결정
접근성	먹을 것에 얼마나 쉽게 접근할 수 있느냐의 문제로 식품 구매력과 가격에 의해 결정
이용성	먹을 것을 어떻게 섭취하느냐의 문제로 식품의 안정성 확보 여부, 식수 위생 등 환경조건, 영양지식 등에 의한 올바른 섭취 등에 의해 결정

출처 : 농업농촌식품동향 Vol 37. 2021.9.27.(농촌경제연구원 미래정책연구실)

럽연합European Union, EU은 기아와 영양실조가 존재하지 않으면서 생산이나 획득을 위한 충분한 자원을 가지는 상태, 세계은행World Bank은 모든 활동적이고 건강한 생활을 위해 언제든지 충분한 식량에 접근할 수 있는 식량의 획득 능력을 보장하는 상태라고 정의하였다(박현진 2019). 다시 말해 개인, 가정, 국가가 항시 안전하고 질적, 양적으로 우수한 식량 공급이 가용하며 접근 가능한 상황을 의미한다. 식량위기와 대칭되는 개념으로 안전하고 영양있는 식품공급이 부족하거나 총량은 충분해도 접근이 곤란한 상태를 의미한다. 식량안보food security는 가용성availbility, 접근성accessibility, 유용성utilization 등으로 구성된다.

유엔세계식량기구World Food Programme, WFP에서는 한 국가의 식량안보를 영양불량유병률Prevalence of undernourishment, PoU를 이용하여 5단계로 분류하고 있다. PoU란 정상적이고 활동적인 건강한 삶을 유지하는데 필요한 열량제공이 불충분한 상태를 전체인구 대비 비율로 나타낸 지수이다.

현재 전 세계적으로 주로 서반부는 식량수출, 남반구 동반구는 식량 수입이 높은 편이다. 물론 수입은 곡물 수입 재화가 있는 국가에서만 가능하며 일부 식량부족 국가의 경우 재화가 부족하여 인도주의 측면에서의 지원에 의존해야 하는 상황이다.

국제연합식량농업기구(FAO)는 2019년~2020년 사이에 영양불량유병률이 가파르게 증가했다고 보고했다. 인구수로는 약 768,000,000명으로 전체인구의 9.9%에 해당하는 수치이다. 이 수치는 2014년보다 160,000,000명, 2019년보다 118,000,000명이 증가된 수치이다. 2014년 이후 계속해서 감소세를 보였던 유병률이 COVID-19 팬데믹 영향으로 전 세계적으로 공통으로 가파른 증가세를 보인 것이다.

표 6-2 **급성 식품불안정도단계(acute food insecurity phase)**

Phase 1	Phase 2	Phase 3	Phase 4	Phase 5
Food security	Food Insecurity	Acute Food insecurity	Humantirian Emergency	Famine
인구의 5% 이하가 영양불량	인구의 5~10%가 영양불량	인구의 10~15% 영양불량	인구의 15~30% 영양불량	인구의 30% 이상 영양불량
질적, 양적으로 우수한 2,100kcal/day 이상을 일인당 이용 가능	1인당 하루 2,100kcal 거의 충족	식품선택이 어렵고 하루 2,100kcal 충족이 어려움	1인당 하루에 3가지 식품그룹 이하 밖에 접근	하루 1인당 열량 극단으로 부족

출처 : UN World Food Programme. 2022.

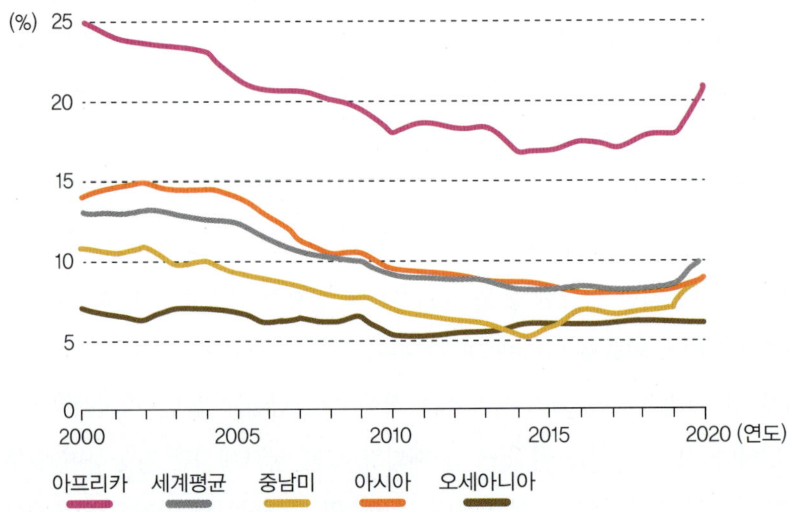

그림 6-5 **세계지역별 영양불량유병률**
출처 : FAO 2021 Statistical Yearbook, World Food and Agriculture.

식량안보가 국가적 단위의 식량안정도 개념이라면 가구단위의 식품안정도 개념은 식품불안정도로 측정된다. 우리나라에서는 국민건강영양조사에서 유사한 개념으로 가구별 식품불안정도를 조사하고 있다.

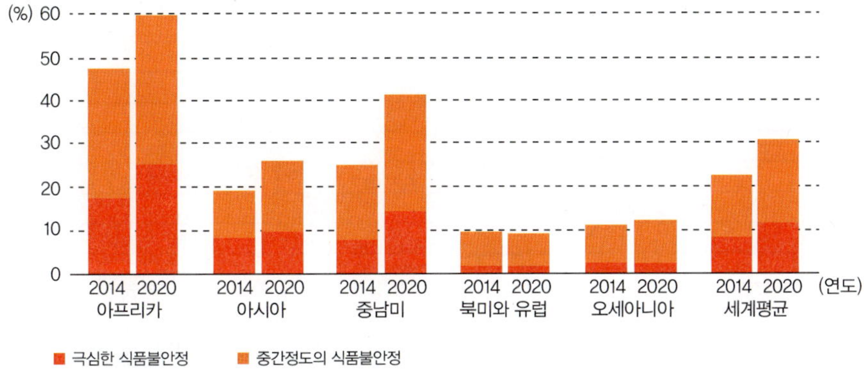

그림 6-6 **세계지역별 식품불안정경험도에 기초한 식품불안정수준(2014년, 2020년 비교)**
출처 : FAO 2021 Statistical Yearbook, World Food and Agriculture, 2021.

(2) 식량자급률(곡물자급률)

식량자급률이란 국내에서 소비되는 식품 중 국내에서 생산되는 비율을 말한다. 대표적으로 곡물자급률이 활용되며 곡물자급률은 다시 동물용 사료를 포함한 것과 사료를 포함하지 않은 자급률이 있다.

우리나라의 곡물자급률은 2020년 기준 19.3%(사료용 포함)이며 OECD 국가 중 가장 하위에 속한다. 1970년 이래 계속 감소하고 있는데 1970년 80.5%(쌀 93.1%, 밀 15.4%), 1980년(쌀95.1%, 밀 4.8%), 1990년 43.1%(쌀 108.3%, 밀 0.4%), 2000년 29.7%(쌀 102.9%, 밀 0.3%), 2010년 26.7%(쌀 104.6%, 밀 0.8%), 2019년 20.2%, 2020년 19.3%를 나타내었다. 쌀만이 자급이 가능한데 이는 쌀 소비가 감소하고 있는 까닭이 크며 콩, 옥수수, 밀, 보리 등 곡물 등은 거의 대부분 수입에 의존하고 있다. 자유 무역체계에 들어감으로서 수입이 용이하게 된 것은 장점이지만 점점 수입국에 대한 식량의존도가 높아져 불안정성이 커지며(김덕호 2019) 잦은 기후 변화, 국제전쟁 등 비상상황에서 수입이 어려워질 수 있다는 단점이 있다. 식량자급률이 높이는 것이 자국내 곡물 가격 안정화와 식량 안정 달성화를 도모할 수 있으므로 곡물자급률을 높여야 중요하다.

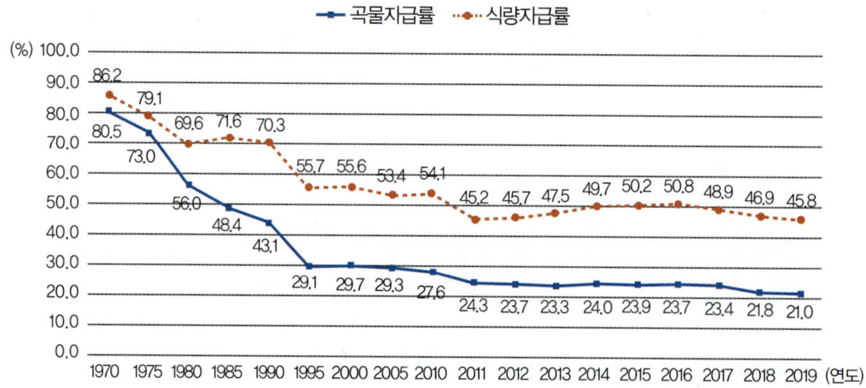

그림 6-7 **우리나라의 연도별 식량자급률과 곡물자급률**

주: 식량자급률은 사료용을 제외한 식용 기준이며 곡물자급률은 사료용을 포함한 기준임

출처 : 변재연, 2021. 곡물수급안정 사업 · 정책분석.

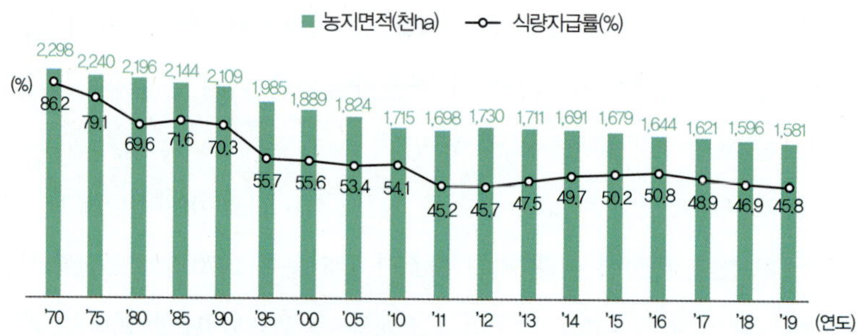

그림 6-8 **우리나라의 연도별 농지면적과 식량자급률**

주: 식량자급률은 사료용을 제외한 식용 기준이며 곡물자급률은 사료용을 포함한 기준임.

출처 : 변재연, 2021. 곡물수급안정 사업 · 정책분석.

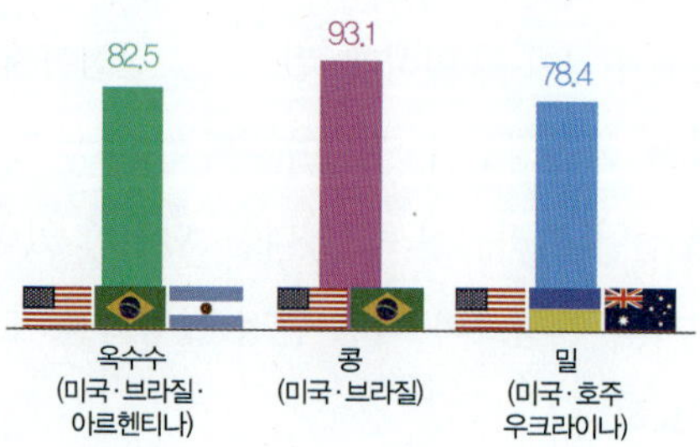

그림 6-9 **국가별 수입비중(%)**

출처 : 예산분석실 경제산업사업평가과(2021), 국회예산정책처 브리핑 113호 곡물 수급안정 사업정책분석.

(3) 애그플레이션

식량자급률이 낮을 경우 애그플레이션agflation이 발생하면 곡물 부족으로 인한 피해는 가중된다. 애그플레이션이란 곡물가격이 상승하면 연이어 일반물가도 같이 상승하는 현상을 말한다. 애그플레이션은 식량가격지수Food Price Index, FPI와 관련이 깊다. 식량가격지수는 국제연합식량농업기구Food Agriculture Organization, FAO에서 매월 발표하는 FFAOFAO Food Price Index가 대표적인데 지구 전체의 주요 농산물 국제 가격을 지수로 만든 것으로 이 지수로 매월 주요 농산물 가격 변화를 확인할 수 있다. 세계식량가격지수가 상승할 경우 전 세계적으로 식량이 부족해지고 애그플레이션이 발생활 확률이 높은데 상승 원인은 이상기후, 국가간 분쟁 등으로 인한 작황 부진, 재고량 감소, 주요 수출국 수출제한 조치 또는 유가상승 등으로 인한 운송비 인상 등이 원인이 된다.

2008년, 2012년 식량위기 시 식량가격지수가 높았으며 2022년 3월 기준 159.3 포인트로 1990년 도입 이후 최고치를 갱신했다.

우리나라의 세계식량안보지수를 주요 30개국과 비교한 연구에서 일본과 비교 정리하면 2012년(한국 27위, 일본 13위), 2013년(25위, 14위), 2014년(26위, 17위), 2015년(27위, 13위), 2016년(27위, 12위), 2017년(26위, 8위), 2018년(27위, 9위), 2019년(28위, 9위), 2020년(29위, 9위)로 일본과 비교하여 큰 차이를 보이며 연도별로도 점차 하락하고 있다.

그림 6-10 **세계식량가격지수(FAO FOOD Price Index; 2014~2016=100)**
출처 : FAO 2021 Statistical Yearbook.

(4) 엥겔지수

현대에는 식량의 자리에 화폐가 자리 잡고 있지만, 그렇다고 식량과 부의 연관성이 완전히 끊어진 것은 아니다. 한 가정, 한 국가의 빈부 정도를 측정할 때 빈곤선poverty line은 기본적인 최소한의 식량을 구입하는데 필요한 금액과 관련해서 규정된다. '빈곤'이란 단어 자체가 기본적인 생존을 위한 식량구입 불가능을 의미하는 것이다.

현대에서는 식량이 곧 권력이라는 개념은 엥겔지수로 나타난다. 기본적으로 섭취해야 하는 주식은 어느 나라나 남녀노소 일반적으로 비슷하다. 음식의 질이나 종류를 고려하지 않는다면 사람이 먹을 수 있는 식품이나 양은 특별한 경우가 아니라면 크게 다르지 않으며 더구나 주식의 경우에는 더욱더 그렇다. 소득의 높고 낮음에 관계없이 어느 정도는 소비해야 하고 어느 정도 이상은 소비할 필요가 없는 성격을 가지고 있다. 이러한 성격을 경제 원리에 이용한 것이 엥겔지수로, 식료품비가 가계의 총 지출액에서 차지하는 비율을 말하며 소득 수준이 높아질수록 비율이 감소하는 경향이 있다.

간단히 말해 가난한 가구는 벌어들이는 수입의 대부분을 먹는 것에 지출할 수밖에 없어 남은 여유분이 적으므로 다른 사회생활이나 문화생활이 불가능하지만, 상대적으로 부유한 가구는 벌어들이는 수입이 많으므로 그 중 일부만 먹는 것에 지출하고 나머지 여유분은 저축 및 사회적·문화적 생활에 지출할 수 있는 것으로 이해하면 된다.

3) 안전 개념

식품안전Food Safety은 식품섭취로 인한 인체 유해 미생물 혹은 유독물질 차단을 위하여 음식을 섭취하기까지 식재료 선택, 취급, 준비, 조리, 보관 등에서 질병 예방을 위한 모든 화학적, 미생물학적 처리를 말하는데 여기서는 식중독 개념보다는 현대인들의 건강과 웰빙에 대한 관심을 고려하여 안전한 식품을 추구하는 측면에서 몇가지 예를 들고자 한다.

(1) 친환경 식품

안전한 식품에 대한 관심이 높아지면서 친환경 식품에 대한 관심이 증가하고 있다. 친환경농축산물이란 생물의 다양성을 증진하고, 토양에서의 생물적 순환과 활동을 촉진하며, 농업생태계를 건강하게 보전하기 위하여 합성농약, 화학비료, 항생제 및 항균제 등 화학자재를 사용하지 않거나 사용을 최소화한 건강한 환경에서 생산한 농축산물을 말한다. 예전과 달리 취급하는 곳도 많아져 개인이 운영하는 유기농전문매장, 대형마트 식품코너의 친환경 유기농매장, 직거래 장터 등 제품구입 통로도 여러 곳이다.

유기농산물은 합성농약과 화학비료를 전혀 사용하지 않고 재배한 것(전환기간: 최초 수확전 3년), 유기축산물은 유기농산물의 재배·생산 기준에 맞게 생산된 유기사료를 급여하면서 인증기준을 지켜 생산한 축산물을 지칭한다. 무농약농산물은 합성농약을 전혀 사용하지 않고 화학비료는 권장 시비량의 1/3 이내 사용한 농산물을 말한다.

표 6-3 **환경인증 종류별 표시방법**

<table>
<tr><td>인증표시</td><td colspan="6">유기농 (ORGANIC) 농림축산식품부</td><td colspan="6">유기농산물 (ORGANIC) 농림축산식품부</td><td colspan="6">유기축산물 (ORGANIC) 농림축산식품부</td><td colspan="6">ORGANIC MAFRA KOREA</td><td colspan="6">유 기 (ORGANIC) 농림축산식품부</td></tr>
<tr><td></td><td colspan="30">유기</td></tr>
<tr><td></td><td colspan="30">유기농산물, 유기축산물, 유기재배 농산물 또는 유기농</td></tr>
<tr><td>인증표시</td><td colspan="5">무농약 (NON PESTICIDE) 농림축산식품부</td><td colspan="5">NON PESTICIDE MAFRA KOREA</td><td colspan="5">유기가공식품 (ORGANIC) 농림축산식품부</td><td colspan="5">ORGANIC MAFRA KOREA</td><td colspan="5">무농약원료 가공식품 (NON PESTICIDE FOODS) 농림축산식품부</td><td colspan="5">NON PESTICIDE FOODS MAFRA KOREA</td></tr>
<tr><td></td><td colspan="10">무농약</td><td colspan="10">유기가공식품</td><td colspan="10">무농약원료가공식품</td></tr>
<tr><td></td><td colspan="10">무농약농산물, 무농약재배</td><td colspan="10">유기가공식품, 유기농, 유기식품</td><td colspan="10">무농약원료가공식품</td></tr>
</table>

물론 친환경 식품이라고 하여 100% 화학비료가 들어가지 않은 것은 아니고 부득이한 경우 일부 첨가되기도 하며 유기농 및 친환경 식품에도 여러 가지 종류가 있다. 무농약, 유기농 유기 가공식품 등 비슷해 보이지만 조금씩은 다른 인증 표시가 식품 포장지에 명기되어 있다.

친환경 재배지에 대한 현장검사 결과 대부분 친환경 농산물조차 오염되었다는 보도도 있으며 일부 유기농을 재배하는 농부는 바실루스 튜링지엔시스 독소를 없애기 위해 살충제를 살포하기도 했다는 보도가 나오기도 한다. 이에 미국 농무성은 1966년 식품위해요소 중점관리기준HACCP, Hazard Analysis Critical Control Point을 발표하기에 이른다. 우리나라에는 일본을 거쳐 1970년대 유기농이라는 개념이 들어왔지만 일반 식품보다 가격이 비싸서 소비자들이 꺼려하기도 하고 현미를 먹는 것이 건강에 좋지만 오히려 쌀에 있는 농약을 먹을 수도 있다는 주장도 있다.

결국 화학비료를 사용하지 않고 재래 방법으로 퇴비를 만들어 농사를 지으며 친환경법으로 재배된 농산물만 안전하다는 주장도 있으나 친환경법으로 생산된 농산물의 수확량이 적은 것도 문제다.

(2) 식품첨가물

식품첨가물은 친환경 식품과는 반대의 개념으로 생각해 볼 수 있다. 현대사회에서 현실적으로 가공식품을 섭취하지 않을 수는 없다. 모든 것을 직접 자연에서 식물을 재배하고 동물을 사육하여 섭취하는 것은 불가능하기 때문이다. 그러므로 가공식품 제조 시 필수적으로 첨가할 수밖에 없는 식품첨가물 섭취도 어느 정도 받아들여야 하는 문제이다.

현재 우리나라에는 약 600여 개 식품첨가물의 사용이 허가되어 있지만 안전성이 확보되지 않았으며 일부 몰지각한 식품업체 및 판매업자들의 허가되지 않은 첨가물이나 허가된 양 이상 첨가물의 사용이 문제가 되어 식탁의 안전을 위협하고 있다. 때로는 1차 농수산식품에도 저장성과 상품성을 높이기 위해 사용이 금지되어 있는 식품첨가물을 사용했다는 뉴스가 방송되곤 하여 소비자를 불안하게 한다. 현대인은 가공식품에 의존하는 비율이 높고 있고 앞으로도 의존도는 더욱 높아질 것이다.

이런 환경에서 첨가물로 전혀 오염되지 않은 식생활은 불가능하다. 소비자가 식품첨가물과 가공식품에 대하여 취해야 하는 행동은 타당한 목적으로 적절한 첨가물이 바르게 사용되었는지 확인하며 첨가물을 줄여서 섭취할 수 있는 방법을 익히고 장단점을 이해하여 균등한 사고를 갖는 것일 것이다.

식품에 첨가물을 넣는 것은 사실 아주 오래 전부터 시작되었고 천연첨가물 상태로 이용하였다. 고대시대부터 음식물을 오래 보존하기 위해 소금을 사용하였고 두부 제조 시 필수적으로 사용되는 간수도, 찐빵을 부풀리는 중조(팽창제)도 일종의 첨가제이다. 화학첨가물은 18세기 후반 시작된 산업혁명 이후, 농업사회에서 산업사회로 넘어가면서 집에서 매끼를 해결하는 시대가 서서히 막을 내리는 사회 분위기 속에서 등장하였으며 제2차 세계대전을 거치면서 화학 분야가 급격히 발전하자 화학첨가물 사용이 점차 가속화되기 시작하여 1970년대 중반에는 대세가 되었다.

식품첨가물의 장점 위험성에 대한 논란이 끊임없이 일어나면서도 식품첨가물 사용을 100% 금지할 수 없는 이유는 식품업체, 소비자 입장에서 다음과 같은 장점이 있기 때문이다.

식품업체 입장에서의 식품첨가물의 장점

- 식품의 보존기간 증가, 세균 번식 억제
- 식감, 맛 유지 및 상승, 원재료 품질 유지
- 비용 절감

소비자 입장에서의 식품첨가물 장점

- 풍족한 식생활, 편리함, 시간적 여유
- 무첨가, 무농약 식품만 고집할 경우의 식비 부담

식품첨가물의 위험성 첨가물에는 천연물질로 된 첨가물도 있지만 대부분은 인공적으로 제조한 화학적 합성첨가물이 대부분이며 천연첨가물이라고 하여 100% 안전한 것은 아니다. 많이 오해하고 있는 것 중에 하나가 천연첨가제는 안전하고 합성첨가제는 위험하다는 생각인데, 천연성분이라도 안전을 완전히 보장할 수는 없으며 문제는 사용하는 농도와 양에 따라 안전성과 효율성이 달라진다. 천연·인공합성 첨가물은 모두 국가에서 동물실험을 통하여 사람이 일생 동안 매일 먹더라도 건강에 아무런 나쁜 영향을 끼치지 않는 최대 사용량ADI을 규제한다. 그러나 첨가물 독성실험이 동물실험을 통해 이루어지므로 동물의 소화능력이 사람과 달라 한계가 있을 수 있으며 인간은 한 가지 식품만 먹는 것이 아니라 여러 식품을 동시에 섭취하므로 수십 가지를 섭취할 때 인체에 미치는 복합섭취(혼용섭취)의 영향에 대한 연구가 시간적으로 충분하지 않아 아직까지는 안정성 보장이 어렵다.

식품첨가물의 위험성에 대해서는 연구가 많이 이루어지고 있지만 식품첨가물 역사 자체가 그리 오래 되지 않았으므로 앞으로 장기간 섭취하였을 경우에 대한 연구가 필요한 부분이다.

현재 병원, 보건소, 학교, 대중매체, 시민단체 등에서 식품첨가물의 위해성을 계속 주지시키며 특히 알레르기, 아토피 증상이 염려되거나 증상을 가지고 있을 경우에는 가공식품 및 인스턴트식품의 섭취량 줄이기를 권장하는데 이는 가공식품은 식품첨가물도 문제이지만 높은 열량에 비해 낮은 영양가로 비만을 유도하여 질병의 근원이 되는 동시에 각종 식품첨가물이 복합적으로 함유되어 있기 때문이다.

첨가물 위험성을 낮추는 생활 식품첨가물을 피할 수 없는 것이 현실이라면 식품 구매 시 최대한 주의하여 구입하는 것이 최선의 방법이다. 되도록 가공도가 낮은 제품을 구입하고 식품을 구매할 때에는 반드시 영양정보나 유통기한뿐만 아니라 식품첨가물 정보도 확인하는 습관을 들여야 한다. 또한 한 번에 많은 식품을 구입하는 습관은 자제하는 것이 좋은데 아무래도 많은 식품을 구입하다 보면 유통기한이 긴 가공식품을 구매하기 쉽기 때문이다. 유사한 제품과 비교하여 가격이 저렴하다면 구입 전에 한번 생각해 보는 것이 좋다. 구매자 입장에서는 되도록 저렴한 가격에 구입하는 것이 좋지만 이해되지 않을 정도의 저렴한 가격은 맛, 외관을 비슷하게 유지한 채 식품첨가물을 여러 종류 첨가하여 저렴하게 제조한 제품일 수도 있기 때문이다. 편이성을 쫓을 것인지, 불편을 감수할 것인지는 선택의 문제이기는 하지만 분명하게 알아두어야 하는 것은 가공식품일수록 식품첨가물이 첨가될 수밖에 없다는 점이다.

(3) 유전자변형식품(유전자재조합식품)

유전자변형식품Genetically Modified Food Organism은 증가하는 인구 식량 문제를 위해 질병에 잘 견디며 수확량을 증가시키는 품종 개발이 목표로 미국에 의해 주도되었다. 생명공학 기술을 이용하여 특정 생물의 유전자에 유용한 정보, 즉 내한성, 내냉성, 내병성 등을 갖는 부분을 효소를 이용해서 절단 연결하여 재조합 DNA를 만들고 이를 다른 세포에 넣어 신품종을 개발하는 것으로 1988년 쉽게 무르지 않는 연화지연 토마토 개발을 필두로 하여 미국에는 제초제 저항성 콩, 해충저항성 옥수수, 해충저항성 목화, 벼, 밀, 감자 등의 형질전환에 성공하였으며 가장 처음 시장화된 것은 1994년 미국 칼진사의 연화지연 토마토였다. 과학자들이 기적의 쌀이라고 부르는 골든라이스는 유전자변형 유기농곡물로 비타민 A 등 영양소가 개선되었고 록펠러재단에서 10년 이상 수백만 달러를 투자하여 아시아 농부에게 무상으로 배포하였다. 2005년에는 카로틴 함량을 37㎍/g 수준으로 20배 정도 획기적으로 향상시킨 새로운 골든라이스 2가 개발되었다(김덕호 2019). 현재 대규모로 재배되는 GMO 식물의 대부분은 콩, 옥수수, 목화가 대부분이며 상품화된 GMO 식물은 대부분 가축사료로 사용되고 있다. 국내에는 주로 미국, 브라질로부터 수입된 콩, 옥수수 등이 들어와 있는데 콩은 식용유, 옥수수는 사료용으로 주로 사용되고 있다.

유전자변형식품은 20세기 이후 녹색혁명의 하나로 농약을 사용하지 않고 제초효과를 보며 작물 증산 효과 등의 장점이 있어 재배면적은 계속 확대되어 2018년

기준 24개 국가에 면적도 1억 980만 헥타르에 달한다. 우리나라의 국토면적보다 19배나 넓은 농지에서 GMO가 재배되는 것이다(김택원 2021). 그러나 위해성에 대한 논란도 계속해서 일어나고 있다. WHOWorld Health Organization, FDAFood and Drug Administration에서는 인체에 유해한 식품성분 독성 변화는 없으며 위생적 측면에서는 안전하고 미생물 위험 증가가 없으면서 유전적 영향이 없다고 하였으나 인체에 대한 임상실험이 아직 이루어지지 않아 인체에 대한 안정성이 보장되지 않고 있다. 유전자변형식품 반대론자들은 한 유전자가 다른 종에 도입될 경우 독성, 알레르기 반응 유발 가능성이 있으며 항생제 내성표시 유전자가 장내 세균과 병원균에 확산되고 인체 내 항생제 내성이 증가할 수 있으므로 충분한 검증이 필요하다고 주장하고 있다.

우리나라에서는 유전자변형 농축산물이 포함되거나 포함될 가능성이 있어도 반드시 제품에 표시하도록 법으로 규정하고 있다.

THINKING

농수산물품질관리법 유전자변형식품 등의 표시기준

[시행 2019. 10. 28.] [식품의약품안전처고시 제2019-98호, 2019. 10. 28. 일부개정]

제5조(표시방법) 유전자변형식품의 표시방법은 다음 각 호와 같다.

1. 표시는 한글로 표시하여야 한다. 다만, 소비자의 이해를 돕기 위하여 한자나 외국어를 한글과 병행하여 표시하고자 할 경우, 한자나 외국어는 한글표시 활자크기와 같거나 작은 크기의 활자로 표시하여야 한다.
2. 표시는 지워지지 아니하는 잉크·각인 또는 소인 등을 사용하거나, 떨어지지 아니하는 스티커 또는 라벨지 등을 사용하여 소비자가 쉽게 알아볼 수 있도록 해당 용기·포장 등의 바탕색과 뚜렷하게 구별되는 색상으로 12포인트 이상의 활자크기로 선명하게 표시하여야 한다.
3. 유전자변형농축수산물의 표시는 "유전자변형 ㅇㅇ(농축수산물 품목명)"로 표시하고, 유전자변형농산물로 생산한 채소의 경우에는 "유전자변형 ㅇㅇ(농산물 품목명)로 생산한 ㅇㅇㅇ(채소명)"로 표시하여야 한다.
4. 유전자변형농축수산물이 포함된 경우에는 "유전자변형 ㅇㅇ(농축수산물 품목명) 포함"으로

표시하고, 유전자변형농산물로 생산한 채소가 포함된 경우에는 "유전자변형 ○○(농산물 품목명)로 생산한 ○○○(채소명) 포함"으로 표시하여야 한다.

5. 유전자변형농축수산물이 포함되어 있을 가능성이 있는 경우에는 "유전자변형 ○○(농축수산물 품목명) 포함가능성 있음"으로 표시하고, 유전자변형농산물로 생산한 채소가 포함되어 있을 가능성이 있는 경우에는 "유전자변형 ○○(농산물 품목명)로 생산한 ○○○(채소명) 포함가능성 있음"으로 표시할 수 있다.
6. 유전자변형식품의 표시는 소비자가 잘 알아볼 수 있도록 당해 제품의 주표시면에 "유전자변형식품", "유전자변형식품첨가물", "유전자변형건강기능식품" 또는 "유전자변형 ○○포함 식품", "유전자변형 ○○포함 식품첨가물", "유전자변형 ○○포함 건강기능식품"으로 표시하거나, 당해 제품에 사용된 원재료명 바로 옆에 괄호로 "유전자변형" 또는 "유전자변형된 ○○"로 표시하여야 한다.
7. 유전자변형여부를 확인할 수 없는 경우에는 당해 제품의 주표시면에 "유전자변형 ○○포함가능성 있음"으로 표시하거나, 제품에 사용된 당해 제품의 원재료명 바로 옆에 괄호로 "유전자변형 ○○포함가능성 있음"으로 표시할 수 있다.
8. 제3조제1항에 해당하는 표시대상 중 유전자변형식품등을 사용하지 않은 경우로서, 표시대상 원재료 함량이 50%이상이거나, 또는 해당 원재료 함량이 1순위로 사용한 경우에는 "비유전자변형식품, 무유전자변형식품, Non-GMO, GMO-free" 표시를 할 수 있다. 이 경우에는 비의도적 혼입치가 인정되지 아니한다.
9. 유전자변형농축수산물이 모선 또는 컨테이너 등에 선적 또는 적재되어 화물(Bulk) 상태로 수입 또는 판매되는 경우에는 표시사항을 신용장(L/C) 또는 상업송장(Invoice)에 표시하여야 하고, 화물차량 등에 적재된 상태로 국내 유통되는 경우에는 차량과 운송장 등에 표시하여야 한다.

(4) 방사선조사식품

식품에 방사선을 처음 활용한 것은 1970년대 중반 미국과 유럽에서 밀과 곡류 해충 사멸을 위한 목적으로 비롯됐다(권오란 2019). 주 목적은 발아를 억제하거나 숙성을 지연시켜 식품의 보존성을 향상시키고 병원균, 기생충 및 해충을 사멸시키는 등 살균, 숙도 조절의 목적으로 위생적 식품을 만들기 위함이다. 열을 가하지 않고 살균되어 냉살균cold sterilization이라고도 한다.

우리나라에서는 식품에 사용 가능한 조사선량을 10KGy 이하를 권고하고 있

그림 6-11 **국제적 통용 방사선 조사표시 마크**
자료: 조진희, 할랄 산업 트렌드 분석과 시사점 경영컨설팅연구 22권, 1호 한국경영컨설팅학회 2022년.

으며 한번 조사한 식품에 대해서는 재조사를 금지하고 있다. 방사선 조사식품은 용기에 넣거나 포장 후 반드시 방사선조사 표시를 하여야 하고 허용식품은 감자, 양파, 마늘, 밤, 생버섯, 건조버섯, 곡류, 두류, 난류, 각종 향신료 등이며 특히 대부분 분말 제품은 사실 방사선 외에는 유용한 살균법이 없는 실정이다. 그러나 역시 '허용'과 '사용권장'에는 간극이 있으며 더 많은 연구가 필요한 분야이다. 세계보건기구WHO, 국제식량농업기구FAO, 국제원자력기구IAEA, 미국식품의약국FDA 등 여러 국제기관에서 안전성 및 건전성을 인정받았고 국제식품규격위원회CODEX 기준에 식품조사처리 기준이 표준 규정으로 등재되어 있으나(권오란 2019) 소비자 입장에서는 안전성에 대해 불안감을 갖고 있다.

특히 많이 혼용되어 사용되는 용어가 '방사선'과 '방사능'인데 정확한 표현은 방사선 조사식품, 방사능오염식품이다. 방사선은 방사성 동위원소 붕괴에 따라 방출되는 입자선과 복사선으로 방사성 물질이 내는 선이며 감마선, 엑스선, 알파선 등을 말하고 주로 의료 분야에서 사용된다. 방사능은 불안정한 원소 원자핵이 핵반응기 누출사고 또는 핵 실험에서 발생된 방사능 물질에 의해 우발적으로 오염된 식품을 말한다. 이들이 강력해지면 생물에 영향을 미쳐 세포를 파괴하고 암을 유발하는 등 부정적 측면에서 문제가 발생한다.

표 6-4 **식품공전 상 방사선 조사 허용대상 식품별 흡수선량**

품목	조사목적	선량(KGy)
감자, 양파, 마늘	발아 억제	0.15 이하
밤	살충, 발아 억제	0.25 이하
버섯(건조 포함)	살충, 숙도 조절	1 이하
난분	살균	5 이하
곡류(분말 포함), 두류(분말 포함)	살균, 살충	5 이하
전분	살균	5 이하
건조식육	살균	7 이하
어류분말, 패류분말, 갑각류분말	살균	7 이하
된장분말, 고추장분말, 간장분말	살균	7 이하
건조채소류(분말 포함)	살균	7 이하
효모식품, 효소식품	살균	7 이하
조류식품	살균	7 이하
알로에분말	살균	7 이하
인삼(홍삼 포함) 제품류	살균	7 이하
조미건어포류	살균	7 이하
건조향신료 및 이들 조제품	살균	10 이하
복합조미식품	살균	10 이하
소스	살균	10 이하
침출차	살균	10 이하
분말차	살균	10 이하
특수의료용도 등 식품	살균	10 이하

출처 : 김현옥, 2019. 식량안보에 미치는 시민운동의 영향, 식품산업과 식량안보.

THINKING

푸드스타일

누벨퀴진(nouvelle cuisine)

1960~1970년대 국제적인 고급 요리를 개발하면서 발달한 프랑스 요리법이다. New Cuisine, 즉 '새로운 요리'라는 뜻으로 이전까지 주류였던 19세기 프랑스 고전 요리인 오트퀴진 양식에서 벗어난 조리법이다. 화려하고 열량이 많은 프랑스 고전 요리(오트퀴진, haute cuisine)에 대한 반작용으로 식품의 자연스러운 풍미나 질감, 색깔을 중요시하여 건강을 위해 지나친 설탕, 소금, 지방 사용을 최소화하는 등의 조리법이 특징이며 이후 음식의 시각적인 면도 중요시하여 색과 모양에 신경을 쓰게 된다.

분자퀴진(molecular cuisine)

분자퀴진, 즉 분자 요리는 음식 재료 본연의 맛은 유지하되 재료와 조리법의 과학적인 분석을 통해 다양한 변화를 적용시켜 궁극적인 원재료의 맛과 풍미를 추구하는 요리를 말한다. 식품의 맛과 향을 그대로 유지하되 형태를 변형시켜 새로운 질감을 개발하려는 시도를 펼치는 조리법으로 조리된 음식을 뜻한다. 어느 면에서는 '과학적인 요리'라는 뜻과도 일치한다고 할 수 있다.
분자퀴진은 식재료에 대한 이해를 바탕으로 하여 조리와 과학의 결합으로 오감을 만족시켜야 하며 요리는 마술이 아니라 화학과 같은 과학에 기반을 둔 것이기 때문에, 요리를 하는 각 단계별 행위에 주의를 기울이고, 각각의 행위가 자연스럽게 연결되어야 한다. 조리 시 분자 단위까지 잰다고 할 정도로 세밀하고 정확하게 만들기 때문에 정확성과 섬세함이 요구된다.
그러나 분자 요리에 관련되는 과학적인 현상들은 유화, 거품, 젤리화, 변성 전분 등은 이미 알고 있는 조리법이다. 발사믹과 올리브 오일을 섞은 일시적 유화제, 드레싱에 머스터드를 넣은 반영구적 유화제, 마요네즈와 같은 영구적 유화제, 콩단백질은 레시틴을 이용한 거품내기, 한천이 아닌 알간산염를 이용한 겔식품, 계란단백질을 이용한 겔화 등이 주로 많이 이용된다.
일부에서는 분자 요리에 쓰이는 각종 재료 성분과 기기에 대한 거부감이 있기도 하다.

ACTIVITY

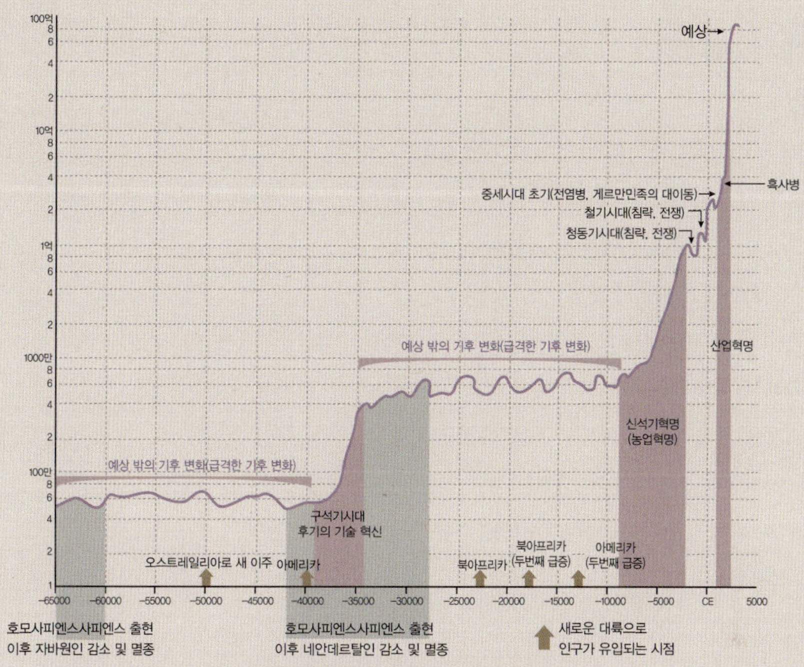

기원전 6500년 이후의 인구 변화

출처 : 프랑스인구통계연구소(2003)

1. 위 그래프는 기원전 65000년 전부터 서기 5000년까지의 인구 변화 추이를 5000년 간격으로 연구, 예측하여 그린 그래프이다. 기후변화, 농업혁명, 산업혁명, 전염병 등 여러 가지 원인으로 인구수가 답보 상태로 있다가 급격하게 증가하는 등 일정한 형태를 띠며 변하고 있다. 서기 2000년을 넘어 5000년까지 500년 간격으로 세계 인구 변화를 식품 공급과 소비 면에서 예상하여 보자.

2. 재스민 혁명을 시작으로 중동과 아프리카에서 많이 일어난 혁명의 중요 원인 중 하나는 식량 문제였다. 식량은 한 나라의 운명을 바꿔놓기도 하는 인간의 가장 기본적인 문제였다. 이외에도 역사적으로 식량으로 인해 일어난 여러 혁명이 있는데 이에 대하여 토론해 보자.

3. 대규모 다국적기업의 산업형 농업에 맞설 수 있는 방안에 대하여 농촌지역사회 차원의 식량주권(식량자급률)과 관련하여 푸드마일리지, 로컬푸드 등 많은 운동이 벌어지고 있으나 현대와 같은 거대 사회에서는 일정 지역 내에서만 생산되는 식품만을 소비하는 것은 쉽지 않은 일이다. 이에 대한 장단점을 토론하고 식품영양 전공자로서 할 수 있는 일을 생각해보자.

[국내문헌]

가토 치히로 저, 김숙이 역(2006). 마오쩌둥은 어떤 음식을 좋아했을까-음식으로 맛보는 중국인 중국 사회. 창해.

강인희(1990). 한국식생활사. 삼영사.

강인희(1990). 한국의 맛. 대한교과서.

교원 편집부(2011). 눈으로 보는 세계 역사 22편 아메리카와 오세아니아의 발전. 교원.

구난숙, 권순자(2012). 세계 속의 음식문화. 교문사.

구성자, 김희선(2005). 새롭게 쓴 세계의 음식문화. 교문사.

권주혁(2002). 여기가 남태평양이다. 지식산업사.

그레고리 클라크 저, 이은주 역(2007). 맬서스, 산업혁명, 그리고 이해할 수 없는 신세계. 한스미디어.

기젤라 그라이헨 편저, 박해영 역(2005). 사라진 문명의 치료지식을 찾아서. 이가서.

김기숙, 한경선(1997). 교양을 위한 음식과 식생활 문화. 대한교과서.

김보근(2008). 북한의 차등적 식량 분배 모형과 2008년 식량위기. 통일정책연구 17(1).

김상(1985). 한국전통식품의 과학적 고찰. 숙명여자대학교 출판부.

김상보(2004). 한국의 음식생활문화사. 수학사.

김숙희 외(2008). 식생활의 문화적 이해. 신광출판사.

김양희(2012). 체제유지를 위한 북한의 식량정치(food politics). 통일문제연구 57.

김유 저, 윤숙경 편역(1998). 수운잡방 주찬. 신광출판사.

김자경(1999). 맛으로 느끼고 멋으로 즐기는 지구촌 음식문화 여행. 자작나무.

김종래(2008). 유목민 이야기. 꿈엔들.

김철원, 최용석(2012). 세계의 음식, 음식의 세계. 한국방송통신대학교 출판부.

김태정, 손주영, 김대성(1997). 음식으로 본 동양문화. 대한교과서.

김택원(2021). 식량불평등 어떻게 해결할까?, 동아엠앤비.

김화년(2012). 식량쇼크, 값싼 식량의 시대는 끝났다. 씨앤아이북스.

다치바나 미노리 저, 김소운 역(2003). 토마토 이야기. 뿌리와 이파리.

다타카 호리타카, 오카다 아키코, 세가와 아케히데 저, 오정화 역(2020). 푸드테크 혁명, KMAC.

동아시아식생활학회연구회(1999). 세계의 음식문화. 광문각.

랜덤하우스코리아 편집부(2007). 세계를 간다, 남미 12개국-South America. 랜덤하우스코리아.

레이 터너힐 저, 손경희 역(2006). 음식의 역사. 우물이 있는 집.

로렌 코데인 저, 강대은 역(2012). 구석기 다이어트. 황금물고기.
로이 포터 편저, 여인석 역(2010). 의학, 놀라운 치유의 역사. 네모북스.
로이드 에반스 저, 성락춘 역(2009). 백억 인구 먹여 살리기. 고려대학교출판부.
루스 디프리스 저, 정서진 옮김(2018). 문명과 식량, 눌와.
리처드 랭엄 저, 조현욱 역(2011). 요리본능. 사이언스북스.
린다 시비텔로 저, 최정희 외 역(2011). 음식에 담긴 문화. 요리에 담긴 역사. 대가.
마궐론 투생, 사마 저, 이덕환 역(1987). 먹거리의 역사(상, 하). 까치.
마빈 해리스 저, 서진영 역(2010). 음식문화의 수수께끼. 한길사.
맛시모 몬타나리 저, 주경철 역(2001). 유럽의 음식문화. 새물결.
문수재, 손경희(2000). 식생활과 문화. 신광출판사.
박경숙(2012). 경제 위기 전후 북한 주민의 사망률 동태의 특성과 변화. 한국인구학 35(1). pp. 101-130.
박경숙(2012). 북한의 식량난 및 기근과 인구변동. 통일정책연구 21(1). pp. 127-156.
박경태 외(2008). 글로벌 음식문화의 이해. 석학당.
박금순 외(2004). 세계의 음식문화. 도서출판 효일.
박현진, 김덕호, 권오란, 김현옥, 박태균, 이철호 공저(2019). 식품산업과 식량안보, 식안연.
방신영(1917). 조선요리제법, 신문관.
브라이언 페이건 저, 김수민 역(2012). 크로마뇽. 더숲.
브라이언 핼웨일 저, 김종덕 외 역(2012). 로컬푸드. 이후.
빙허각 이씨 저, 정양완 역(1975). 규합총서. 보진재.
비피기술거래 비피제이기술거래(2022). 식품미래기술, 푸드테크 산업분석보고서 2022개정판, 비티타임즈.
서유구 저, 이효지, 정낙원 외 역(2006). 임원십육지 정조지. 교문사.
슈테판 크로이츠베르거 외 저, 이미옥 역(2012). 왜 음식물의 절반이 버려지는데 누군가는 굶어 죽는가. 에코리브르.
스펜서 웰스 저, 김한영 역(2012). 판도라의 씨앗. 을유문화사.
시드니 민츠 저, 김문호 역(1998). 설탕과 권력. 지호.
쓰지하라 야스오 저, 이정환 역(2002). 음식, 그 상식을 뒤엎는 역사. 창해.
아니 위베르, 클레르 부알로(2000). 미식. 창해ABC북스.
아만다 리틀 저, 고호관 역(2021). 인류를 식량 위기에서 구할 음식의 모험가들, 세종서적.
안동 장씨 저, 황혜성 편저(1980). 규곤시의방 해설본. 한국인서 출판사.

양문수(2010). 북한의 화폐개혁-실태와 평가, 통일문제연구소. 통일문제연구 53.

양승윤 외(1998). 오세아니아. 한국외국어대학교출판.

FAO(2012). 국제연합식량농업기구 2012 보고서.

엘레나 코스튜코비치 저, 김희정 역(2010). 왜 이탈리아 사람들은 음식 이야기를 좋아할까?. 랜덤하우스 코리아.

오카다 데쓰 저, 이윤정 역(2006). 국수와 빵의 문화사. 뿌리와 이파리.

우문호, 엄원대, 김경환, 권상일, 우기호, 변태수(2006). 글로벌시대의 음식과 문화. 학문사.

웅진출판 편집부(1999). 21세기 웅진학습백과사전, 세계사 2. 웅진출판.

원융희(1999). 세계 속의 음식문화. 자작나무.

원융희(2003). 세계의 음식 이야기. 백산출판사.

윤서석(1992). 한국음식-역사와 조리법. 수학사.

윤서석 외(2000). 벼, 잡곡, 참깨 전파의 길. 신광출판사.

이석만(1934). 간편 조선요리제법. 삼문사.

이성우(1982). 조선시대 조리서의 분석적 연구. 한국정신문화 연구원.

이성우(1992). 한국고식문헌집성. 수학사.

이성우(1994). 동아시아 속의 고대한국식생활문화사. 향문사.

이영상, 최영수, 노명환 편저(1997). 음식으로 본 서양 문화. 대한교과서.

이원복(1998). 먼 나라 이웃나라 프랑스 편. 김영사.

장재우(2011). 쌀과 육식문화의 재발견. 청록출판사.

장폴 샤르베 저, 박상은 역(2012). 세계 식량 위기. 현실문화.

재레드 다이아몬드, 김진준 역(2012). 총, 균, 쇠. 문학사상사.

정병호(2004). 북한 기근의 인류학적 연구, 통일문제연구 16(1), pp.109-140.

정혜경(2007). 한국음식오디세이. 생각의 나무.

정혜경(2009). 천년한식견문록. 생각의 나무.

제레미 리프킨 저, 신현승 역(2008). 육식의 종말. 시공사.

제롬 뱅브네 저, 윤인숙 역(2011). 최초인류의 후예들. 현실문화연구.

제임스 C. 데이비스 저, 이남규 역(2009). 쉽고 재미있는 인류이야기. 기파랑.

조자호(1938). 조선요리법. 광한서림.

존 로빈스 저, 안의정 역(2012). 존 로빈스의 음식혁명. 시공사.

찰스 B. 헤이저 2세 저, 장동현 역(2004). 문명의 씨앗, 음식의 역사. 가람기획.

카를로 페트리니 저, 김종덕 외 역(2008). 슬로푸드, 맛있는 혁명. 이후.

케네스 벤디너 저, 남경태 역(2007). 그림으로 본 음식의 문화사. 예담.

케이티 스튜어트 저, 이성우 외 편역(1991). 식과 요리의 세계사. 동명사.

톰 스탠디지 저, 박중서 역(2012). 식량의 세계사. 웅진지식하우스.

폴 프리드먼 저, 주민아 역(2009). 미각의 역사. 21세기북스.

프랑스인구통계연구소(2003). 인구와 사회 394호

하인리히 E. 야콥 저, 곽명단, 임지원 역(2005). 빵의 역사. 우물이 있는 집.

한경구 외 한국인류학회(2006). 낯선 곳에서 나를 만나다. 일조각.

한국식량안보연구재단 편(2018). 4차 산업혁명과 식량산업, 식안연.

한복진(2005). 우리음식 100가지. 현암사.

한희순, 황혜성, 이혜경(1957). 이조궁정요리통고. 학총사.

홍성국(2007). 차등분배현실을 고려한 북한 일반주민의 실질 식량수급량 추정. 통일정책연구 16(1).

황나미(2012). 북한 주민의 공공식량배급 수혜상황과 영양취약아동규모추계. 보건복지포럼.

[국외문헌]

Christopher Delgado, Mark Rosegrant, Henning Steinfeld, Simeon Ehui, Claude Courtois (1999). Livestock to 2020: The Next Food Revolution. International Food Policy Research Institute.

FAO, United Nations Food and Agriculture Organization(2008), The State of Food Insecurity in the World.

FAO, United Nations Food and Agriculture Organization(2012a). FAO/WFP Crop And Food Security Assessment Mission To The Democratic People's Republic Of Korea.

FAO, United Nations Food and Agriculture Organization(2012b). The State Of Food And Agriculture 2010-2011.

FAO, United Nations Food and Agriculture Organization(2012c). The State of Food Insecurity in the World.

Food and Agriculture Organization of the United Nations, STATUSTUICALYEARBOOK WORLDBIOOK and AGRICULTURE 2021.

Jean-Noël Biraben(2003). The Rising Numbers Of Humankind. Population et Sociétés. p.394.

UN Standing Committee on Nutrition(2005). World Nutrition Situation 5th report.

UNICEF, United Nations International Children's Emergency Fund(2006). Progress for Children-A Report Card on Nutrition.

UNICEF, United Nations International Children's Emergency Fund(2006). Under five deaths by cause.

UNICEF, United Nations International Children's Emergency Fund(2007). The State of the World's Children.

Wenge Fu(2011). China Feed Industry In Transition: The Case Of New Hope Group-An Industry Perspective. Journal Of Agribusiness In Developing And Emerging Economies vol. 1 I ss: 2, pp.162-178.

WFP, World Food Program(2007). WFP Annual Report 2007.

WHO, World Health Organization(2012). WHO Guidelines On The Pharmacological Treatment Of Persisting Pain In Children With Medical Illnesses.

[기타]

공감코리아(2011). 2015년 식량자급률 목표치 재설정 및 2020년 목표치 신규 설정, 농림수산식품부. 2011년 7월 11일자.

환경부 기후변화연구과(2012). 우리 밥상,'신토불이' 찾기 어려워졌다. 2012년 5월 17일자.

농림수산식품부 주요 통계(2012). http : //www.mifaff.go.kr

식품의약품안전청유전자재조합식품정보 http://www.kfda.go.kr/gmo/index.do?nMenuCode=36

유엔세계식량계획 한국본부 http://documents.wfp.org/stellent/groups/public/documents/newsroom/wfp215612.pdf

http://www.marketoracle.co.uk/Article35114.html

[ㅅ]

[ㅇ]

[ㅈ]

[ㅊ]

[ㅋ]

[ㅌ]

[ㅍ]

[ㅎ]

[기타]